Developing AI Applications with ModelArts

ModelArts
人工智能应用开发指南

田奇 白小龙◎编著
Tian Qi Bai Xiaolong

清华大学出版社
北京

内容简介

本书主要围绕人工智能平台 ModelArts 和人工智能应用开发流程，介绍基本概念、关键模块以及典型的场景化应用开发案例。全书共分为三篇：第一篇人工智能应用开发概述（第 1 章和第 2 章），介绍了人工智能技术、应用、平台，以及人工智能应用快速开发流程；第二篇人工智能应用开发方法（第 3 章～第 9 章），介绍了人工智能应用开发全流程及其子流程，包括数据准备、算法选择和开发、模型训练、模型评估和调优、应用生成、应用评估和发布、应用维护；第三篇人工智能应用开发场景化实践（第 10 章～第 12 章），介绍了企业级人工智能平台、面向复杂行业的自动化人工智能系统、基于端-边-云协同的人工智能平台及应用开发。

本书旨在通过一整套工具链和方法传递，使得每个开发者都可以借助 ModelArts 平台在具体业务场景下更快、更高效、更低成本地开发出人工智能应用，从而更好地解决各行业各领域面临的实际问题。本书适合有志于从事人工智能应用开发的开发者参考。

本书封面贴有清华大学出版社防伪标签，无标签者不得销售。
版权所有，侵权必究。举报：010-62782989，beiqinquan@tup.tsinghua.edu.cn。

图书在版编目（CIP）数据

ModelArts 人工智能应用开发指南/田奇，白小龙编著. —北京：清华大学出版社，2020.9
（2025.4重印）
（华为智能计算技术丛书）
ISBN 978-7-302-56327-3

Ⅰ. ①M… Ⅱ. ①田… ②白… Ⅲ. ①人工智能－应用－指南 ②人工智能－程序设计－指南 Ⅳ. ①TP18-62

中国版本图书馆 CIP 数据核字（2020）第 156689 号

责任编辑：盛东亮 钟志芳
封面设计：李召霞
责任校对：李建庄
责任印制：杨 艳

出版发行：清华大学出版社
网 址：https://www.tup.com.cn，https://www.wqxuetang.com
地 址：北京清华大学学研大厦 A 座 **邮 编**：100084
社 总 机：010-83470000 **邮 购**：010-62786544
投稿与读者服务：010-62776969，c-service@tup.tsinghua.edu.cn
质量反馈：010-62772015，zhiliang@tup.tsinghua.edu.cn
课件下载：https://www.tup.com.cn,010-83470236
印 装 者：涿州汇美亿浓印刷有限公司
经 销：全国新华书店
开 本：186mm×240mm **印 张**：18 **字 数**：328 千字
版 次：2020 年 9 月第 1 版 **印 次**：2025 年 4 月第 9 次印刷
印 数：25501～26000
定 价：69.00 元

产品编号：090175-01

FOREWORD

序一

ModelArts 让 AI 应用开发更简单

近几年来，在 AI(Artificial Intelligence，人工智能)技术突破和应用机会日益扩大的推动下，AI 正在深刻影响着诸多行业，例如交通、零售、能源、化工、制造、金融、医疗、天文地理、智慧城市等。使用 AI 技术提升生产效率、降低生产成本，进一步促进企业数字化和智能化转型已成为业界共识，AI 应用正处于大规模发展的临界点。

然而，AI 应用的开发仍然非常复杂，主要体现在两大方面。其一，开发流程冗长、烦琐。开发全流程包括数据准备、算法开发、模型开发、应用生成、应用部署和维护等多个环节，链路很长，而且每个环节都需要大量人力和计算资源的投入，例如，当数据量很大时数据标注非常枯燥耗时，当 AI 应用需要灵活部署时软硬件环境的准备非常烦琐。此外，AI 应用还需要不断迭代、调优和维护，使得开发的复杂性进一步加大。其二，开发技能要求综合性强、门槛高。开发者不仅要具备丰富的算法知识，还要熟悉行业问题，最好有行业经验，能够将算法和行业需求紧密结合，并设计出合理的解决方案。受限于 AI 应用开发的复杂性，目前各个行业中 AI 应用的渗透率还远远不足。

为了应对上述复杂性问题，华为基于多年的行业 AI 应用开发经验和实践积累，推出了一站式 AI 应用开发和部署平台——ModelArts。通过完备的基础平台和行业知识沉淀，使得面向行业的 AI 应用开发大大简化。

首先，为了简化 AI 应用开发流程和优化开发成本，ModelArts 在基础平台的“一横一纵”两个方向上提供全面能力。“一横”是指对 AI 应用开发全流程而言，ModelArts 支持从数据准备、算法准备、模型训练、模型评估和调优，到应用准备和发布等一系列开发环节，并且通过分享交易机制使得 AI 应用的开发和使用更加畅通、便捷。“一纵”是指对 AI 应用开发所依赖的全栈架构而言，ModelArts 支持底层的 AI 计算设备和端-边-云基础设施资源管理，以及上层的 AI 计算任务、作业和服务管理，并通过纵向软硬件协同优化使得开发成本降低、效率提升，大幅缩减 AI 应用开发者的准备工作。此外，ModelArts 充分将 AI 能力注入 AI 开发全流程的各个环节，提供数据增强、智能标注、模型压缩、难例挖掘等高阶能力，即用“AI for AI”的方式进一步简化开发流程。例如，在智慧交通中，普遍存在大量冗余的视频需要标注，部署后的模型需要一键式部署，并持续不断地适应新场景，全流程中存在大量的冗余可以被优化，ModelArts 通过端到端流程优化和智能化渗透，极大地简化了开发流程，提升了开发效率。

其次，为了降低 AI 行业应用开发技能要求，ModelArts 根据华为多年来在企业级客户服务方面积累的大量行业经验沉淀，形成了面向行业的模板、套件和解决方案，覆盖了大多数主要的行业场景。当 AI 开发者遇到新的应用开发需求时，可基于这些模板套件或解决方案进行二次开发，并最大化复用已有的预置能力（如预置算法、模型、行业知识、端到端模板等）和自动化能力。行业开发者可以充分利用 ModelArts 已有的预置 AI 算法和模型，AI 算法开发者可以充分利用 ModelArts 已有的行业知识和模板。这些预置能力和自动化能力可以极大降低对 AI 应用开发的技能要求，将复杂的处理交给 ModelArts 平台承载，使得 AI 应用的开发更加简单化。例如，在智慧医疗中，面向基因数据分类的模板集成了大量行业经验与 AI 算法，当 AI 开发者面临类似场景的新数据时，仅需简单迁移即可。

自 2018 年 10 月发布以来，ModelArts 累计服务了众多行业十几万开发者，通过基础平台的完备性和面向行业的知识沉淀及平台化能力，使得 AI 应用开发更简单高效。本书从工业界的角度出发，主要介绍了基于 ModelArts 的 AI 应用开发的各个环节及其行业应用实践，希望有助于读者快速熟悉 AI 应用开发全流程，并更好地运用 ModelArts 的快、易、惠的能力，将 AI 应用拓展到各行各业，快速、充分释放 AI 技术的商业价值。

徐直军
华为公司轮值董事长
2020 年 8 月

FOREWORD
序二

近年来，随着深度学习的快速发展，新一轮的 AI 技术已经深刻地影响着各行各业。 如何才能使 AI 技术快速规模化地应用到各行业，是值得深入思考的问题，也是我国人工智能战略核心要解决的问题之一。

AI 学者首先关注于算法的创新研究。 然而 AI 算法要走进各行各业并发挥价值，只有创新的 AI 算法是远远不够的。 在 AI 的实际开发过程中，数据的采集往往非常困难而复杂，需要借助各种工具和系统才能进行，数据还需要进行清洗、增强等多种处理，并经过复杂的标注、审核等流程，才可以进入深入学习的模型训练； 在训练之前，需要结合具体业务的需求、数据的情况、行业已有经验知识，选择或者开发合适的算法用于训练； 在模型训练和调优过程中，又会涉及最优超参数的调优、模型评估、最优模型的选择问题； 由于 AI 应用还可能包括其他算子或多个其他模型，因此从模型到应用的生成环节必不可少； 在 AI 应用部署和使用时，需要能够进行异构资源的管理和灵活的伸缩； 很多 AI 应用都比较脆弱，会对推理时环境和数据的变化非常敏感，应用的维护就非常必要。 由此可见，从数据的采集到最终应用的维护，AI 应用开发全流程是一个系统化工程，需要有一套完整的平台支撑。

不同于传统的 IT(Information Technology，信息技术)应用，AI 应用的开发尚处于早期快速增长期，缺乏针对开发流程端到端平台的支撑。 令人非常高兴的是，能够看到华为推出了一站式 AI 应用开发平台——ModelArts，能够对 AI 应用开发全流程给出系统的支持，并且在 AI 开发流程的各个环节中提供各种丰富的能力，使得 AI 应用的开发不仅更加便捷，而且更加高效。 这对于加速 AI 应用的开发和拓展非常重要，同时也会促进人工智能有关标准的建立和推广。

作者基于 ModelArts 详细介绍了 AI 应用开发全流程，从数据、算法、模型、应用等多个层面讲解 AI 应用开发流程中基本方法、挑战和难点，可供广大 AI 应用开发者借鉴。 另外，当 AI 开发平台面向企业、复杂行业以及端-边-云复杂部署的时候，相应的 AI 应用开发将面临更多的挑战，本书实践环节也围绕这些挑战展开实例介绍。相信本书能够对 AI 应用开发者带来帮助。随着开发者的增多、人工智能标准和基础平台的逐步完善，我国在人工智能新型基础设施的建设上必将大步前进。

潘云鹤

中国工程院院士

2020 年 8 月

PREFACE

前　　言

人工智能已经有70多年的历史。经过多年的发展，人工智能技术已经在很多产品或商业场景中发挥了非常巨大的作用，如语音识别、人脸识别、机器翻译、推荐搜索、数据分析等。但是，目前业界仍然缺乏对人工智能开发全流程的完整定义及相应的整套平台支撑，这极大地影响了人工智能商业化拓展时的效率和成本。为了加速人工智能面向各行业各领域的应用，华为云推出一站式人工智能开发平台——ModelArts。本书将从“端到端”的角度，介绍人工智能应用开发全流程，以及如何基于ModelArts快速高效地开发人工智能应用。

“端到端”是人工智能应用开发平台的基础核心能力，缺乏或弱化任意一个环节都会造成“木桶效应”，进而成为人工智能应用开发的阻塞点。ModelArts支持从数据准备、算法选择、算法开发、模型训练、模型评估、模型调优、应用生成、应用评估、应用发布、应用维护的“端到端”全流程开发。在全流程开发过程中，ModelArts具备如下几个关键特点，使得人工智能应用开发效率更高、门槛更低、成本更低。

(1) ModelArts支持丰富的预置数据集、算法和模型、Notebook案例，以及端到端的开发模板，大大加速了人工智能应用的生产效率。进一步地，为了降低人工智能开发门槛，ModelArts支持大量的自动化能力，例如半自动化标注、自动训练、自动模型搜索、自动超参搜索、自动模型转换和压缩、自动难例挖掘等。

(2) ModelArts还通过高性能预置引擎，结合软硬件优化，使训练和推理速度更快，为开发者提供极致的性能体验。另外，从云服务的角度出发，ModelArts充分挖掘多元弹性算力和多用户联邦的可能性，进一步降低人工智能应用开发的成本。

(3) ModelArts作为企业级人工智能平台的核心底座，对上层平台提供全开放的接口，支持灵活定制面向各行业各领域的人工智能平台或解决方案。

本书主要面向人工智能应用的开发者，首先对人工智能的技术、应用和平台以及快速开发展开介绍；然后针对全流程开发的各个环节展开深入解析；最后，结合几个场景化案例，介绍如何基于 ModelArts 构建企业级人工智能平台和应用、面向复杂行业的人工智能系统、端-边-云协同的人工智能应用。

感谢 ModelArts 平台的开发者，他们提供的反馈建议促使 ModelArts 的不断改进和完善。感谢参与本书撰写和审阅的华为同事，他们在内容整理、审阅等方面投入了很多的时间。感谢清华大学出版社盛东亮编辑等对本书的细致修改和大力支持。没有他们就没有本书的顺利出版。

由于作者水平有限，如果书中有遗漏或不足之处，恳请读者批评指正！

编著者

2020 年 8 月

CONTENTS

目　　录

第一篇　人工智能应用开发概述

本篇一共包含两章内容。第1章从人工智能的发展历史开始，简要介绍人工智能所包含的主要技术领域，并在此基础上对人工智能应用、统一的人工智能应用开发平台、部署平台和分享交易平台等展开介绍。人工智能应用可以用在各行各业，并发挥巨大的商业价值。为了快速实现人工智能应用开发，并大幅降低人工智能应用的开发门槛，华为云推出统一的人工智能平台ModelArts。第2章重点讲述如何基于ModelArts已有的人工智能应用开发模板，高效率地开发出不同的人工智能应用。

第1章

人工智能技术、应用及平台

人工智能技术已经是一个非常热门的话题了。但在讨论人工智能技术之前，首先需要了解什么是智能。每个人对智能的理解都有一定的差异。智能所包含的究竟是听、说、读、写能力，逻辑推理和联想能力，还是情感和社交能力，又或者是其他行动方面的能力呢？广义来说，智能应该覆盖所有上述能力。人工智能技术就是用计算机实现或延伸这些人类智能的一类综合性技术。因此，可以看出人工智能的定位是非常宽泛且宏大的，要真正实现这样的目标，其背后的技术方案和体系是极为复杂的。

1.1 人工智能技术

在过去的70年中，由于人们对人工智能技术发展路线和体系理解的不同，衍生出了三个不同的学派：符号主义学派、联结主义学派和行为主义学派。

符号主义学派认为人们所认知、理解和思考的基本单元是符号，在此基础上可以构建出各种抽象逻辑和知识。和数学公式推导一样，通过抽象逻辑的运算可以形成新的知识。举个例子，假设有一个基本规律是“如果某个细胞是免疫细胞，那么它就可以抵抗病毒”，那么“由于T淋巴细胞是一种免疫细胞，所以它可以抵抗病毒”就是一个显而易见的结论。这就是一种将一般性规律（知识）特殊化的过程，这种推理方式称为演绎推理。与之相反的就是归纳推理，比如当观察到“很多免疫细胞（如T淋巴细胞、B淋巴细胞、粒细胞等）都可以抵抗病毒”时，就可以归纳出上述基本规律。这是一种由现象总结规律的推理方法，在这个推理过程中，可以形成新的知识。还有一种推理方式是通过规律和现象寻找根因。例如，假设有一个现象是“某个细胞可以抵抗病毒”，那么可以追溯并得到其原因“该细胞属于免疫细胞”。这种推理方式称为溯因推理。有时候一个现象会由多种原因造成，这时就需要像侦探一样，不断建立假说并且论证，找到最终原因。这种不断观察现象、提出假设、演绎论证、寻找根因并不断总结规律的过程，与人类从小学习和成长的经历非常类似。因此，以逻辑推理为代表的符号主义思想在人工智能发展初期非常容易被人们接受。

与符号主义学派不同，联结主义学派完全是另一种思路。联结主义学派认为人或者动物的行为、反应是基于周边环境产生的一系列内部"联结"形成的。这种联结类似于大脑内神经元之间的联结，通过不断地联结形成新的抽象，学习到新的内容。由于人类对于大脑的工作机理还了解甚浅，所以最初这种学习方式更多的是提供一种思路。随着算法的发展及其与系统、大数据的结合，联结主义技术（尤其是以深度神经网络为代表的技术）取得了非常大的成就，在图像识别、语音识别等场景下达到了很好的效果，但是这些技术仍然缺乏非常严格的数理证明，所以也经常受到人们的质疑。

行为主义学派源于自动控制理论，通过让机器不断地与外界交互并动态调节自身参数，来达到一定程度的"智能"，旨在构建包括感知和行为在内的一整套智能系统。行为主义认为智能系统不需要知识体系的显式构建，而可以像人类一样自我进化。人类从小学习的过程，其实也是不断试错的过程，因此这种学习方式非常好理解。但由于学习的灵活度很高，要实现真正的智能化机器人仍然非常困难。

这三种学派是从不同的角度去思考和实现人工智能，并没有孰对孰错之分，而恰好可以优势互补，利用彼此优势形成更加综合性的人工智能技术。

1.1.1 人工智能技术的发展

从 20 世纪 50 年代开始，符号主义和联结主义各自发展，各有优势，并且也在不同阶段取得了不同程度的成就，对当今人工智能的商业化应用起到了非常重要的推动作用。行为主义的主要成就是控制论，但其中用到的一些技术方法（比如神经网络等）也与联结主义关系密切。本节将进一步简要回顾人工智能技术的发展历史，读者可以通过学习其中的经验教训来判断未来人工智能技术的发展方向。

1. 萌芽发展期

1950—1970 年的这段时间是人工智能技术的萌芽发展期。由于符号主义中常用的逻辑推理方法非常严谨，并且能够用计算机模拟一些简单的推理和决策问题，所以吸引了大量研究者和投资者的注意力。联结主义的代表 Frank Rosenblatt 等人用感知机模型解决了简单分类问题，也受到了一定的关注度，但也很快受到了符号主义的质疑，因为简单的感知机模型只能解决线性分类问题，无法解决更复杂的问题。这段时间人工智能历史的主导者是符号主义。

随着逻辑推理的发展和进一步演进，专家系统的雏形也诞生了。专家系统是指面向某一类应用场景的专用计算机系统，根据预置的人工经验、领域知识等让机器实现自动推理，通过模拟人类的思考和决策过程而实现智能。专家系统一般包括解释器、知识库、推理机。人工输入的信息会首先经过预处理转换为可被处理的"机器语言"，然后机器会利用已有知识库，并通过规则匹配、演绎推理或者一些启发式算法等方式找到最匹配用户问题的答案。1965 年，斯坦福大学研制出面向分子结构分析的第一代专家系统样机。但此时的专家系统非常初级，只能解决有限的问题。

其实，很多物理世界的复杂性远超人们的想象。自然语言处理就是典型的例子。自然语言本身是人类知识的体现，包含很多语法规则，这些语法规则就构成了一条条逻辑，看起来很适合逻辑推理。例如，可以利用主谓宾等语法知识对中文句子进行分词，即将句子分解为一系列单独的字词或短语。在自然语言处理中，基于规则的分析有一个专有名称——语法分析树。但是这种语法规则非常多，远超出语言学专家所能定义的范围，并且造成了计算和分析的困难，很难继续下去。与自然语言不同的是，图像识别等计算机视觉任务就很难有逻辑和规则可循了。例如，一张图片在数字化之后只是一个二维像素值数组，很难拿一些规则或知识来将这个二维数组关联到一个抽象的概念。当遇到这些复杂问题的时候，当时的人工智能技术就无能为力了。

因此，从 20 世纪 70 年代后期开始，由于人们对人工智能技术的期望过高，同时算法、算力还不足以支撑复杂智能系统的开发，符号主义学派受到了较大的打击；同时，联结主义学派也因一直没有找到很好的训练复杂神经网络的方法，没有太大进展。当时，人工智能系统所能做到的事情非常简单，如只能识别非常简单的单词。这时业内有很多人已经开始质疑人工智能的技术水平了。

2. 膨胀发展期

其实专家系统的思想非常直接，解决比自然语言处理简单的问题还是可行的。到了 20 世纪 80 年代，大型可商用专家系统的成功使人们重新看到了人工智能的曙光。在商业公司的支持下，专家系统取得了非常大的进步，并在一些应用场景下带来了巨大的经济效益。例如，DEC（Digital Equipment Corporation，美国数字设备公司）与卡耐基·梅隆大学对工程设计方面的专家经验做了总结，并合作研发出了可根据订单自动生成计算机零部件配置表的专家系统，加快了计算机生产效率，为 DEC 公司节省了很多成本。与此同时，IBM(International Business Machine，国际商业机器公司)等巨头也在商业方面对专家系统做了大量投资，在一些场景下发挥了不小的作用。美国麻省理工学院发明了 LISP(LISt Processing)机器，将 LISP 语言作为开发人工智能程序的标准语言。很多对人工智能感兴趣的科研单位都采购了这种机器，LISP 机器在当时非常流行。

此外，算法的优化使得多层神经网络的训练成为可能。神经网络也重新复苏，并且被应用在一些商业产品上。例如，1989 年贝尔实验室的 Yann LeCun 等人设计的 CNN(Convolutional Neural Network，卷积神经网络)成功应用于银行支票手写字体识别。但是神经网络的应用仍然很有限，当时人工智能的代名词仍然以专家系统为主。

除美国之外，20 世纪 80 年代的日本也在紧锣密鼓地开展人工智能的投资和研发。众所周知，当时日本经济强盛，并在那时提出了“第五代计算机计划”项目，旨在布局下一代计算产业，包括研发更强大的专家系统和人工智能系统，而且把重点放在大型机的研发。

总之，在 20 世纪 80 年代，美国和日本主导的人工智能研发都非常活跃。毕竟人工智能太重要了，在商业和政府资本的运作下，20 世纪 80 年代的人工智能研究非常火热，甚至当时就已经出现了自动驾驶的雏形。

3. 细分发展期

20 世纪 80 年代末，日本“第五代计算机计划”项目的宏大目标没有真正实现，该项目最终宣告失败。这也说明人工智能的理论和系统仍然有很多未知问题没有解决，没有取得本质的突破。

在符号主义学派方面，专家系统只能解决非常具体的领域特定问题，并且需要加入很多专家知识和经验。专家系统所依赖的知识获取、表示及知识库构建的成本都比较高，动态变化的领域还需要专家不断地维护其知识库。这些问题都不利于专家系统在更多场景的应用。

在联结主义学派方面，深度神经网络的主要问题是算法、算力不够强大，数据量不够多，距今天的成功还有很远的距离。美国的 LISP 编程语言由于其语言本身的缺陷导致很多研发人员在开发过程中遇到不少问题。与此同时，20 世纪 90 年代个人计算机的逐渐兴起和后来因特网的流行，吸引了政府和企业的大量投资，人工智能则再次受到了冷落。进入 20 世纪 90 年代，人工智能研究虽然仍在进行，但是热潮就没有以前那么高涨了。

在此之前，所有的人工智能研究要大规模复制或应用都非常难，要实现真正通用人工智能仍十分遥远。因此，从20世纪90年代开始，人工智能的学者们也吸取了教训，不再有实现通用人工智能的雄心壮志，而是转而研究一些相对具体的领域，例如机器学习、计算机视觉等，期望能在各自领域内实现一定的突破。实际上，从20世纪90年代到现在，这些领域都取得了非常大的进步。

4. 逐步成熟期

从2010年开始，深度学习在语音识别、图像识别等领域逐渐取得了突破性进展。2012年，在1000类别的图像分类竞赛中，以AlexNet为代表的深度神经网络的模型精度大幅领先第二名约10个百分点，几年之后，这个数据集上的深度神经网络模型分类精度已经超过人眼。作为联结主义学派的代表，深度学习迅速席卷了学术界和工业界，并且几乎成了人工智能的代名词。但其实在此时期，符号主义学派也并未停止前进。1990—2020年，万维网的发明、互联网时代的到来、大数据的爆发，都对传统的专家系统有着非常深刻的影响。人们发现既然专家知识获取非常难，知识体系构建成本非常高，那就索性采用互联网大数据自动构建知识体系。互联网上天然存在着大量的结构化和非结构化数据，可以利用数据挖掘算法从这些海量数据中自动或半自动地抽取知识。

纵观人工智能的发展历史，不难看出，人工智能的研究和探索确实需要足够的耐心。人工智能的每一次"遇冷"纵然有其他方面的影响，但归根结底还是因为人工智能技术还有很多局限性，没有达到人们的期望，巨大的落差导致了投资的收缩。不过总体上，最近几十年人工智能学者们在各自领域还是发明出了很多新的算法，并在很多场景下实现了真正的商业落地。

其实，无论是哪种技术路线，人工智能技术的发展都不是单一独立的，而是与计算机、互联网、大数据等其他方向的发展密不可分。算力的发展使得训练更大的模型成为可能，互联网和大数据的发展使得数据越来越多，使得深度学习、机器学习模型的训练效果更好，也使得知识的获取门槛更低、知识体系的构建更加完备。

符号主义学派和联结主义学派各自在不同的时代大放异彩，各自优缺点明显，相互融合一定是未来趋势。以专家系统和知识工程为代表的符号主义学派有很强的内在逻辑，可解释性好，易与领域经验相结合；而以深度学习为代表的联结主义学派的基本理论仍然有待深入研究，可解释性差，但能够解决很多实际问题。二者的结合可以取长补短,形成更强的人工智能解决方案。

但是,直到今天,人工智能历史上出现的技术都仅限于弱人工智能。弱人工智能(或专用人工智能)是以某个具体场景下的具体任务为驱动的人工智能。在日常生活中看到的大多是弱人工智能应用,如指纹解锁、机器中英文翻译、下围棋机器人等。与之相对的是强人工智能(或通用人工智能),是指能够自主化完成一系列不同任务,且具备类似人的逻辑推理、联想、意识控制等多种综合能力的智能。很明显,经历了几十年的发展和无数人的探索,这样的智能仍然过于遥远。在日常生活中,仍然没有看到强人工智能的出现,类似电影《终结者》中展示的无所不能的机器人也只能出现在荧幕上。但即便如此,弱人工智能也已经取得了很大的商业化应用价值,因此后续本书的讨论都围绕弱人工智能展开。

1.1.2 人工智能技术的主要领域

经历了几十年的发展,常用的人工智能技术大概分为几个层次(见图 1-1):①基础层,主要是指基础的知识学习和推理技术,包括但不限于经典机器学习、深度学习、强化学习、图算法、知识图谱和运筹优化;②应用层,主要是将基础层与常见应用相结合的技术,包括但不限于计算机视觉、自然语言处理、语音识别、搜索推荐、计算机图形学、机器人等;③行业层,主要是基础层和应用层技术在行业领域应用形成的综合性技术。

人工智能面向的行业非常多,如互联网、制造、医疗、地理、交通、水利、金融等,每个行业面临的业务问题通常需要融合多项人工智能技术,本节将主要围绕基础层和应用层技术展开介绍。当面临具体行业问题时,可根据实际情况将相应的基础层和应用层技术进行组合。

1. 基础层

基础层技术主要聚焦解决一类通用问题,可用于支撑多个应用层技术。下面将分别介绍几种常用的人工智能基础层技术。

1) 经典机器学习

假设数据可以用一个二维矩阵 $\boldsymbol{X}$ 表示(每行表示一条数据,每列表示数据的特征),数据的标签用一个列向量 $\boldsymbol{y}$ 表示(每个值表示每一条数据的标签),那么机器学习就是通过数学统计的方式从数据中发现规律和模式的方法。这个过程也称为有监督机器学习。根据 $\boldsymbol{y}$ 是离散值还是连续值,可以将机器学习问题分为分类问题或回归问

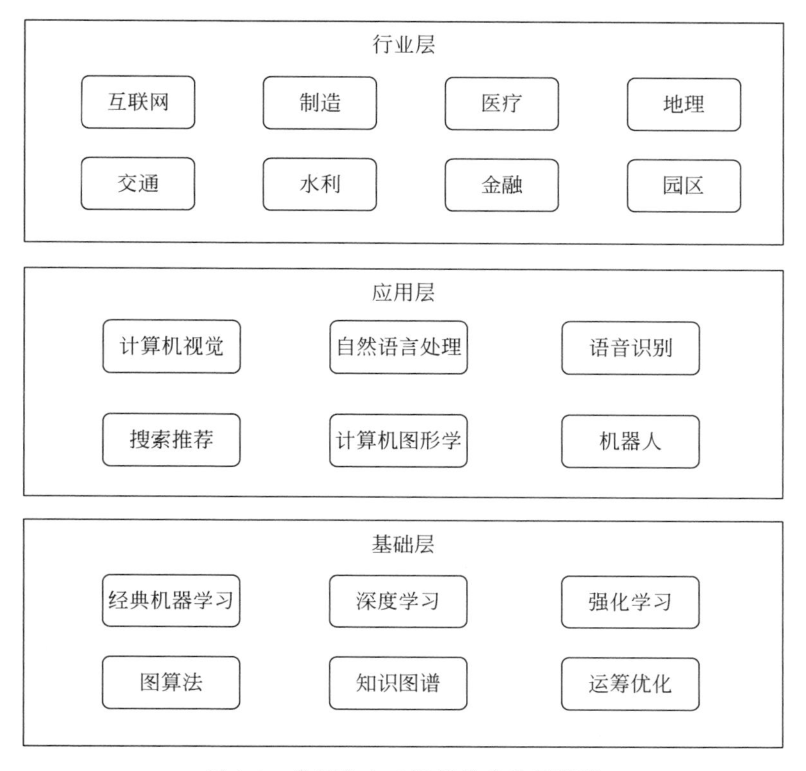

图1-1 常用的人工智能技术分层概览

题。无论是分类问题还是回归问题,都需要输入数据 $\boldsymbol{X}$ 中包含有真实标签,以此引导机器学习模型发现知识。

当然输入数据可能没有标签,即 $\boldsymbol{y}$ 不存在,比如某网站有一批用户访问行为数据,需要从这些数据中分析出典型的几种用户访问行为,并且未来会利用这几种典型行为去对用户做分类。在机器学习处理这批数据之前,我们没有办法预先知道有哪几种类型,即缺乏真实标签。这种情况下,就需要利用聚类等方法来实现。我们将这种可以学习无标签数据的机器学习称为无监督学习。介于监督学习和无监督学习之间的,就是半监督学习。它可以同时利用带标签和不带标签的数据来训练机器学习模型。此外,当数据的标签不完全正确或者不够精准时,一般需要采用弱监督学习。实际应用中遇到的数据通常有一部分是有标签的,另一部分是无标签的,而大多数半监督学习算法和弱监督学习算法是在监督学习算法的基础上改进得到的,因此下面主要介绍监督学习算法和无监督学习算法。

监督学习的一些经典算法有逻辑回归、KNN(K-Nearest Neighbors,K-近邻)、决策树、支持向量机、集成学习等。虽然逻辑回归中有“回归”两个字,但它是分类模型。作为最简单的分类模型,逻辑回归采用简单的线性模型和 Sigmoid 或 Softmax 函数将数据映射为其属于不同类别的概率。KNN 算法根据未知样本到已知样本的距离来预测未知样本的标签。决策树方法将一个机器学习模型表达为一个树形结构。首先对树中每个节点计算一个条件概率分布,然后使用信息增益等指标选择该节点上分类效果最好的特征,每个叶节点输出对应的标签类别。20 世纪 90 年代,Vladimir Vapnik 等人发明了具备坚实理论基础的支持向量机算法,并且利用该算法把低维空间的非线性可分问题转化为高维空间的线性可分问题。该算法采用最大类间隔思想,可以用于二分类问题,并可以拓展至多分类问题和回归问题。集成学习旨在通过多个弱分类器组合形成一个强分类器,常用的算法有随机森林、AdaBoost、GBDT(Gradient Boosting Decision Tree)等。

无监督学习问题主要是指聚类算法,其将无标签数据划分为不同的组或聚类簇,使得组内样本数据的相似度大于组间样本数据的相似度。常用的聚类算法有 K-Means、DBSCAN(Density-Based Spatial Clustering of Applications with Noise)等。给定聚类簇数目,K-Means 算法首先随机初始化每组的中心点,然后根据样本到中心点的距离来分配样本到对应组,最后更新每组的中心点。重复以上步骤直到每组中心点变化量小于给定阈值。DBSCAN 是基于密度的聚类算法,不需要提前知道聚类簇数目。

以上介绍的分类、聚类算法都没有考虑时间维度的变化。但往往很多应用场景(如某商品的销售量预估等)都会涉及时间序列的预测。时间序列是指按照时间排序的一组变量值,一般是在相等间隔的时间段内,依照给定的采样率对某种潜在过程进行观测的结果。时间序列预测(或时序分析)是指根据时间序列上过往时刻的数据预测后续时刻的数据。时间序列数据通常是一系列实值型数据,其特殊性在于,当前时刻的数据与之前时刻的数据之间存在着依赖关系,从而可以依据过去数据的模式,推断未来数据的发展规律。时间序列的特征主要为趋势性、季节性、依赖性和不规则性。常见的时序预测算法有 ARMA(Autoregressive Moving Average,自回归移动平均)、NARMA(Nonlinear Autoregressive Moving Average,非线性自回归移动平均)、LSTM(Long Short-Term Memory,循环神经网络)等。

概率图模型从一个新的视角来解释机器学习模型。很多分类、聚类、时间序列预测模型都可以用概率图模型表示,如支持向量机有对应的概率版本的向量机,K-Means 可以用高斯混合模型来解释。概率图模型在概率模型的基础上,通过图结构来表述概率分布，其中节点表示变量，节点之间的边表示变量之间的概率关系。概率图模型有三个基本问题：①表示问题，即通过图结构来描述概率模型中变量之间的依赖关系；②推断问题，即在已知部分变量时计算其他变量的后验概率分布；③学习问题，即概率图模型中图结构的学习和参数的学习。根据节点之间边的连接类型，概率图模型可以分为有向图模型和无向图模型。常见的有向图模型有朴素贝叶斯模型和隐马尔可夫模型等，而常见的无向图模型有受限玻尔兹曼机模型、条件随机场模型、马尔可夫随机场模型等。

另一方面，机器学习算法与数据库等技术相结合还可以用于挖掘海量数据中的一些特定模式，如可以从数据中发现一些离群的异常点，常用于欺诈检测、系统健康监测等。这种异常检测问题也可以理解为是一个正负类数据样本极度不均衡的一个特殊的分类问题。关联规则分析可以从数据中发现变量之间的相关性，用于发现数据中有强关联的特征项。个性化推荐可以通过分析用户的公开信息和历史行为，对用户的需求和偏好做出预测，常用算法有协同过滤、因式分解机等。

2）深度学习

深度学习属于机器学习的范畴，考虑到最近几年深度学习在学术研究和工业应用方面的重要性，这里将深度学习单独讨论。

对于很多机器学习问题，总体解决思路是首先将数据的原始特征经过简单的映射或者变换得到特征表达，然后利用各种经典机器学习方法进行分类、聚类或者回归。但是对于某些数据，尤其是图像和文本等，简单的映射不能得到很好的特征表达，这种情况下即使拥有再强的分类器或回归器，也无法取得好的效果。传统的做法是利用人的经验设计出预处理方法和特征抽取方法。这个过程能够极大简化问题，甚至有可能将一个线性不可分问题转变成线性可分问题，然后利用各种传统机器学习方法去做分类或者回归。因此，预处理和特征抽取的好坏对最后的分类结果影响非常大。如果设计出来一个判别能力很强的特征，那么分类器就相当容易训练且结果不会差。

早期的科学家为各行各业设计了非常多的特征，的确解决了一些核心问题，如行人识别等。可惜的是，很多现实问题很难设计出理想的特征。因此，人们转向了特征学习方法。很久之前，特征学习已经被广泛研究并取得了很多成就，如稀疏编码，还有一些其他流形学习技术。但是这些方法直接从原始信号中学习特征的效果并不好，比如直接从输入图像像素值中学习特征，仍然没有办法提取多层语义特征。所以，这些特征学习的方法本质还是将特征工程和机器学习算法分离。

作为联结主义学派的典型代表，深度学习是一种从原始数据开始不断通过模型自动学习特征表达的学习方法。基于神经网络的深度学习模型的每一层都可以看作数据的一种特征表示。深度学习将特征学习过程和分类过程融合在一起。对于分类问题,深度学习网络可以通过前面多层处理进行特征学习,在最后一层通过 Softmax 等函数将全连接层的输出映射到最终分类结果。如前文所述,早在 1989 年,Yann LeCun 等人就利用多层神经网络,在使用极少的特征提取步骤的情况下在手写数字识别任务中取得了当时最好的效果。随后的十几年中,深度学习的算法改进仍在持续。Geoffrey Hinton 在 2006 年提出了基于受限玻尔兹曼机编码的深度神经网络及其分层预训练方法,使得真正意义上的深度多层神经网络的训练更加容易。此后几年,Geoffrey Hinton 及其学生利用深度神经网络模型接二连三地在手写体识别、语音识别、图像识别等多项任务中取得了非常高的精度,引发了深度学习的变革。

目前,常用的深度学习模型有 CNN、LSTM 等。另外,伴随着深度学习技术的发展,诞生了很多标志性的模型架构,如 2015 年何恺明等人发明的基于残差连接的 ResNet,将 CNN 的层数增加到 100 层以上仍然可以收敛并取得很好的精度。同时,深度学习的发展也催生了很多新的机器学习方法,如 GAN(Generative Adversarial Network,对抗神经网络)就是利用对抗式训练技术找到更好的生成模型的方法。

随着数据的增多、算力的加大、算法和网络结构的设计优化,深度学习模型训练效果每年都在进步。从 2010 年以后,深度学习促进了很多领域(如计算机视觉、自然语言处理、语言识别等)的进步,在此过程中出现了很多著名的算法模型,如 GoogLeNet、VGGNet、ResNet、Faster R-CNN、BERT(Bidirectional Encoder Representation from Transformers)等。

3) 强化学习

与经典机器学习、深度学习有很大的不同,强化学习是一种持续与环境交互通过获取奖励来进行训练的决策类人工智能算法。历史上,强化学习的概念脱胎于控制理论体系的最优控制,即在一定的模型和条件约束下,在一个时间窗口内通过连续决策,达成某种目标最优的效果。因此,在很长一段时间内,强化学习和最优控制领域中的自适应动态规划共享同一套理论框架。强化学习更强调从神经学和认知科学的角度模仿生物与环境持续交互,通过不断接受反馈和改进来逐步形成智能。

早在 20 世纪 80 年代,强化学习之父 Richard Sutton 就提出了时间差分等一系列理论创新,逐步将强化学习从优化的框架中独立出来,形成独立的理论体系。在强化学习体系中,有两个基本概念:强化学习主体和环境。主体不断地给环境发送决策信号(或动作),环境根据动作反馈给主体当前的状态和奖励,然后主体再根据环境反馈进行自我修正并发送下一次决策信号给环境。重复上述步骤，就可以通过环境的引导使得强化学习主体做出更适合环境需求的决策。在强化学习中，价值函数（或值函数）用来表达当前状态或决策信号下主体所能获取的累计期望奖励值，可以评价主体做出的决策是否合适；策略函数用来将决策信号（也称为策略）参数化，通过不断迭代学习来优化。

通过几十年的发展，强化学习的经典理论体系得到了充分的开发和验证，Q-Learning、SARSA（State Action Reward State Action）、PG（Policy Gradient）等经典算法被提出并且在部分场景取得了成功。但与此同时，基于拟合函数或查找表的强化学习也暴露了不能处理复杂问题的缺点。2013年，在深度学习快速发展的背景之下，Volodymyr Mnih等人首次提出了深度强化学习概念，创造性地将卷积神经网络和全连接网络分别作为特征提取器和价值函数拟合器，通过端到端的Q-Learning训练方法，在雅达利游戏平台上获得了超越人类玩家的表现，本质上将原先人工定义的部分交给神经网络进行自动学习。

2016—2017年，基于深度强化学习及一系列组合策略所得到的围棋“机器人”AlphaGo，在围棋大赛中接连战胜了人类顶尖棋手李世石、柯洁，标志着以深度强化学习为代表的决策类人工智能达到了一个新的高度。自此之后，强化学习在学术界和工业界进入了飞速发展时期。在学术界，强化学习成为最为热门的研究方向之一；在工业界，强化学习也展现出了巨大的能量，目前已经在游戏、机器人、云计算、金融、自动驾驶等领域起到关键作用。

经过几十年的发展，强化学习已经形成了一个丰富而庞大的体系。虽然它们都采用如上所述的总体框架，但基于若干具体核心逻辑上的差异，可以将其分为若干大类，每一个大类有会对应一系列具体的算法。首先，从是否采用模型直接描述环境的角度看，可以分为Model-free（模型无关）和Model-based（基于模型）两大类算法。此外，从动作是直接由策略函数产生还是由值函数输出取最大值的角度看，可以分为策略梯度和值函数拟合两大类算法。策略类算法包括REINFORCE、PG、A3C（Asynchronous Advantage Actor Critic）、PPO（Proximal Policy Optimization）、IMPALA（IMPortance weighted Actor-Learner Architecture）等，值函数拟合类算法主要包括DQN（Deep Q-Networks）及其一系列衍生算法。从训练数据是否直接由当前策略产生的角度看，可以分为Off-Policy（离轨策略）和On-Policy（在轨策略）。Off-Policy算法包括DQN等，On-Policy算法则包括PG、A3C等。

4）图算法

图是计算机中经典的数据结构之一。在数据规模极其庞大、数据结构愈加复杂的今天,许多应用场景都包含了大量具有互联关系的不同实体,而这些实体之间的关系可以通过图上的边及其属性数据来直观表达。例如,在 Facebook 和 Twitter 这类社交网络中,假设以个体为单位的社会关系可以构成一张图,那么图中的点就是人,人与人之间的关系就是边。

各类基于图算法的智能分析技术和数据存储查询技术也受到业界更多的关注与重视,在其他不同的场景下,图算法还被应用于通信网络、交易网络、客户关系网、用户商品推荐、交通网络、知识图谱等诸多领域。随着大数据的发展,图算法的规模越来越大,对系统和算法的要求也越来越高。一般地,实际业务所需的图算法主要用来计算图、节点、关系的衡量指标,根据解决问题的目的不同分为以下几类:图遍历、路径发现、社群发现、图挖掘、图神经网络等。

图遍历也被称为图搜索,是指访问图中每个顶点的过程。对图的访问和更新都以图遍历为基础,经典图搜索算法有 PageRank 和 PersonalRank。PageRank 最早用在了搜索引擎中。

路径发现用以识别最符合大型网络中两点之间某些标准(如最短、最便宜、最快等)的路径。最短路径算法是图论研究中的一个经典算法,目的是寻找图中两节点之间的最短路径。很多最短路径算法也可以转换为图搜索问题、动态规划问题等。

社群发现用以划分复杂网络的社群结构。在复杂网络的研究中,如果网络的节点可以容易地分组成(可能重叠的)节点集,使得每组节点在内部密集连接,则称网络具有社群结构。这意味着社群内点的连接更为紧密,社群间的连接较为稀疏。

图挖掘是基于图的数据挖掘,用来发现大量图结构数据的模式。类似于传统的机器学习和数据挖掘,从图数据中发现新颖或异常的模式也至关重要,可以用来辅助业务决策,在社交网络、医药化学、交通运输网络等诸多领域中有着重要意义。

图神经网络是将 CNN、LSTM 等神经网络或深度学习的方法用于图数据的一类算法。例如,图嵌入将图的网络拓扑信息通过表示学习的方法嵌入到每个节点的向量表示中,图卷积将卷积网络推广到非欧空间,用于图数据的抽象特征表达和抽取。

5) 知识图谱

随着符号主义技术路线的不断发展,2012 年 Google(谷歌)最早提出了知识图谱,基于知识图谱的搜索可以充分利用来源广泛的数据和知识,使得搜索效果更好。知识图谱近几年发展迅速,在智能搜索、智能问答、个性化推荐等领域中得到了广泛应用。知识图谱是利用图数据结构用形式化表达实体之间语义关系的网络结构,旨在从数据中整理、识别和推断事物和概念之间的复杂关系，是人类认知知识的可计算模型，也是机器理解和利用人类知识的桥梁。

知识抽取是知识图谱构建的关键步骤。知识图谱的数据源从数据类型上可分为结构化数据和非结构化数据。早期大部分知识图谱都构建在结构化数据基础之上，而这些结构化数据多是人工整理构建而来，这极大地限制了知识图谱的规模和发展。得益于自然语言处理技术的发展，从海量的非结构化纯文本数据中进行知识抽取构建图谱成为可能。从抽取知识的粒度来区分，知识抽取主要分为实体抽取、关系抽取和事件抽取。

实体抽取也叫命名实体识别，指从非结构化纯文本语料中自动识别出命名实体。早期的实体抽取依赖于规则和模板匹配。从20世纪90年代开始，机器学习迅猛发展，基于条件随机场的模型在实体抽取领域取得了很好的效果，但也需要依赖人工定义的特征。近几年，基于深度学习的方法则直接以文本词向量作为输入，主要使用CNN、LSTM及引入注意力机制的神经网络对语义信息进行建模，达到当前最好的效果。关系抽取的目标是从文本中抽取得到形如"主语、谓词、宾语"的三元组，而三元组则是构建知识图谱的基础。早期基于监督学习的关系抽取方法主要通过流水线的方式把关系抽取转化为关系分类问题：先进行实体抽取，然后通过机器学习分类模型进行关系分类。为了解决流水线误差积累的问题，可端到端对实体抽取和关系抽取建模。此外，为了解决标注数据依赖的问题，远程监督、自助抽样法(Bootstrapping)等方法也常常应用到关系抽取领域当中。事件抽取是指从自然语言文本中抽取出需要的事件信息，并以结构化的形式加以呈现。

知识融合的目标是使来自不同数据源的知识图谱融合形成一致的形式，主要包括本体匹配和实体对齐两大任务。本体匹配主要依靠语言学特征、本体结构特征、逻辑推理等信息，将与本体层等价或相似的实体类、属性和关系匹配起来，从而将两个图谱在本体层融合为同一个本体。实体对齐强调对齐同一个对象的不同实例，传统的方法主要有等价关系推理、基于实体的属性信息的相似度计算等。随着知识表示学习的发展，利用实体的低维向量表示中所蕴含的图谱结构特征进行实体对齐匹配的方法显示出广阔的前景。如何综合利用实体属性的语义信息和关系的结构信息，成为近些年实体对齐领域的研究热点。

知识表示旨在解决三元组表示形式计算效率低、数据稀疏性高、机器无法直接利用等问题。将实体和关系表示为稠密低维实值向量，让模型能够在低维向量空间中高效地利用实体和关系之间的复杂语义关联信息，在知识图谱的补全、融合、推理中均有大量应用。早期主要通过神经网络、矩阵分解等方式学习得到实体和关系的表示，但这类方法普遍计算复杂，难以在大规模知识图谱中有所应用。后续受到词向量平移不变现象的启发，研究者提出了 TransE(Translating Embeddings)，将知识图谱中实体和关系视为同等向量，并将实体之间的关系看作实体向量的平移，模型计算简单而且效果很好，成为当前的研究热点。近些年，图卷积神经网络以其丰富的图语义表示能力，成为知识表示学习领域研究的新方向。

知识推理是指在已有知识图谱基础上挖掘出图谱中隐含的知识，进而补全、纠正和扩展知识图谱。一般在推理的过程中，会抽象出一些关联规则来辅助进行推理和解释。传统专家系统中的规则普遍通过专家人工总结。由于人类知识的多样性，人工总结的方式无法穷举所有的推理规则，而且成本很高。因此，基于机器学习的推理规则自动挖掘是更好的方案。当前常用的知识推理方法可分为基于演绎的推理和基于归纳的推理两种类型。演绎推理一般围绕本体展开，是自顶向下的推理。针对本体逻辑描述的规范，W3C(World Wide Web Consortium)提出了 OWL(Web Ontology Language)和 OWL2 标准。两者都是基于 RDF(Resource Description Framework)语法的描述逻辑，通过 TBox(Terminology Box)和 ABox(Assertion Box)机制，将知识图谱的推理问题转化为一致性检验问题，从而实现推理任务。基于归纳的知识推理主要利用知识图谱已有信息，通过分析和挖掘，自底向上地整理并发现规律进行推理，常见的有利用知识图谱图结构信息的路径推理、基于关联规则挖掘的规则推理和对知识图谱中的元素进行表示学习的知识表示推理等。

6) 运筹优化

严格意义上，运筹优化不完全属于人工智能领域。但是运筹优化所包含的最优化问题、决策问题又是与人工智能息息相关的。最优化问题是在一系列约束条件下获取某个复杂函数极值的问题。很多上述学习类的算法都采用了最优化方法在大规模参数空间中寻找最优参数值。1937 年，英国人在二战中对雷达调度的研究被公认为是现代运筹优化的起源，并在战后获得爆发式的发展。运筹学最早发源于战争时期，并在工业、农业、商业中发挥了重要的作用，并作为一个重要分支被纳入现代应用数学体系之下。

1947 年，由 George Dantzig 提出的单纯形法是运筹优化史上的一大里程碑事件，标志着运筹学在理论上更加成熟，实际应用更加深入、广泛。单纯形法用于求解线性规划问题,是运筹学中最基础、最广泛存在且相对较成熟的一种方法。线性规划指问题的目标函数和约束函数均为线性函数。许多复杂的问题通过转化或近似成为线性规划问题而得以求解。如果某个线性规划问题的决策变量为整数,那它就变为整数线性规划问题;如果部分决策变量为整数,那就变为混合整数规划问题。求解混合整数规划非常复杂,是一类 NP-hard(Non-deterministic Polynomial-time hard)的问题,求解方法一般为分支定界法和切平面法等。

非线性规划是更为广泛的一类问题,指目标函数和约束函数均不是线性函数的问题。根据目标函数和约束条件的形式,非线性规划问题可以分为凸优化和非凸优化问题。判断一个集合是不是凸集,可以在集合中任意取两个点并连成线段,如果线段上的所有点都包含在该集合中,则这个集合就是凸集,否则就是非凸集。

凸优化问题是指目标函数和约束条件都是凸函数的优化问题。常见的凸优化问题有线性优化问题、二次优化问题及几何优化问题。凸优化问题有一个很重要的性质,即任何局部最优解都是全局最优解。由于这个性质,采用简单的局部算法(如梯度下降法等)即可收敛到全局最优解,求解过程相对简单。

非凸优化问题是很难求解的,因为可行域集合中可能存在无数个局部最优点。然而,实际中大多数问题是非凸的。特别地,深度学习中的损失函数是由很多的非线性函数组成的复合函数,这个函数通常是非凸的。求解这个非凸函数的最优解,通常采用梯度下降法来完成。然而,由于复合函数无法求得显式梯度表达,因此深度学习中通常使用反向传播来逐层求取梯度,并进行模型参数更新。对于有些非凸优化问题,还可以使用松弛或者近似的方法将其转化为凸优化问题再求解。

启发式算法则是另一大类运筹优化求解算法。该方法通过对一些自然现象的模拟,给出优化问题的一个较优可行解。启发式算法的算法结构通常与待解问题关系较小,因此具备较为广泛的适应性,但求得的次优解和最优解之间的距离通常无法得知。经典的启发式算法包括蚁群算法、模拟退火算法、遗传算法、进化算法等。

现代运筹优化问题求解的状态维度往往高达数万维甚至百万维,如工厂的调度优化、气象的数据同化、物流配送问题等。问题维度的提升极大地提高了算法对硬件计算能力的要求。幸运的是,当代芯片技术的发展能够满足运筹优化对算力急速增长的需求。

2. 应用层

下面将重点介绍两个开发者经常接触的应用层技术:计算机视觉和自然语言

处理。

1）计算机视觉

计算机视觉的发展与机器学习理论的发展密不可分。计算机视觉早期主要解决成像、编码、滤波等信号处理问题，不太涉及感知层面。一方面，随着高清视频的发展，编解码等基础视觉技术也在与深度学习相结合而不停向前发展，业界标准也在持续跟进。另一方面，随着图像、视频理解和分析的需求日益增多，业界也非常关注感知和语义理解问题。根据问题的维度，计算机视觉的问题可以分为 2D 问题和 3D 问题。相比 2D 问题而言，这里的 3D 问题主要是指在空间维度而非时间维度上新增一个维度。2D 问题通常仅限于解决像素平面的感知和理解问题，而 3D 问题主要是针对真实世界的三维结构的感知和理解问题。由于 3D 问题（如三维几何重建、深度估计、三维坐标估计、三维目标检测和跟踪等）主要依赖成像的几何学原理，不是本书重点，这里不做太多介绍。本书将聚焦 2D 视觉类任务，除常见的图像分类、目标定位、目标检测、图像分割（包括语义分割、实例分割和全景分割）、目标跟踪外，还有很多其他任务，如显著性检测问题、图像描述、图像生成、视觉问答等问题。

2D 视觉类任务的输入大多类似，是一幅或者多幅图像，但是根据具体任务不同，输出模块的形式有很大的不同。图像分类任务很好理解，只输出一个向量，其每一维表示图像属于不同类别的概率。在图像分类的基础上，我们还想知道图像中的目标具体在图像的什么位置，这类任务就是目标定位。目标检测通常是从图像中输出感兴趣目标的矩形框及标签。在目标定位中，通常只有一个或固定数目的目标，而目标检测更一般化，图像中出现的目标种类和数目都不确定。因此，目标检测是比目标定位更具挑战性的任务。常用的目标检测模型有 YOLO（You Only Look Once）系列、SSD（Single Shot MultiBox Detector）、Faster R-CNN、EfficientDet 等，这些算法详情见第 5 章。

进一步地，在分割任务中，需要将整个图像分成像素组，然后对其进行标记和分类。语义分割试图在语义上理解图像中每个像素的角色（如火车、沙发等），其基本思路是对图像进行逐像素分类。具体来说，将整张图像输入深度神经网络，使输出的空间大小和输入一致，通道数等于类别数，分别代表各空间位置属于对应类别的概率。与语义分割有所不同，实例分割不仅需要对图像中不同的对象进行分类，而且还需要确定它们之间的界限、差异和关系。其基本思路是先用目标检测方法将图像中的不同实例框出，再用语义分割方法在不同矩形框内进行逐像素标记。

目标跟踪是指在给定场景中跟踪感兴趣的单个目标或多个目标的过程。简单来说，给出目标在视频第一帧中的初始状态（如位置、尺寸），目标跟踪算法自动估计目标物体在后续帧中的状态。图像描述任务的目的是根据图像生成描述文字。

从方法上来说，计算机视觉算法大致可以分为两种：一种是基于传统机器学习的方法；另外一种是基于深度学习的方法。

用于计算机视觉任务的传统机器学习算法主要包括支持向量机、决策树。基于传统机器学习的计算机视觉算法首先通过特征提取模块将原始图像转化为固定大小的特征向量，然后将特征向量输入分类器模型中进行模型训练。常用的特征提取方法包括SIFT（Scale-Invariant Feature Transform，尺度不变特征变换）、HOG（Histogram of Oriented Gradient，方向梯度直方图）、LBP（Local Binary Pattern，局部二值模式）、Gabor小波等。传统算法的缺点主要是需要特征工程操作，每解决一个具体问题，都需要大量的手工定制特征。而基于深度学习的算法将特征提取模块用深度神经网络来代替，通过大量数据自动发现最佳的特征表达，可以避免算法专家针对每个具体视觉问题进行特征的定制。目前计算机视觉任务的常用算法基本上被深度学习所“垄断”。

2）自然语言处理

自然语言是由人类可以理解的符号组成的具有语法结构的序列，自然语言处理旨在让机器理解人的语言，把非结构化的自然语言转化为结构化的信息。如前文所述，自然语言处理与知识的抽取和表达关系非常密切。

自然语言的应用非常广泛，如媒体都在使用的搜索引擎、机器翻译、对话机器人、垃圾邮件检测、垃圾评论识别、作文自动打分等。总体来说，自然语言处理系统的输入是自然语言，最后输出一个目标，输入的自然语言可以是词、句、篇章对话等，输出的目标可以是标签、词、句、篇章等。不同的输入和输出对象，衍生出不同的自然语言处理任务。根据输入和输出的不同，自然语言处理主要有以下几类任务：词向量表示、文本分类、序列标注、机器翻译、文档摘要等。

词向量表示是自然语言处理中最基本的任务。词向量基本上遵循分布假设，根据这个假设，意思相似的词往往出现在相似的语境中。词向量的主要优点是可以捕获词之间的相似性。词嵌入通常用作深度学习模型中的第一个数据处理层。一般通过优化大型未标记语料中的辅助目标对词嵌入进行预先训练，所学习到的词向量可以捕获一般语法和语义信息。

文本分类旨在通过模型来预测一段文本的标签，这里的标签可以是人们定义的各种符号，比如在垃圾邮件识别场景中输出是否是垃圾邮件，在广告检测场景中输出是否是广告。每个样本的标签可以是单个也可以是多个，分别称为单标签分类任务和多标签分类任务。情感分析可以看作一种特殊的分类任务，重点在于分析文本所蕴含的情感。

序列标注主要包含分词、词性标注和命名实体识别等任务。如前文所述，这些任务也常用于构建知识图谱时的知识抽取。其中，分词是中文常见的一个任务，旨在将连续的字序列按照一定的规范重新组合成词序列；词性标注旨在分析句子中每个词的语法属性，例如判断每个词为名词、动词、形容词等，主要任务是消除词性兼类歧义，可应用于语法分析等任务中；而命名实体识别常用于知识图谱，用于识别文本中实体的类型。

生成式任务主要包含机器翻译、文本摘要等。机器翻译任务对应的输入是一种自然语言文本，输出是另外一种自然语言，如中文到英文、中文到日文等。机器翻译是一个典型的序列生成任务。文本摘要的输入一般是篇幅比较长的文章，输出是篇幅比较短的文本片段。文本摘要在信息爆炸的今天有着非常广泛的应用，帮助人们筛选出重要信息。

类似于计算机视觉，自然语言处理算法大致也可以分为两种：一种是基于传统机器学习的方法；另外一种是基于深度学习的方法。

传统机器学习的算法主要包括支持向量机、逻辑回归、决策树、随机森林等文本分类算法，以及隐马尔可夫模型、条件随机场等序列标注算法。对于机器翻译等任务，传统机器学习没有合适的算法，一般使用语言模型来做单语的序列生成，使用统计机器翻译模型实现双语的序列生成。简单来说，基于传统机器学习的自然语言处理算法首先通过特征提取模块将输入文本数据转化为特征向量，特征可以是 N 元语法（N-Gram）、词典、规则等，然后将特征向量输入分类器模型或序列标注模型中进行模型训练。与计算机视觉一样，传统算法的缺点是需要特征工程操作，同时算法模型对序列建模能力弱，因此效果不如深度学习模型好。

当前基于深度学习的自然语言处理模型主要包括神经语言模型、词向量模型、CNN、LSTM、无监督预训练语言模型等。自然语言处理的关键在于学习词向量表示，将得到的词向量表示输入模型编码模块，模型编码进行各种复杂的神经网络映射计算，包括线性运算和激活函数的非线性运算，最终得到目标的向量输出。根据具体任务不同，向量输出模块的形式也不同，比如分类任务，只输出一个向量，对于序列标注任务，则每个词都对应输出一个向量。在向量输出的基础上，最后通过 Softmax 等函数，映射到最终的模型输出，如标签、词等。

1.1.3　人工智能技术的价值

如前文所述，人工智能技术分化出了很多领域，每个领域都有非常大的应用价值，对于各行各业数字化转型有着非常深刻的影响。例如，日常生活中常见的图像识别、搜索推荐系统、智能客服等应用，都在不同程度上利用了人工智能技术。

人工智能技术的价值主要体现在以下三个方面。

(1) 提高业务效率，降低业务成本。目前很多传统行业（如油气、电力、制造、能源等）还有大量业务场景没有进行全面的数字化转型，要么是数据没有积累，要么是数据之间没有联动，无法进行后续的分析，大多数情况下还需要人工完成很多业务的处理。例如，很多行业都会涉及证件、票据类的识别，需要人工查看并录入，如果能够有效利用人工智能中的 OCR（Optical Character Recognition，光学字符识别）技术，就可以让机器自动进行字符识别，极大提升信息录入效率。

(2) 探索新的业务模式。在既有业务的基础之上，当获取所有的数据之后，就可以进行建模分析。还是以上述 OCR 技术的应用为例，电子化录入只是完成了第一步，后续可以通过人工智能算法对所有录入的信息进行统计分析，并在业务经验的指引下，通过算法挖掘出一些异常信息，如哪些单位或个人的票据金额有异常等。如果数据量巨大，人工很难发现这些异常。围绕这些统计分析算法和系统，可以推出新的智能分析业务，从而对上层系统提供更有价值的指导建议或告警。因此，人工智能可以使得当前业务场景进一步智能化，不断推出新的业务模式，加快行业智能化转型。

(3) 催生新的产品形态。人工智能除可以帮助和增强已有业务外，还可以单独以新的产品形态出现。目前市场上流行的人工智能音箱就是近几年出现的新鲜事物。人工智能音箱通过自动语音识别等技术，实现人机交互，可以根据人的语音指令实现播放音乐、查找新闻及控制其他家庭设备。

在各大行业中，需要进行表格类、图像类、语音类、文本类等数据的处理、分析、挖掘，以及基于这些数据决策控制的场景，都可以与人工智能技术相结合。然而，人工智能在业务场景中的表现效果（如精度等指标）取决于很多因素，如业务逻辑复杂度、数据质量、算法复杂度等。如果期望人工智能技术在实际场景中表现更好，就应该将场景尽可能具体化，减少复杂度，并且在算法和模型的基础上合理地引入业务场景的先验知识。

1.2 人工智能应用

前文主要介绍了人工智能技术及其涉及的主要算法，但是单纯的技术和算法无法端到端地解决实际业务问题。因此，需要一个载体才可以闭环业务问题，并对业务呈现价值。这个载体就是人工智能应用。

广义来讲，人工智能应用是基于人工智能技术的一套完整的软硬件系统或全流程解决方案，用于端到端地解决某一个具体问题。由于不同业务的场景都不一样，因此即使涉及的人工智能算法彼此类似，广义的人工智能应用之间差别也很大。例如，要解决以下两个不同场景的问题：

(1) 如何让手机相册中的照片按照具体内容分组？很多用户在手机中拍摄了很多照片，包括父母的、孩子的还有自己的照片，照片分组功能将使得用户寻找感兴趣的照片更加容易。

(2) 如何让电力公司具有对设备健康状况自动监控的能力？很多野外的电力设备长时间经受风吹日晒，再加上自身老化的原因，经常会存在异常现象。设计自动巡检机器人，利用摄像头拍摄电力设备照片并进行识别，及早发现异常组件，就可以及早地进行设备维护。

在上述两个问题中，可能都会用到相似的图像分类算法。例如，在第一个问题中，采用 CNN 对手机照片进行自动分类；在第二个问题中，先采用 CNN 对电力设备类型进行整体分类，然后再进行细粒度的异常组件识别。后者的算法可能更加复杂一些。当然算法是强依赖于数据的，当数据有各种各样问题(如噪声大、类别不平衡、数量少)时，又需要对算法进行重新设计。除算法有差异之外，其他软硬件模块之间的差别也很大。在第一个问题中，人工智能应用需要依赖手机软硬件及手机厂商提供的云服务；在第二个问题中，人工智能应用需要依赖自动巡检小车的软硬件系统和电力设备所连接的后台服务。

因此，广义的人工智能应用一般都非常复杂，可以是大型软件系统（如整套的智能医疗诊断软件），也可以是软硬件一体化的系统（如智能服务机器人等），一般囊括的组件众多，涉及的人工智能算法也很多，需要将人工智能算法经验、业务场景的领域经验、工程经验等各个方面的要素都很好地结合起来。

与广义人工智能应用相对的是狭义人工智能应用，它是整个人工智能软硬件系统或解决方案中最核心的一个模块，可以与其他模块一同协作，端到端地解决问题。狭义人工智能应用一般是指SDK（Software Development Kit，软件开发工具包）或者云服务。由于在不同的行业、不同的场景中，广义的人工智能应用千变万化、各不相同、无法完全统一，因此本书将主要关注以人工智能算法为中心的狭义人工智能应用。对于广义的人工智能应用（全栈解决方案）会在第13章中有所体现。

1.2.1　人工智能应用的特点

以SDK形式存在的人工智能应用一般由以下几部分组成：①模型文件；②推理计算软件库；③代码（如推理请求的前后处理脚本等）、配置文件；④文档和示例代码等。而以云服务存在的人工智能应用则是在这几项的基础上，进一步做服务化封装，对用户呈现简洁的API（Application Programming Interface，应用程序接口）。

大多数情况下，人工智能应用包含的模型是参数化模型。既然包含了大量的参数，那么人工智能应用就与数据息息相关。通常，在开发过程中，需要考虑人工智能应用以下几个方面的特性。

（1）灵活性。为了增强人工智能应用的能力，有时需要借助第三方的能力。例如，推理计算软件库或者推理服务可以调用额外的第三方服务。

（2）性能。为了使计算效率更高、功耗更低、内存占用更小、成本更低，一般人工智能应用都需要进行适当压缩，并且需要运行在专用的人工智能计算硬件上。

（3）鲁棒性。在实际使用场景中，人工智能应用所处理的数据千变万化，这就要求人工智能应用内部的模型参数能够尽可能不受输入数据扰动或者统计分布造成的影响，同时也可以抵御恶意攻击，即要求人工智能应用具有一定的鲁棒性。

（4）公平性。在开发人工智能应用的过程中，会不可避免地由于一些数据不平衡而引发模型的偏见。例如，在训练数据中一些搜集到的数据来源于女性和男性，但是男性的数据量明显多于女性的数据量，这样训练出来的模型受到男性数据的影响更大，因此就更可能出现性别歧视。这就要求人工智能应用具备一定的公平性。

(5) 可解释性。在一些关键的场景(如自动驾驶)中,作为决策系统的关键环节,人工智能应用做出的任何响应和决策都应该是可解释的。这对于人类而言非常重要,否则人类就很难信任人工智能应用。

(6) 安全性。在部署人工智能应用时,需要特别注意模型加密,并且保证其运行环境安全可靠,以避免受到他人的破坏或窃取。

1.2.2 人工智能应用的商业化场景

人工智能应用除在日常生活中广泛存在(例如指纹解锁、聊天机器人等)外,还在很多行业(如互联网、自动驾驶、制造、医疗、地理天文、金融等)中有很大的商业价值。

在互联网业务中,最常见的一种人工智能应用是对用户进行商品或信息的推荐。在数据授权的前提下,互联网后台系统会获取用户的元信息及用户与互联网产品交互过程中的行为数据,然后根据这些数据进行数据筛选、特征提取。后台系统中的推荐模型利用筛选后的特征,将用户感兴趣的内容推荐给用户。后台推荐模型会随着业务数据的变化而不断更新。

在自动驾驶场景中,通常需要利用摄像头让车辆具备感知环境的能力。摄像头采集到实时视频流之后,将其送入后端系统中完成对关键目标(如行人、斑马线、其他车辆、障碍物等)的识别。除摄像头外,还需要融合其他传感器(如激光雷达等)的信息,以辅助车辆控制。在车辆行进过程中,还需要对车道线进行识别,以实现精准驾驶。另外自动驾驶还需要一套基于自动决策模型的控制系统,能够根据摄像头等各类传感器的输入信息做出自动决策(如控制方向、速度等)。用于识别目标的感知系统和用于控制的自动决策系统都属于人工智能应用。

在制造行业中,为了保证产品加工的质量,每个生产线通常都需要安装各类传感器(如摄像头)对产品信息进行实时采集、分析,及时去除质量差的产品。例如,在某个电路板生产线上,采用摄像头对每块电路板表面进行拍摄,并进行表面焊点位置错误等缺陷的检测。摄像头的后端就需要有此类缺陷自动识别的能力。另外,为了加速制造业的效率并降低成本,通常需要对需求进行预测、对库存进行控制,然后在安排生产、物流等方面进行数学建模。这里面会涉及大量的决策和运筹优化类算法。

在医疗行业中,人工智能应用更是有非常大的价值。例如,在智能导诊系统中,医生可以根据医生记录的上下文系统,辅助医生对病情做出判断。在病人拍摄 X 光片后,可以通过智能诊断系统识别出 X 光片上关键部位,并判定其病变情况。另外,现在很多纸质病历的录入非常麻烦，这时就需要一套基于 OCR 的自动化扫描工具将纸质病历自动转为电子版，并识别其中关键字段，然后录入数字健康档案中。

在地理、天文行业中，通常需要对卫星图片进行识别。例如，某地理行业应用中，可以通过人工智能算法自动对比出不同时期所拍摄的卫星照片的差异，从而定位出关键指标（如植被面积）的变化，引导业务系统做出快速决策。

在金融和数字政府等其他行业中，人工智能也扮演着非常重要的角色。只要有数据产生的地方，就会有大量的冗余信息待挖掘，就会有人工智能的应用。总而言之，人工智能可以去除信息冗余，提取更有价值的信息，提升业务效率，降低业务成本，帮助业务尽可能实现自动化。

近几年，人工智能领域的投资依然高涨。根据 UserZoom 的统计结果，人工智能的研究在未来 5 年内年均增长速度预计高达 80%，大幅领先其他研究领域（如虚拟现实设备等）。人工智能目前在各行业渗透率依然很低，如仅 10% 的 B2B（Business-to-Business）企业在销售流程中使用了人工智能，5%的高等教育机构使用人工智能增强学习体验，2%左右的零售商投资或部署了人工智能系统。因此，人工智能在各行业还有非常大的发展空间，未来 10 年将是企业数字化和智能化转型的关键时期。

1.3 人工智能平台

如前所述，虽然人工智能非常重要，可以提升已有业务效率，也可以催生出新的业务或产品形态，但是人工智能应用又非常复杂，包含软件、硬件、算法、模型等。在开发人工智能应用时，需要经历很多环节，包括数据的获取、软硬件的准备、算法和模型的开发、模型打包和上线等，流程非常冗长。其实，人工智能应用的开发流程大多数是类似的，如都会用到类似的数据处理工具，或用到类似的硬件、软件来做模型训练。因此，将这些有通用性的组件抽象出来，形成标准化流程，并构建一套人工智能平台，就可以缩短人工智能应用开发流程，提升效率。

人工智能应用开发完之后，需要部署才能被真正使用起来。因此，需要人工智能应用部署平台，以方便部署和使用。使用者仅需直接调用部署好的 AI 应用接口即可使用，而无须关注底层软硬件细节，以及应对其他问题（如调用流量的变化等）。

人工智能应用开发平台面向的用户是人工智能应用开发者，而人工智能应用部署平台面向的用户是人工智能应用使用者。这两种用户之间实际上形成了一种供需关系,需要通过人工智能分享交易平台来连接。因此,人工智能平台其实分为三个子平台,如图 1-2 所示。此外人工智能分享交易平台上可流通的对象不仅是人工智能应用,还可以是人工智能开发中遇到的任意实体对象。无论是人工智能应用开发平台、人工智能应用部署平台,还是人工智能分享交易平台,它们的目的都是加速人工智能应用商业化的效率。

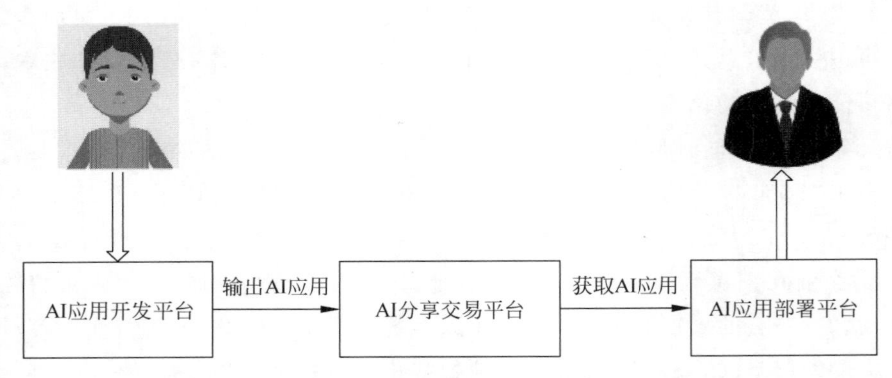

图 1-2　人工智能应用涉及的三大子平台之间的关系

开发和部署人工智能应用都需要很深的技术栈,因此从技术分层架构的角度看,人工智能平台的基本逻辑架构如图 1-3 所示。

人工智能算法的计算有一定的独特性。很多算法(如大规模深度神经网络算法)对密集型计算要求高,而且通常计算量特别大、可并行度高,有些算法(如大规模推荐算法)对内存要求也很高。此外,由于较大的计算量和分布式需要,人工智能对硬件系统中其他模块(如存储、通信等)也带来了新的挑战。无论是云计算、边缘计算还是终端计算,都需要对硬件系统进行重新设计。类似地,软件层也需要考虑这种计算模式的变化,因此专用的人工智能计算引擎也就应运而生。面向人工智能的专用软硬件协同设计可以极大提升计算效率。

在人工智能专用计算引擎之上需要人工智能应用开发、运行框架实现更高效易用的开发(如第 6 章的 MoXing 框架)和运行管理(如第 8 章的 AIFlow 框架),并且可以很方便地调用开发和运行中所需要用到的数据、算法、知识、模型和应用等必备要素。这些可以大大降低人工智能应用开发和运行的门槛与成本。在此基础上,通过 AI 应用开发管理、AI 分享和交易、AI 应用运行管理三方面的能力就可以组成完善的基础平台。在面向上层领域(如智能制造、安防、智能交通等)具体业务时,可以基于基础平台

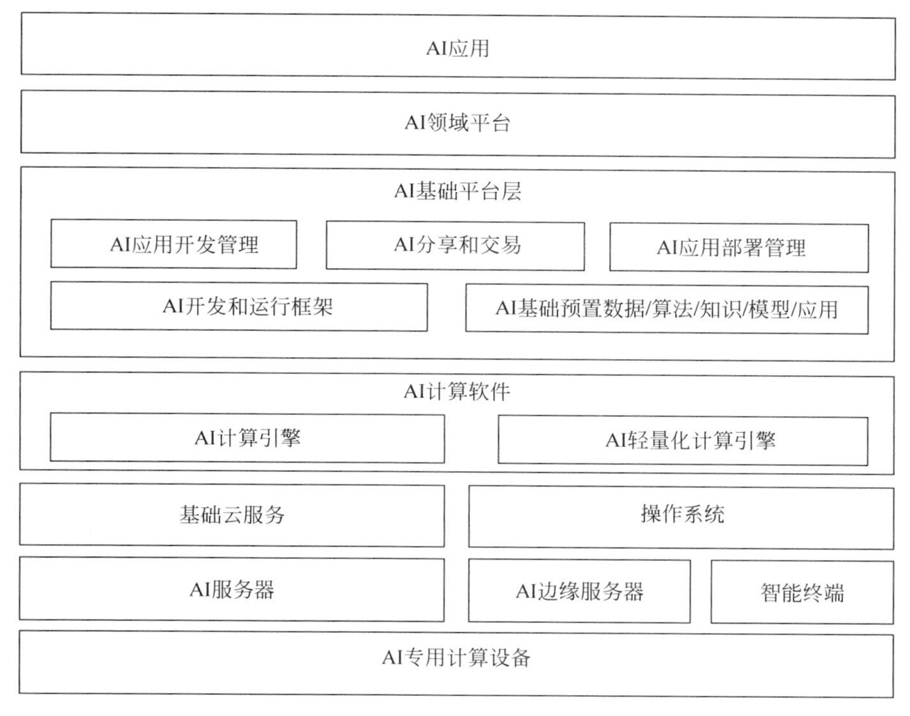

图 1-3　人工智能平台的基本逻辑架构

构建面向行业的领域平台。

因此，可以看出，人工智能平台需要提供从硬件到软件、算法工具再到云服务的全栈优化，才能够真正提升人工智能应用开发的效率。

整个人工智能平台需要同时支持端、边、云三种使用场景。在开发态，人工智能应用所涉及模型的训练（见第 6 章）通常需要大量的训练资源，非常适合云上完成；而在部署态，人工智能应用的计算量取决于具体场景和业务要求，有些适合云上部署，有些适合边缘或者终端上部署。

ModelArts 提供了一站式人工智能应用开发、部署平台及分享交易平台（AI 市场），主要对应于图 1-3 中的“AI 基础平台层”。华为云 ModelArts 的总体界面如图 1-4 所示。ModelArts 支持从数据、算法开发、模型训练到应用部署上线等全流程管理，并且支持 AI 的分享和交易。

如前文所述，目前常用的人工智能算法大多基于概率统计实现，所以具有一定的不确定性和概率性。例如，在图像分类场景下，任何人工智能应用都不可能实现 100％ 的分类准确率，不确定性是一个基本属性。而传统软件应用（如 Web 应用、手机 App

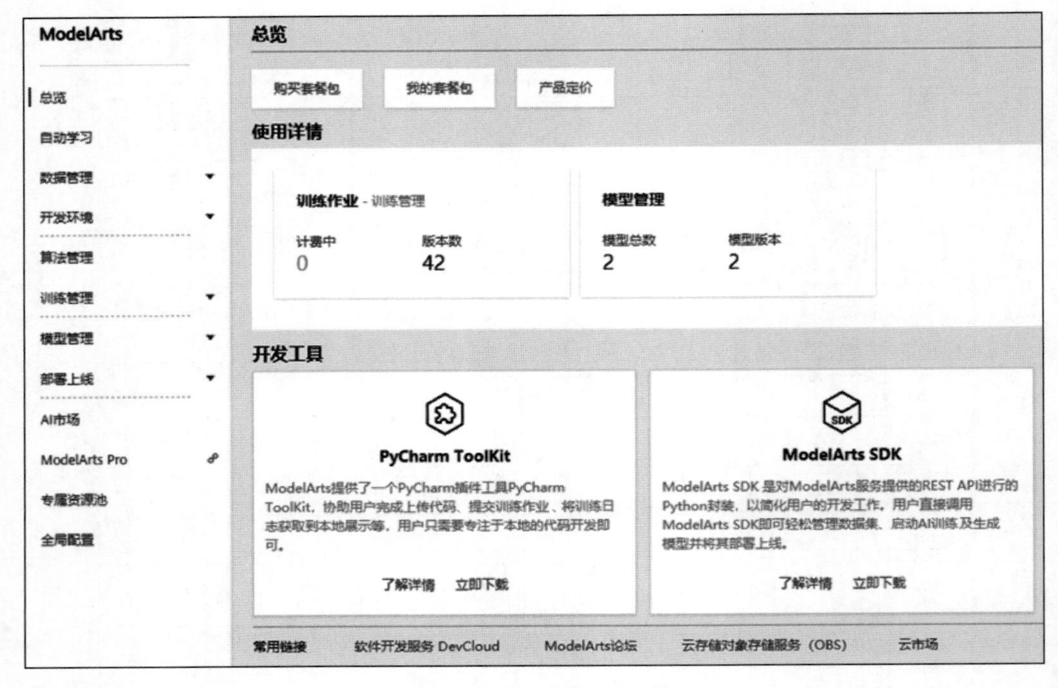

图 1-4　华为云 ModelArts 总体界面

等)基本都在执行确定性的操作,要么执行正确,要么执行错误,很少会出现较大的概率性误差。这就是人工智能应用和传统软件应用最大的区别。由于严重依赖场景和数据,人工智能应用也具备一系列的其他特点(见 1.2.1 节)。另外,人工智能应用开发本身也包括了软件的开发,因此人工智能应用的开发比传统软件应用开发更加复杂。如表 1-1 所示,从需求分析、产品设计、架构设计、开发、测试、发布再到运维的全生命周期的每个阶段中,人工智能应用开发和传统软件应用开发都有很大的区别。

表 1-1　人工智能应用开发与传统软件应用开发的对比

对比项	传统软件应用开发	人工智能应用开发
需求分析	① 明确问题和用户需求 ② 可行性分析	① 明确问题和用户需求 ② 可行性分析,决策是否引入人工智能
产品设计	设计软件产品原型	设计业务方案原型
架构设计	① 生成和分解产品需求 ② 确定技术方案 ③ 完成系统架构设计 ④ 完成模块设计	① 生成和分解产品需求(包括评估人工智能需求) ② 确定人工智能技术方案和系统技术方案 ③ 完成系统架构设计 ④ 完成模块设计

续表

对比项	传统软件应用开发	人工智能应用开发	
开发	① 编写/审核代码 ② 单元测试 ③ 审核和发布版本	算法、模型和应用开发： ① 准备数据 ② 选择或开发人工智能算法 ③ 训练和调优人工智能模型 ④ 重复以上步骤，获得所有模型 ⑤ 编排模型，生成人工智能应用	系统开发： ① 编写/审核代码 ② 单元测试 ③ 审核和发布版本
测试	集成测试、系统测试、验收测试（系统维度）	集成测试、系统测试、验收测试（系统维度、模型维度）	
发布	① 软件应用发布 ② 资料发布	① 人工智能应用发布 ② 资料发布	
运维	① 软件应用维护 ② 资料维护	① 人工智能应用维护（数据、模型优化） ② 资料维护	

从表 1-1 中的流程可以看出，为了开发一个人工智能应用，往往需要反复迭代，并且可能尝试多个算法。因此，一个人工智能应用开发的过程也是一个不断试错的过程。最终人工智能应用发布之后，这个过程才可以稳定下来。因此，人工智能应用开发除了产出一个可用的人工智能应用之外，还有一个副产品就是该人工智能应用所对应的一套开发流程模板。当需要解决其他类似的问题时，可以优先考虑复用这套模板，以尽快产出一个人工智能应用原型。

另外，由于人工智能应用开发不仅要懂软件开发，也要懂算法开发，还要有一定的业务理解，因此这个模板的价值就非常大，当后续有类似的业务场景时，其他开发者就可以利用这个模板快速进行实验，这样可以很大程度上降低人工智能应用开发的技能要求门槛，同时也可以提升开发效率。

ModelArts 提供了多种通用模板（图像分类、目标检测、声音分类、文本分类等），可以基于这些通用模板快速开发出一个人工智能应用。ModelArts 也进一步提供了多种专业模板（OCR、零售商品识别等），支持企业级人工智能应用的快速开发（具体请参考第 10 章）。开发者可在这些模板中找到最匹配自己问题的模板，并进行快速开发。

资深的人工智能应用开发者可以脱离模板，从零开始开发人工智能应用，这种开发模式更加灵活深入。但是为了能够达到更好的知识复用效果，建议资深的应用开发者可以在开发完之后形成模板，便于自己或他人后续重复利用。

第2章

人工智能应用快速开发

为了快速开发一个人工智能应用，需要尽可能将人工智能算法的复杂性交给人工智能平台。ModelArts提供丰富的模板并具备一定的自动化能力，它的出现使得开发人工智能应用变得更加便捷。根据模板复杂度的大小，一般将模板分为简单模板和复杂模板，二者的对比如表2-1所示。

表2-1 简单模板和复杂模板的对比

模板类型	行业相关性	包含环节数	业务技能要求
简单模板	较弱	较少	较多
复杂模板	较强	较多	较少

简单模板与某个具体行业弱相关，较为通用，步骤较为简单并且训练过程可以完全自动化，所以在ModelArts中也被称为自动学习。例如，ModelArts提供的图像分类模板仅需数据准备、模型训练之后即可部署使用，可用于解决不同场景下的图像分类问题。而复杂模板通常与某一具体行业强相关，例如ModelArts提供的零售商品识别模板仅适用于解决零售行业的细粒度商品识别问题。由于引入了行业经验，复杂模板通常涉及的环节比较多，即从输入数据到输出人工智能应用的全流程包含的任务数比较多。ModelArts目前提供了图像分类、目标检测、声音分类、文本分类等多种简单模板，以及零售商品识别、OCR等复杂模板。复杂模板的行业相关性非常强，难以一一列举，本书将在第10章中重点介绍。本章将主要介绍如何基于简单模板进行人工智能应用开发。在整个开发过程中，开发者不需要了解人工智能专业知识和算法，仅需准备好数据并且标注完成后，进行自动训练和部署即可。

2.1 基于图像分类模板的开发

图像分类非常容易理解，就是自动识别每个图像的所属类别。图像分类是计算机视觉中最基础的任务之一，可以单独用来解决一个业务问题，比如基于图像识别的垃圾分类问题，也可以作为多模型编排中的一个环节(如 OCR 任务中的文字分类环节)，辅助端到端地解决复杂的业务问题。图像分类的数据集一般都包含两个要素——图像和标签。根据每个图像的类别是一个还是多个，可以将图像分类细分为单标签图像分类和多标签图像分类。本节以花卉图像分类(单标签图像分类)为例，介绍如何基于图像分类模板快速开发图像分类应用。

1. 数据准备

首先在 ModelArts 上基于图像分类模板创建一个项目，然后上传一些图像(格式支持 JPG、BMP、PNG、JPEG)。第一次上传一些类别为“小雏菊”的图像。由于刚上传的图像还没有人工标签，所以一次性选中所有刚上传的图像，手工将其标记为“小雏菊”，并单击“确定”按钮，如图 2-1 所示。

图 2-1　花卉图像分类数据标注界面

类似地，继续上传更多的图片，并覆盖“蒲公英”“玫瑰”“向日葵”“郁金香”这 4 个类别。最终可以获得一个标注好的花卉数据集，每个类有 30 张图像，如图 2-2 所示。

全部标签 5

标签	数量	操作
郁金香	30	
向日葵	30	
玫瑰	30	
蒲公英	30	
小雏菊	30	

图 2-2　花卉数据集的标签统计信息

2. 自动模型训练

数据准备完毕后，可以单击“开始训练”按钮启动模型的自动训练。开发者只需要输入预期的推理时延、能接受的最大训练时间和其他一些限制条件即可。ModelArts 会根据开发者选择的推理时延，选择一个预期精度最高的算法进行自动训练，并且支持训练超参的自动调整，包括学习率自适应等。最大训练时间表示开发者可以接受的最长训练时间，但不代表一定会训练这么长时间。如果数据简单，可以提前结束训练；如果数据复杂，当训练作业时间达到最大训练时间时，训练作业会立刻停止并保存最优的一个模型。

经过短暂的等待，训练即可完成，训练结果如图 2-3 所示。可以看出，该模型在 5 分类花卉数据集上的综合准确率为 81%。在图像分类中，针对每个类而言，一般会用以下几个指标去评价模型的效果：①精确率(Precision)，指被模型预测为某个类别的所有正样本中，被模型正确预测为该类别的样本所占比例；②召回率(Recall)，指被开发者标注为某个类别的所有正样本中，被模型正确预测为该类别的样本比例；③准确率(Accuracy)，指在某个类别的所有正负样本中，模型预测正确的样本所占比例；④F1 值(F1-score)，指模型精确率和召回率的加权调和平均，用于评价模型的好坏，当 F1 较高时说明模型效果较好。最终的精度是所有类别的综合平均值(具体有两种做法，在此不具体展开，详细内容可参考第 7 章)。

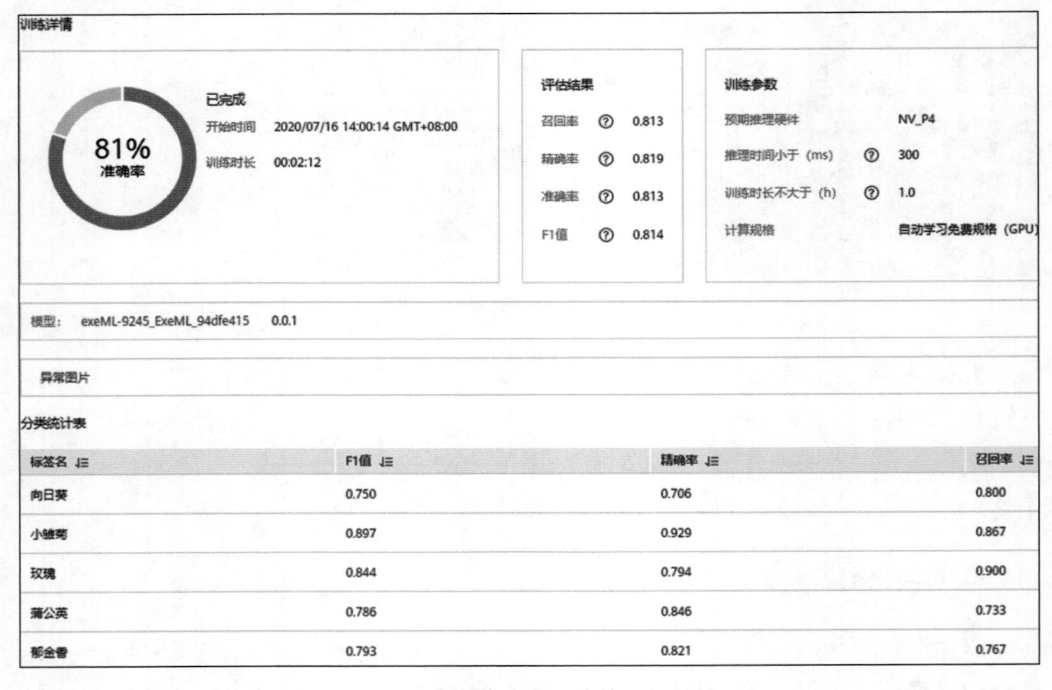

图 2-3　花卉图像分类训练结果展示界面

如果对本次训练结果不满意,那么为了实现更高精度的训练,一般需要利用更多的数据做训练。首先,上传新一批的图像数据并标注,然后开始训练。为了节省训练时间,在本次训练开始前,选择以 V001(即上一次训练的版本)为基础进行增量训练,如图 2-4 所示。训练完成后,可以看到精度指标有所提升,达到 83%,如图 2-5 所示。如果要进一步提升精度,则需要重复上述过程,进行进一步增量训练。增量训练对于大部分模板都是适用的。

训练设置

* 数据集版本名称　V002

训练验证比例　训练集比例:0.8　验证集比例:0.2

增量训练版本　V001

预期推理硬件　NV_P4

最大推理时长(毫秒)　300

最大训练时长(小时)　1.0

计算规格　自动学习免费规格(GPU)

图 2-4　提交训练作业时的参数配置展示界面

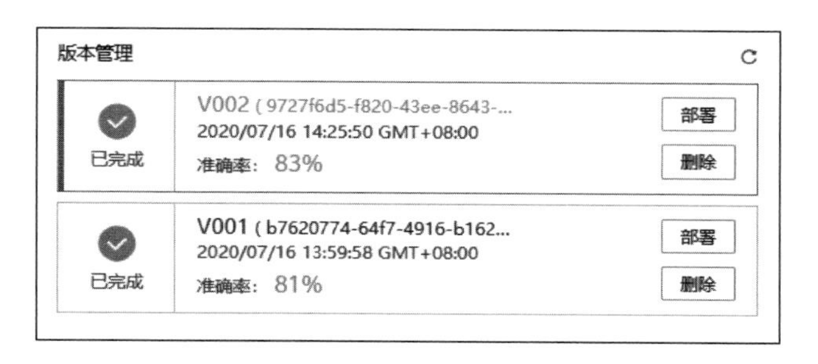

图 2-5　不同的训练作业版本对比展示界面

3. 应用部署和测试

当对模型精度满意之后,就可以进行部署和在线测试。例如,选择 V002 的训练版本,然后单击"部署"按钮,即可将其生成的模型直接部署到云上,成为一个推理服务

(即云服务形态的人工智能应用)。当部署成功后,可以上传一个新的图像做推理,并得到推理结果,如图 2-6 所示。

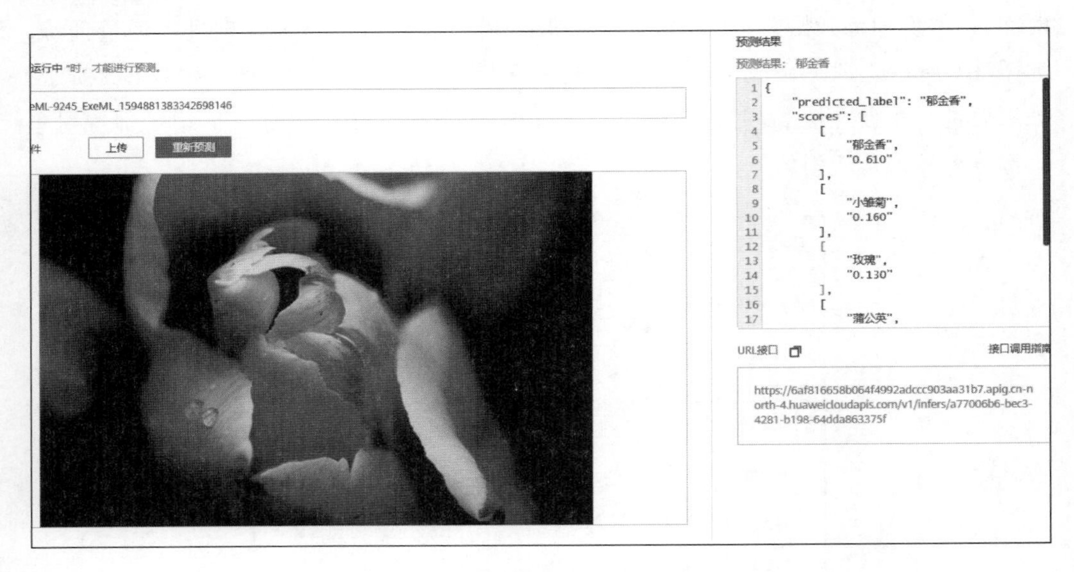

图 2-6 花卉图像分类的推理结果展示界面

ModelArts 推理服务可支持多种计算规格(CPU、GPU),并且支持自动停止功能,开发者可以灵活选择在“1 小时后”“2 小时后”“4 小时后”“6 小时后”后自动停止推理服务,也可以自定义在线时长,避免造成不必要的计费。

2.2 基于目标检测模板的开发

目标检测任务要比图像分类任务稍微复杂一些,需要对图像中感兴趣的目标物体进行定位和分类。目标检测有着非常广泛的用途,如人脸检测、车辆识别等。本节以 STOP 标志检测为例,介绍如何基于目标检测模板快速开发目标检测应用。

1. 数据准备

首先在 ModelArts 上基于目标检测模板创建一个项目,然后上传一批带有 STOP

标志的图像，并开始进行标注。不同于图像分类的标注，在目标检测的标注过程中，需要将每张图像上的目标类别（STOP 标志）用矩形框标注出来，并给出具体标签，如图 2-7 所示。对于较为简单的场景，大概标注十几张图像之后，就可以开始进行训练并观察实际效果。

图 2-7　STOP 标志检测数据预览

2. 自动模型训练

ModelArts 利用目标检测算法，根据输入数据自动训练目标检测模型。类似于图像分类，在训练开始之前，还可以配置更多参数，如最大训练时长、最大推理时延等，然后自动学习后台会根据这些配置做模型最优设计和训练，并尽可能满足这些条件。

几分钟之后，模型就训练完毕，并且 ModelArts 会将模型结果输出。对于目标检测任务，一般的评价指标为每个类别精准率的平均值 mAP(mean Average Precision)。在本示例中，mAP 为 81%。目标检测的具体计算方法不在此赘述，具体可以参考第 7 章。

3. 应用部署和测试

类似于图像分类，可以选择某个已完成的训练作业，然后单击"部署"按钮将其生成的模型部署起来并测试，结果如图 2-8 所示。可以看出，所部署的推理服务可以成功识别出"倒着的"STOP 标志。虽然在训练数据集中，没有标注过"倒着的"

STOP 标志，但是由于训练阶段做了自动数据增强，该目标检测应用的识别能力得到了增强。

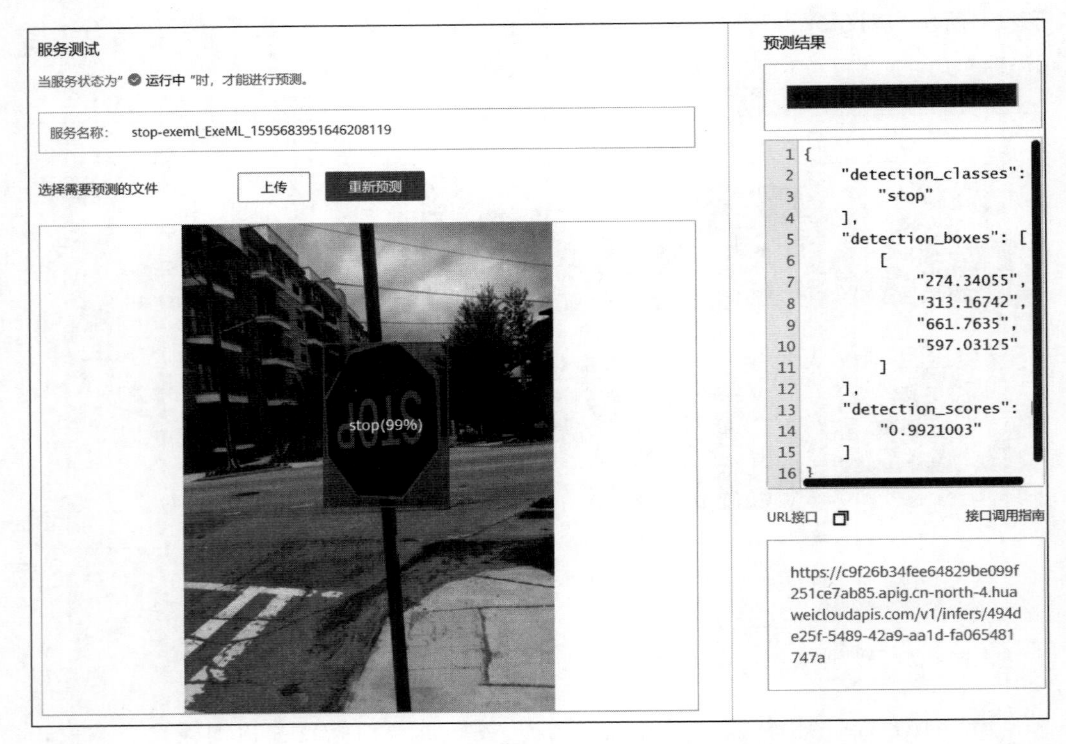

图 2-8　STOP 标志检测的推理结果展示界面

2.3　基于声音分类模板的开发

声音分类任务是指对一段音频文件进行分类，输入是一段音频，输出是这段音频的所属类别。本节以狗狗和飞机声音分类为例，介绍如何基于声音分类模板快速开发声音分类应用。

1. 数据准备

首先在 ModelArts 上基于目标检测模板创建一个项目，然后上传若干个声音分类的数据，如图 2-9 所示。在 ModelArts 的声音分类模板中，音频只支持 16bit 的 WAV 格式，且单条音频时长应大于 1s，大小不能超过 4MB。适当增加训练数据，会提升模型的精度。建议每类音频 50 条以上，每类音频总时长 5min 以上。ModelArts 提供声音数据的在线播放功能，可以在页面上单击“播放”按钮对声音数据进行试听，通过听觉和理解进行标注。

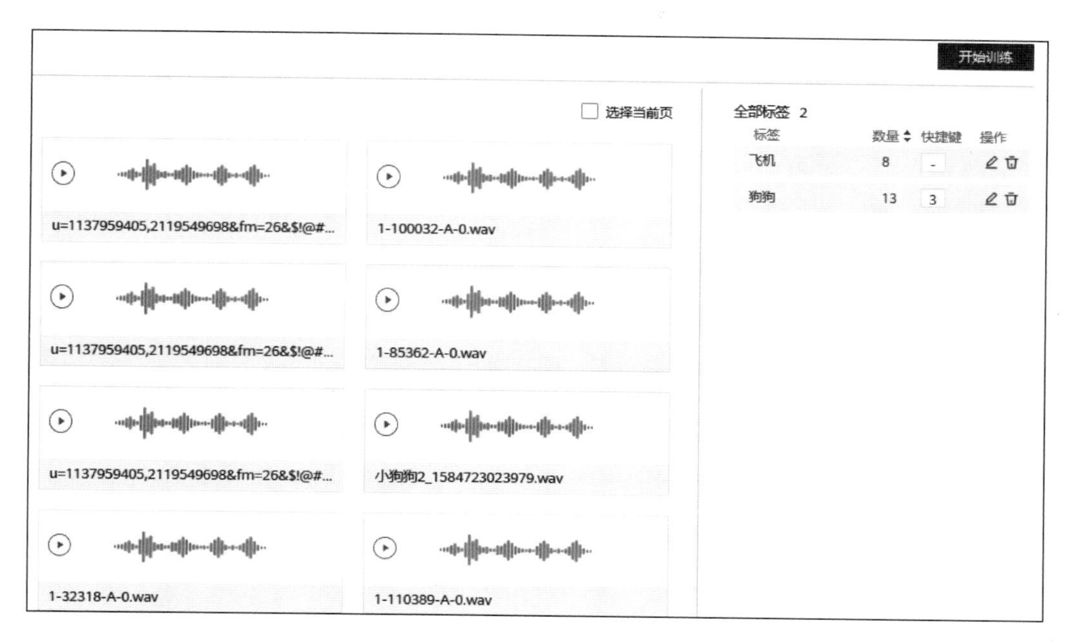

图 2-9　某声音分类数据预览

2. 自动模型训练

与图像分类、目标检测一样，完成标注后就可以进行模型的自动训练。待声音分类模型自动训练完成之后，就可以观察到模型的精度信息。由于本示例中数据只有两种类别，而且区分度很高，所以模型训练精度高达 100%。

3. 应用部署和测试

同样地，将训练好的声音分类模型部署为一个推理服务。声音分类模型一般比目标检测模型复杂度低一些，因此推理速度较快。通过上传一个新的音频段，可以得到其推理结果，如图 2-10 所示。

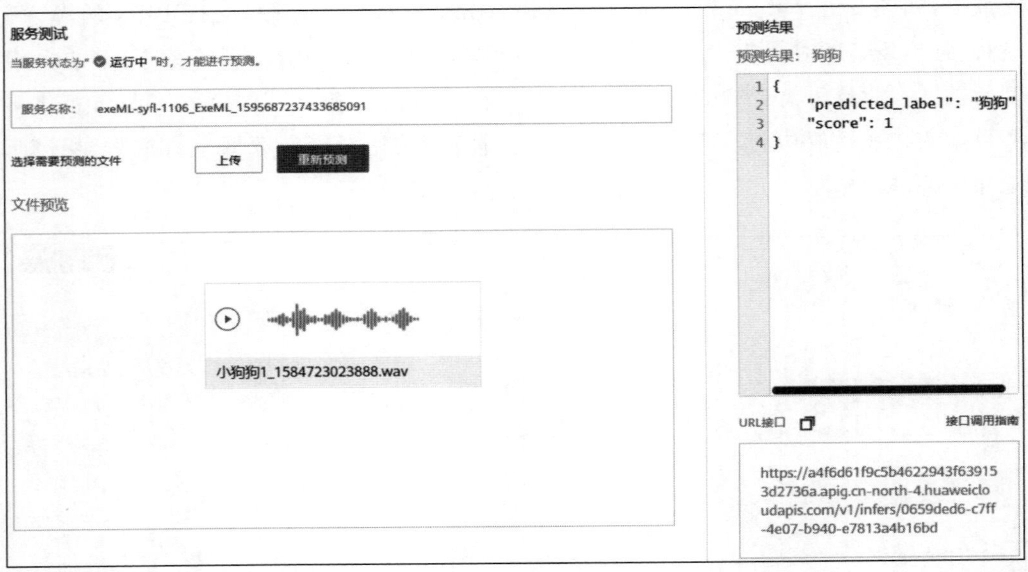

图 2-10　某声音分类的推理结果展示界面

2.4　基于文本分类模板的开发

如第 1 章所述，文本分类有非常多的应用场景，例如在电影影评分类中，判断一段评价是正面评价还是负面评价；在公共论坛审核中，识别发布的信息是否有涉政涉暴。本节以文本情感分类为例，介绍如何基于文本分类模板快速开发文本分类应用。

1. 数据准备

在 ModelArts 所有简单模板中，除通过页面上传数据外，还可以直接将事先准备好的数据集放在 OBS(Object Storage Service，对象存储服务)中，并导入 ModelArts。文本分类模板要求文本分类数据集由存储在同一目录下的文本文件和标签文件两部分组成，并且可以通过文件名前缀一一对应。例如，文本文件名为"COMMENTS_20190901_12032.txt"，那么标注文件名为"COMMENTS_20190901_12032_result.txt"。数据文件存储样例为

```
├── <dataset-import-path>
        |       COMMENTS_20190901_12030.txt
        |       COMMENTS_20190901_12030_result.txt
        |       COMMENTS_20190901_12031.txt
        |       COMMENTS_20190901_12031_result.txt
        |       COMMENTS_20190901_12032.txt
        |       COMMENTS_20190901_12032_result.txt
```

每个文本文件的内容为多行文本，以换行符作为分隔符，每行数据代表一个样本对象。例如，“COMMENTS_20190901_12032.txt”的内容为

```
自动学习非常简单好用。
自动学习所需准备的内容较多。
```

相应的标签文件“COMMENTS_20190901_12032_result.txt”的内容为

```
positive
negative
```

在ModelArts上基于文本分类模板创建一个项目，然后将OBS上的数据集导入。

2. 自动模型训练

当数据导入完成后，单击“开始训练”按钮即可使用ModelArts自动学习能力训练文本分类模型。分类问题的评价指标都是类似的，可以参考图像分类和声音分类。最终该示例的模型训练精度为70%。

3. 应用部署和测试

模型训练完成之后，可以部署为一个文本分类推理服务，如图2-11所示，输入一段新的文字并得到其推理结果。在本样例中，这段文字被分类为“positive”，说明该文字是一个正向的评价。

算法选择和模型训练是系统自动完成的，因此基于上述几个简单模板进行快速人工智能应用开发的流程非常相似，区别主要在于数据标注环节和最终的推理环节。

此外，在自动训练完成并部署成功之后，还可以通过直接调用RESTful接口使用部署起来的推理服务。以图像分类为例，该RESTful接口的使用方式非常简单：首先，需要获取Token以获得鉴权认证；然后，直接使用以下命令行来发送RESTful请求到该推理服务的URL(如图2-11右下角所示)就可以得到推理结果。

```
curl -F 'images=@图像文件的路径' -H 'X-Auth-Token:Token值' -X POST 在线服务地址
```

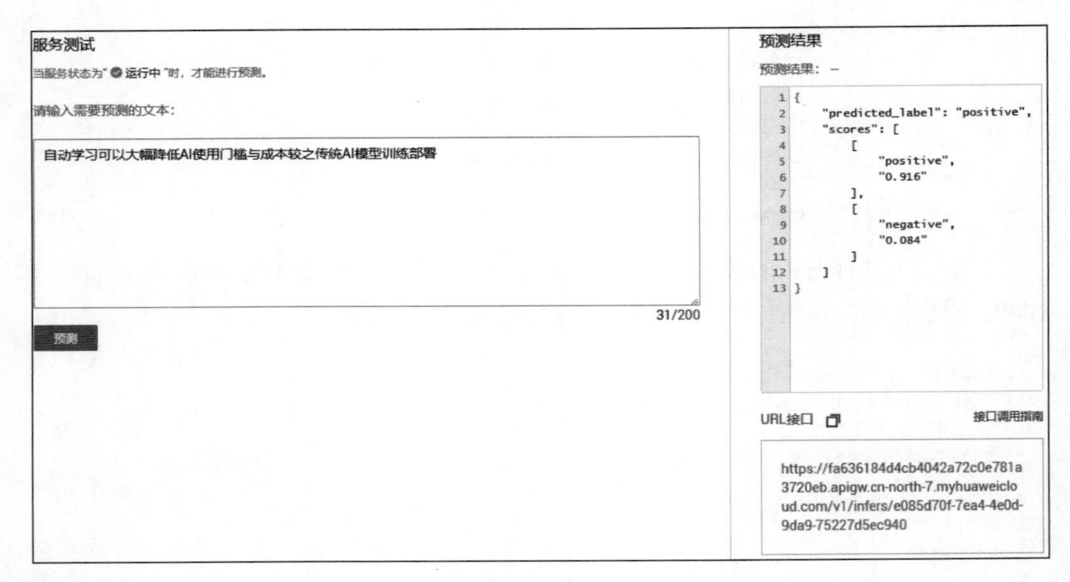

图 2-11　文本分类推理结果展示界面

当前，随着深度学习的发展，在图像识别、文本识别、语音识别等技术领域，算法的精度有了非常大幅度的提升，在很多场景下达到了期望的精度要求。另外，自动机器学习（AutoML）技术的发展也促使模型的自动设计、选择和训练成为可能。因此，在上述几个技术领域的很多应用场景下，可以根据自定义数据自动训练模型，并加速人工智能应用的开发。然而，可以看到在一些复杂场景下，模型的精度有时会达不到预期。为了提升模型精度，开发者需要在数据准备阶段做进一步数据增强（具体可参考第4章）。

另外，由于实际应用往往面临一些非常棘手的问题，如数据采集成本过高、算法模型和需求之间存在不可避免的鸿沟，通过技术层面的调优难以得到彻底解决。此时，就需要将技术知识和行业知识相融合。例如，政府、交通、金融、公安等行业都有图像识别、文本识别、语音识别等诉求，但具体需求各不相同。将算法与行业的先验知识及行业相关的预训练模型结合起来，可以使模型训练效果更优。这也是人工智能开发模板发展的一个主要趋势。

第二篇　人工智能应用开发方法

本篇一共包含7章内容。第3章从人工智能应用开发全流程角度出发，介绍完整的开发流程及每个子流程中的核心关键模块。第4～9章则分别介绍核心的几个子流程：数据准备、算法选择和开发、模型训练、模型评估和调优、应用生成、评估和发布、应用部署、应用维护。在这些子流程中，分别介绍关键模块，并结合ModelArts平台及其案例给出具体效果，便于人工智能应用开发者加深理解。

第3章

人工智能应用开发全流程

通过第2章可以看出，基于简单模板的人工智能应用开发非常简单。但是，为了更灵活地开发人工智能应用，则需要深入开发流程的每个开发环节中。本章将重点详细介绍人工智能应用开发全流程，以及各个子流程内部的核心模块，然后针对目前人工智能应用开发流程的各种复杂性权衡策略及成本模型展开详细讨论。

3.1 人工智能应用开发全流程解析

人工智能应用开发的全流程大致包括开发态流程和运行态流程。开发态流程是对数据源不断地进行处理并得到人工智能应用的过程；而运行态流程相对简单，主要是将人工智能应用部署起来使用的过程。当人工智能应用在运行态推理效果不好时，需要将推理数据返回给开发态进行进一步迭代调优。

在开发态流程中，每个步骤都会基于一定的处理逻辑对输入数据进行处理，并得到输出数据(中间结果或最终结果)，同时也可能会产生模型或知识，或其他一些可能的元信息文件(如配置项文件等)。在处理的过程中，可能会接收外部输入(如用户的输入、配置、其他外部环境的输入等)。每个处理步骤的处理逻辑可以是平台内置的处理逻辑，也可以是开发者自定义的处理逻辑(如开发者利用平台的开发调试环境开发的一套代码)。当数据源经过一系列处理之后，会得到最终的结果数据(如图像识别精度等报表数据)。在这一系列的处理步骤中，可能会出现反复，当我们对某个处理步骤输出的数据不满意时，可以重新修正输入数据或者处理逻辑。

上述一系列的处理步骤结束后，中间所产生的一些模型、知识或者配置可以一起编排成一个人工智能应用。这个人工智能应用就是开发态输出的主要成果。紧接着，就进入运行态流程，将人工智能应用部署为云上的一个推理服务实例，或者打包为一个SDK，业务客户端就可以调用其接口，发送请求并得到推理结果。同时，平台在被用户授权的情况下，可以对推理数据和结果进行监测，一旦发现问题，可以将推理数据重新接入开发态的数据源，进行下一步迭代开发，并生成新的人工智能应用。由此可见，人工智能应用的开发流程是一个持续迭代并且不断优化的过程，如图 3-1 所示。

从抽象的角度看，图 3-1 所表达的是一个数据流图，该数据流图有几个常用的核心抽象概念。

(1) 数据源。数据源指人工智能应用开发过程的主要输入，可以是原始的文件类型的数据(如在第 2 章中用户所需要离线上传的原始图像数据)，也可以是来自某个远程服务的数据流(强化学习经常会用到这种数据源形式，具体介绍见第 6 章)，还可以是人工输入的信息。数据源的存储方式多种多样，可以是对象存储，也可以是大数据系统，还可以是客户的业务系统等。

(2) 处理。处理指人工智能应用开发全流程中的每个具体环节，根据输入数据和处理逻辑得到输出数据。常用的处理操作包括但不限于数据标注、模型训练、性能监测等。每个操作都有执行历史，保证过程可溯源。

(3) 实体对象。实体对象指每个处理环节之间流动的数据内容。数据集、算法或规则、模型或知识应用都是典型的实体对象。

以某证件类 OCR 开发全流程为例，上述人工智能应用开发全流程如图 3-2 所示。可以看出，该流程基本满足图 3-1 中的各类抽象。在该 OCR 开发全流程中，需要通过数据采集模块获取原始数据(即证件类的原始图像)，考虑到证件类图像中证件位置可能倾斜，因此需要首先对证件的四个顶点进行标注然后再进行数据处理，将图像中证件位置矫正。紧接着，一方面，可以继续标注证件图像中文字框和文字类别，用于文字框检测和文字识别模型的训练；另一方面，可以根据证件四个顶点的标注信息训练四点标注模型。当这三个模型(矫正、文字框检测和文字识别模型)分别训练完成后，可以通过编排生成一个 OCR 应用，并经过评估之后部署起来使用。在运行态如果有推理不好的数据，则需要通过应用维护模块将其返回开发态进行进一步迭代和优化。在该流程中，数据源包括开发态数据源、运行态数据源、人工输入(如算法编写、数据标注信息、训练超参配置、模型评估检查等输入信息)；处理包括数据采集、数据标注、数据处理、算法选择和开发、模型训练、模型评估和调优、应用生成、应用评估、应用发布和部署、应用维护；实体对象包括数据集、算法、模型、最终生成的应用。

整体而言，如果解决方案已经确定，那么如图 3-3 所示，根据处理操作所属范围的不同，可以将人工智能应用的开发流程分为：①数据准备子流程(包含数据采集、数据处理、数据标注等)；②算法选择和开发子流程；③模型训练子流程；④模型评估和调

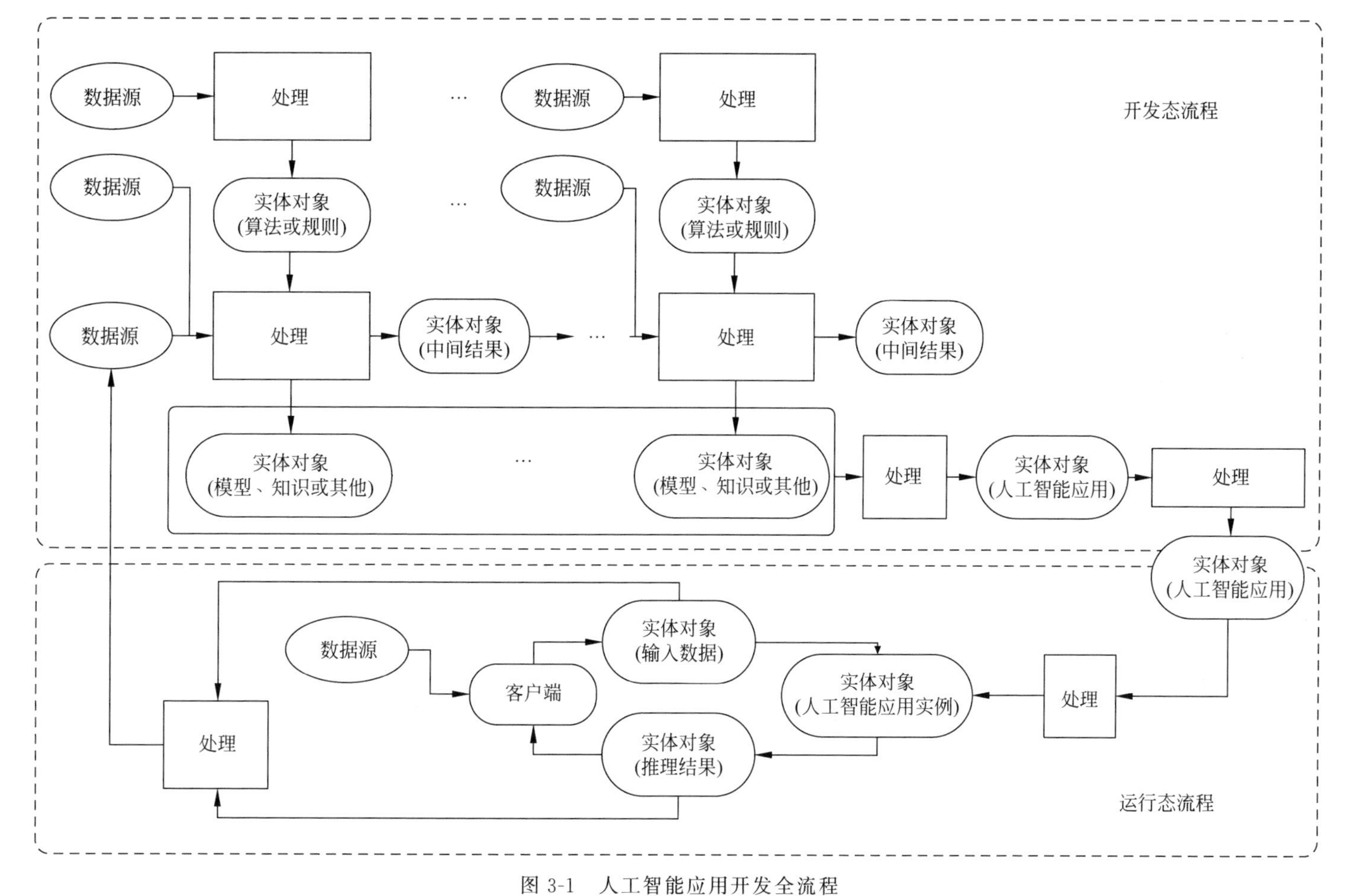

图 3-1　人工智能应用开发全流程

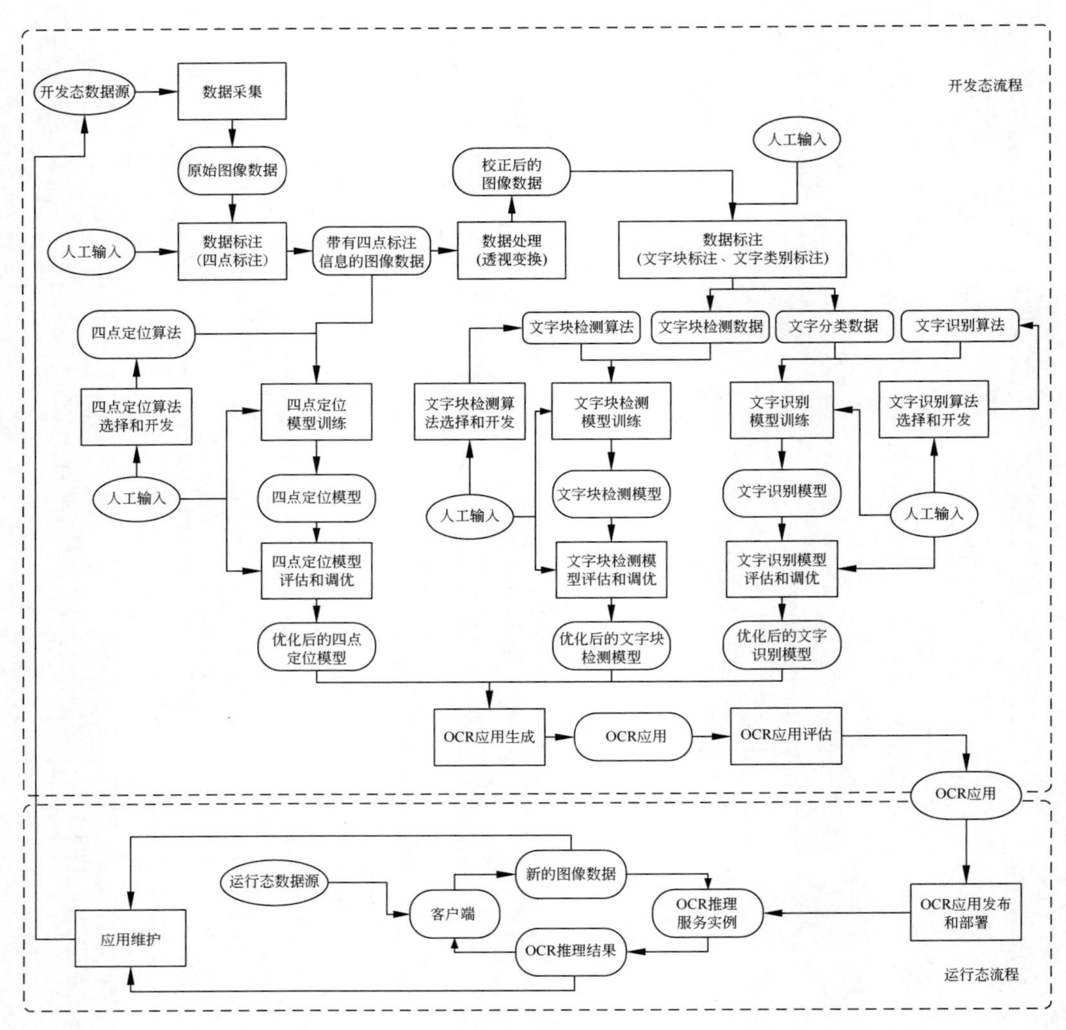

图 3-2　某证件类 OCR 开发的全流程视图

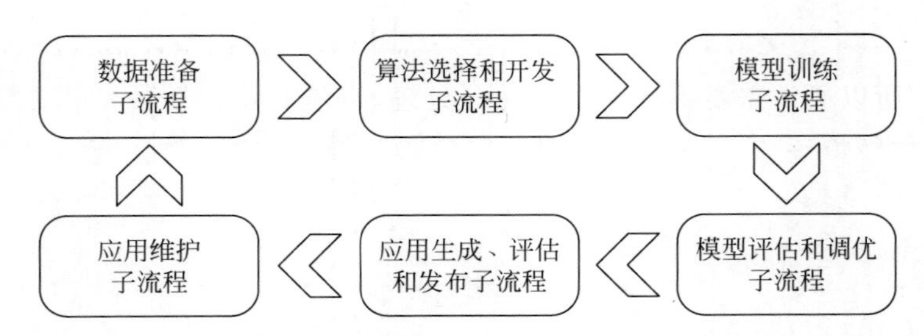

图 3-3　人工智能应用开发全流程所包含的几个主要子流程

优子流程；⑤应用生成、评估和发布子流程；⑥应用维护子流程。由于应用维护子流程会涉及运行态数据回流到开发态，因此这几个子流程之间就形成了一个人工智能闭环。下面将分别介绍这几个子流程。

3.1.1　数据准备子流程

数据准备子流程如图 3-4 所示。在开发人工智能应用之前，应该指定一个数据源，可以通过离线上传或者在线流式读取的方式将数据采集并接入人工智能应用开发平台。

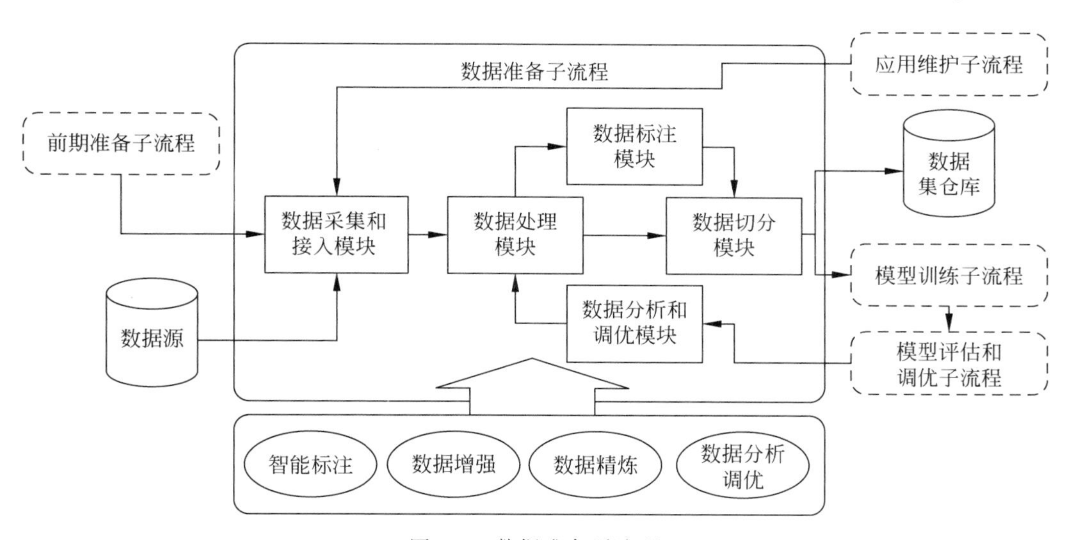

图 3-4　数据准备子流程

将采集的数据存储之后，紧接着就要进行数据处理。大多数情况下，原始数据都是非常杂乱的，有些是结构化数据，有些是非结构化数据（如图像、语音、文本等）。在模型训练前，需要对数据进行校验、清洗、选择、增强等处理。如果数据处理充分，则在模型训练时可以减少很多麻烦。通过一些数据增强、数据精炼等方法，还可以进一步提升模型训练效果。另外，数据不仅在模型训练中需要，在模型评估、应用评估等阶段也是需要的，所以通常需要将数据进行切分处理，以满足不同阶段的需求。由于数据通常都是比较敏感的，因此在数据处理中还需要考虑隐私保护等问题。

由于目前常用的很多人工智能算法都会用到机器学习算法，而目前大多数机器学习算法又强依赖于数据的标签，因此数据标注是一个很重要的环节。由于手工标注非常耗时，且成本高昂，因此人工智能应用开发平台通常具备智能标注能力，以减少手工标注工作量。

如果要深入发现数据问题，则需要进行数据分析和调优，这需要一定的业务领域经验和分析技巧。当数据量较小时，可以人工对每一个数据进行查看和分析，但当数据量较大或者数据本身分析难度高时，往往需要借助统计工具对原始数据进行分析。例如，对于结构化数据，可以分析每一列特征的直方图，对于非结构化数据，可以分析其原始数据（如图像像素值）的分布范围，也可以分析其经过结构化信息抽取之后的直方图。另外，对于高维数据，还可以采用 PCA（Principal Components Analysis，主成分分析）等降维方法，将数据映射到二维或三维空间，便于可视化分析。通过数据分析，可能会发现很多潜在的问题，包括数据的类不均衡现象等，然后就可以针对性做优化。

3.1.2 算法选择和开发子流程

1.1.2 节介绍了几种不同的人工智能技术领域及其所涉及的经典算法。对于每个领域而言，每年都不断有新的算法出现，尤其是深度学习领域，新算法出现的频率更高。如图 3-5 所示，开发者需要根据数据准备子流程中数据的情况、所要完成的任务及其业务场景来综合考虑如何选择最合适的算法。人工智能应用开发平台内置的很多主流算法库可以被直接订阅使用，这大大简化了人工智能应用开发者的工作量。当然，开发者也可以根据具体需求对某个算法进行深入分析，并自行开发。

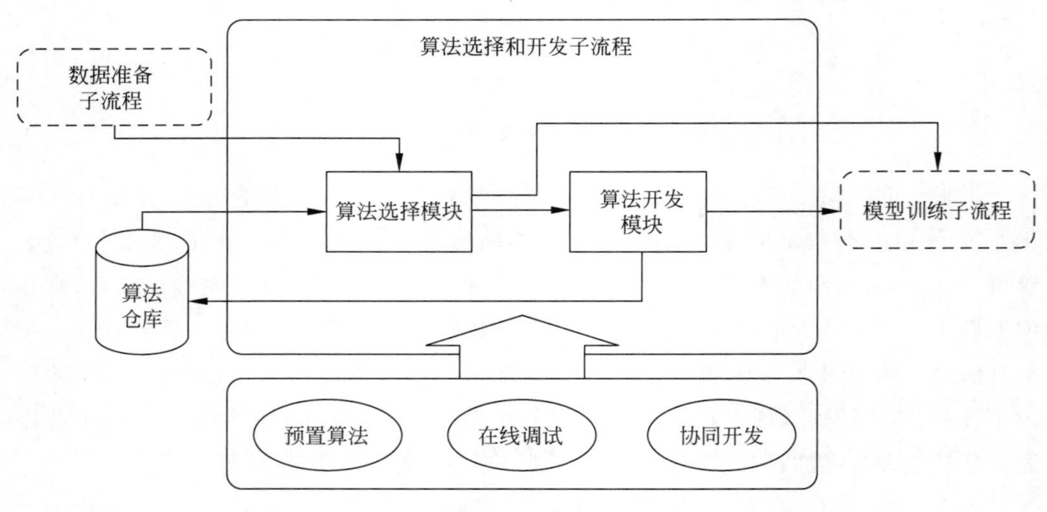

图 3-5 算法选择和开发子流程

人工智能应用开发平台提供常用的算法开发环境，如 Jupyter Notebook、VS Code、PyCharm 等，便于于开发者编写和调试代码。如果开发者本地有 PyCharm 等环境,可以通过插件将训练作业提交到云上,实现端-云协同开发。算法开发调试后被封装为一个算法对象,可以利用封装好的算法对象和准备好的数据进行训练并得到相应的模型。

3.1.3　模型训练子流程

当前人工智能模型对算力消耗越来越大,其中模型训练是一个很消耗算力的环节,其主要流程如图 3-6 所示。首先需要从数据集仓库读取训练进程内部数据,然后进行数据预处理(如在线数据增强等)。与数据准备子流程里的离线数据处理不同的是,这里的数据预处理模块一般是指在线数据预处理。模型训练模块执行具体的模型迭代计算,最终输出模型进入模型评估和调优子流程。

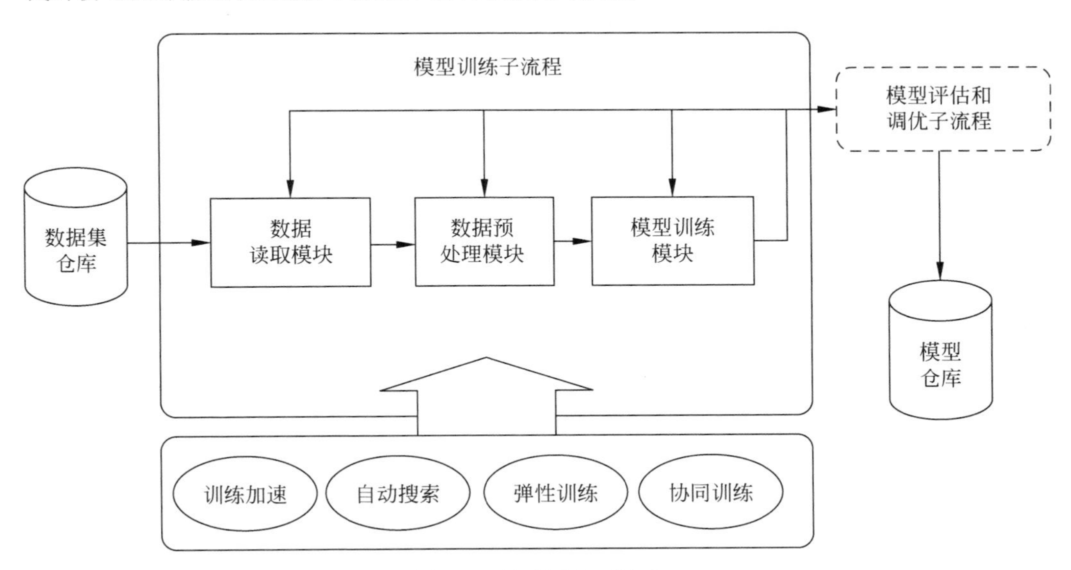

图 3-6　模型训练子流程

为了提升模型性能,模型训练子流程内部的多个模块(数据读取模块、数据预处理模块、模型训练模块)需要被流水线并行起来,并且采用一些其他加速方法,如混合精度、图编译优化、分布式并行加速、调参优化等。除训练加速外,还有一个核心痛点是模型调优。为了减少基于经验的人工调优,可以使用模型评估和调优子流程,根据机器诊断建议进行调优,也可以将该调优流程自动化。另外,在公有云上可以通过弹性训练、协同训练来实现模型训练成本的进一步降低。这些核心能力将在第 6 章中具体介绍。

3.1.4 模型评估和调优子流程

人工智能应用开发全流程的每个处理步骤都可能会产生一个或多个模型、知识或其他内容(如配置项、脚本等)。模型一般分为两种：一种是参数化模型，另一种是非参数化模型。大多数参数化模型的参数是用一定的算法逻辑不断处理输入数据而生成的，因此这些模型更容易受到数据变化的影响。不同的数据集训练得到的参数化模型可能会有很大的不同。因此，模型的评估就显得更为必要。

另外，如前文所述，AI 模型具有多个方面的特点(如性能、精度、鲁棒性等)，因此模型评估比较复杂。开发者需要对每个模型进行评估，才能够知道其是否满足要求。

模型评估需要加载评估数据集，并进行模型预测结果的计算，如图 3-7 所示。

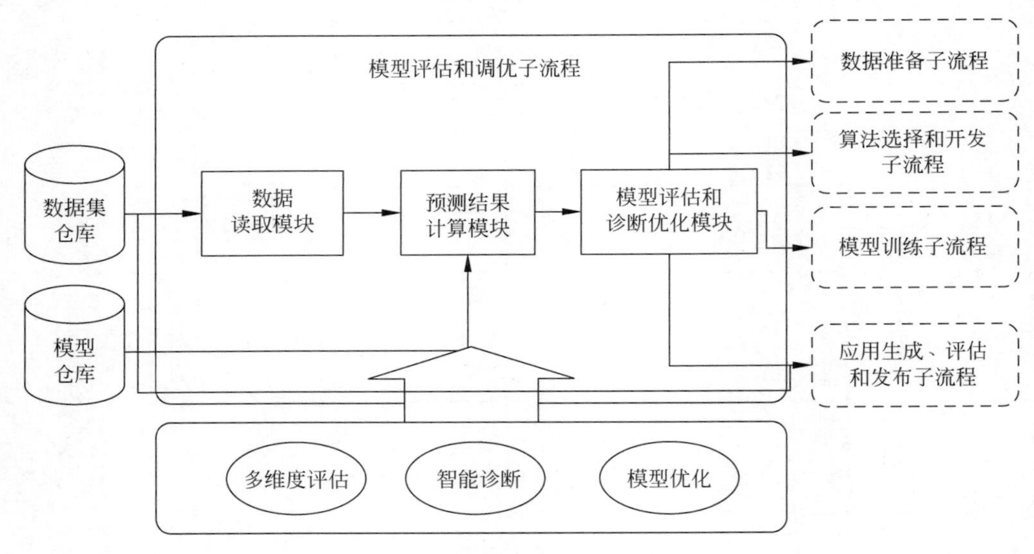

图 3-7 模型评估和调优子流程

模型评估模块针对模型预测结果与真实结果之间的差异，输出一系列不同维度下模型表现的效果，便于开发者分析。当模型的某些指标没有达到期望时，开发者往往需要深入理解并定位其原因。由于算法和模型的复杂性，开发者通常需要具备非常高的技能才可以找到原因。因此，人工智能应用开发平台提供模型诊断功能，针对模型的每个指标，通过一系列工具链自动分析来辅助模型诊断过程。开发者根据平台反馈的诊断建议可进行进一步的模型调优。二次调优会涉及数据准备的调优、算法的重新选择或开发，以及模型的重新训练，因此模型评估和诊断模块后续可能会分别对接这些子流程。如果模型的全部指标都达到期望,则可以进入应用生成、评估和发布子流程。

3.1.5 应用生成、评估和发布子流程

应用生成、评估和发布子流程如图 3-8 所示。一个复杂的人工智能应用通常包括多个模型及其他配置文件或脚本。当所有的模型都评估并且调优之后,需要对这些模型进行编排和优化,才可以形成一个完整人工智能应用。因此,本子流程中第一个模块就是应用生成模块。

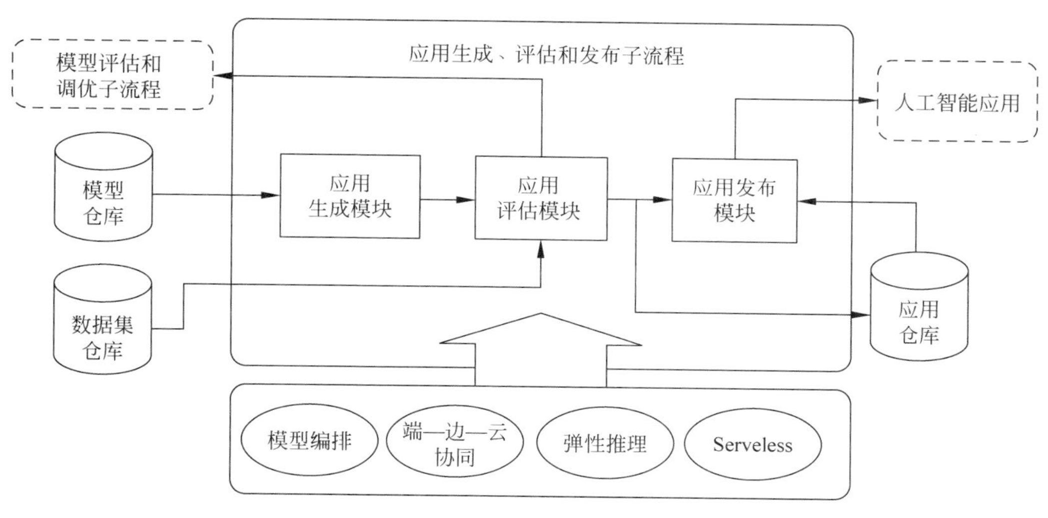

图 3-8 应用生成、评估和发布子流程

同样,类似于模型评估和诊断,也需要对整个人工智能应用进行评估。如果所有指标都满足要求,开发者可以启动人工智能应用的发布;如果有一些指标不满足要求,开发者可以返回模型评估和调优子流程进行二次调优。一个人工智能应用出现的问题可能由其内部的一个或多个模型的问题引起。因此,需要进一步查看哪些模型出现了问题,并做相应的调优。

当人工智能应用评估通过之后,开发者需要将其发布并进行使用。如第 1 章所述,可以选择将其部署为一个在线服务,或者打包为一个 SDK(Software Development Kit,软件开发工具包)直接被其他应用集成。人工智能应用的使用者需要准备一个客户端,可以调用这个部署好的在线推理服务的 API,也可以直接调用 SDK 的推理 API,输入推理数据之后得到推理结果。

目前云化时代需要考虑将应用部署在端、边、云，而且可以互相之间协同推理。弹性推理和 Serverless 是推理服务化的重要能力，具体内容将在第 8 章讲述。

3.1.6 应用维护子流程

正如前面所述，参数化模型一般会与数据分布强相关。然而在实际应用中，运行态数据与开发态数据的分布一般有很大的不同。因此，当某个人工智能应用推理效果不好时，该应用(尤其是带有参数的人工智能应用)需要重新调优。部署后重新调优的过程称为人工智能应用的维护。人工智能应用的维护比传统软件应用的维护更加复杂。

在应用维护子流程(见图 3-9)中，首先需要应用指标监控模块对人工智能应用的表现进行监控，其次在用户授权的情况下通过数据采集模块进行数据采集，并且筛选出推理效果不好的数据，并进入应用迭代模块，进行进一步调优。当需要进一步调优时，则会从数据准备子流程开始，将上述所有子流程都执行一遍。在应用维护子流程中，涉及难例挖掘(难例是指推理效果不好的样本)、模型迁移和自调优，这些能力将在第 9 章讲述。

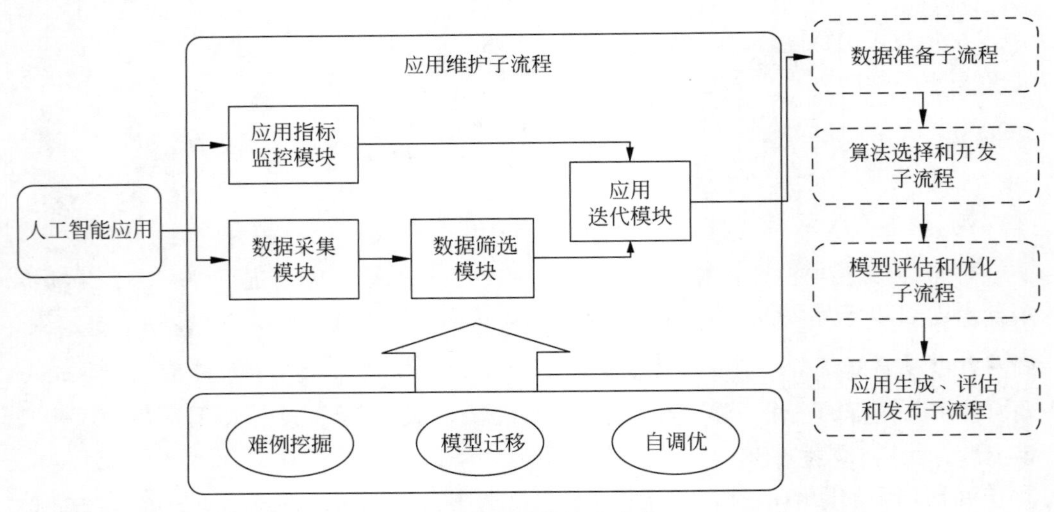

图 3-9 应用维护子流程

总体上，人工智能应用开发的过程就是不断进行数据和模型的处理，并且最终生成满足预期的人工智能应用的过程。当人工智能应用部署后又需要及时维护以保证其能够正常使用。

3.2　人工智能应用开发流程的权衡

从3.1节可以看出，人工智能应用开发过程的挑战很多，主要表现在三个方面：①开发流程复杂冗长；②算法技能要求高，需要应用开发者熟悉算法；③应用维护很频繁，可能超过传统软件应用。

因此，考虑到这些挑战，往往就需要在开发过程中做一些权衡。下面将针对这三种挑战，依次分析如何有效利用平台优势和业务具体场景，做出最佳权衡。

3.2.1　复杂和简单的取舍

由于人工智能应用无处不在，可以与各行各业相结合，所以人工智能应用的开发需要足够灵活，能够适应各种行业的需求。但是往往灵活背后的代价就是复杂，尤其对于人工智能应用开发来说，其天然具备较高的复杂度。

在开发人工智能应用之前，同时需要业务经验知识和人工智能经验知识，这样才能设计出合理的方案。对于人工智能应用开发全过程的每个处理步骤而言，输入数据的统计分布、输入数据的覆盖范围、最适合的处理逻辑、输出都是不确定的。这种不确定性会不断传递给后续的处理步骤。随着处理步骤的增多和数据的不断变化，可能需要增加、减少或改变后续的处理步骤，或者改变某个处理步骤中的具体逻辑。因此，人工智能应用开发过程其实是一个不断试错、不断调优、不断迭代的过程，很难一次性开发出一个可以满足要求并直接部署的人工智能应用。这就是人工智能应用开发过程天然具备的复杂性。

正如第1章和第2章所述，为了降低这种复杂性，通常需要固化一些开发流程模板，可以基于模板来开发自己的人工智能应用，不需要全部的灵活度，但是有时候足以解决当前面临的问题。当然这种模板也可以被用来二次加工、不断迭代和优化。这种基于已有模板的开发方式更加简单，也更容易解决相对受限领域的具体问题。

3.2.2　人与机器的平衡

人工智能应用开发需要利用人工智能算法来处理数据，因此开发人员必须同时具备软件工程和人工智能方面的知识和技能，开发门槛相对较高。虽然基于工作流模板的开发方式可以大幅降低人工智能应用开发门槛，但是开发者（工作流的使用者）仍然需要按照工作流的每个处理步骤不停地迭代。如上所述，人工智能应用开发过程其实是一个反复迭代的过程，并且需要较强的人工干预。

大多数情况下，人工干预的程度也跟待解决问题的难度强相关。如果问题没有特别复杂，一般采用一些简单的参数调优即可，和软件工程师对数据库性能参数调优一样。对于一些非常经典和成熟的机器学习算法，算法的架构基本相对稳定，即使是算法工程师也未必会对其进行大幅度的修改，更多的是一些小范围优化。这些超参数包括但不限于算法本身的一些阈值选择或训练策略选择等。因此，大部分开发者为了快速将算法应用到实际问题中，通常基于经验对这些参数进行调节，从而找到更好的算法和模型。但是如果有更强的机器，人工只需定义好规则和搜索空间，就可以利用机器强大的算力来做参数的自动选择和调优。这个调优过程就转变为一个自动化搜索过程。

现在一些传统的人工智能算法都逐渐成熟，大多数可以借助大集群算力和一定的搜索调优算法来完成最优算法的自动选择、优化和训练，具体可以参考第 6 章。

因此，很多人工不断进行调优、迭代的实验过程，逐渐地都可以交给机器来完成，尽量减少开发者的负担，这就是人与机器的平衡。如果要在算力上多投入一些，就可以在人工上少投入一些，反之亦然。开发人工智能应用需要在人和机器方面做一个平衡。人工智能应用开发平台所能够提供的是更多的灵活性和层次性，能够适应不同比例的人力投入和机器投入。

3.2.3 开发和运行的融合

从 3.1 节可以看出，在人工智能应用开发和部署之后，需要及时维护。在维护阶段，用户可以选择应用指标监控模块来实时查看人工智能应用的推理效果。如果推理效果不满足要求，则需要手工或者自动维护，将不合适的数据回流到开发态。然后开发者可以重新查看和理解这些数据，并基于这些数据对已有人工智能应用进行迭代优化。

由于数据的变化会严重影响人工智能应用推理效果的好坏，因此人工智能应用的迭代需要非常及时。这也就使得人工智能应用的开发态和运行态紧密结合，形成一个闭环。对于有些可以自动维护并自动进行迭代优化的场景，这个闭环基本可自动运行，仅需在人工智能应用版本更迭时进行人工审核。

未来,随着人工智能应用的进一步复杂化,包括其内部模型本身的复杂,以及运行态环境的复杂(包括端、边、云),进行人工智能应用开发态和运行态的融合将更为必要,并且这种融合通过人工智能应用开发平台体现出来,可以进一步简化维护人工智能应用的难度。

总体上看,以上三个层面的权衡,其实本质上对人工智能应用开发平台提出了非常高的要求。只有提供足够多的领域模板、足够多的自动化调优能力,以及足够强大的人工智能应用开发态和运行态闭环能力,并在具体业务场景中做出最佳权衡,才能真正提升整体开发效率、降低整体开发成本,给业务方带来最终价值。

3.3　人工智能应用开发全流程的成本分析

人工智能应用开发的成本很大程度上会影响人工智能在各个行业的渗透率。成本越低,则渗透率越高,人工智能对行业的影响速度也越快。然而,人工智能应用开发的总体成本模型非常复杂,但大致包括以下几个层面。

3.3.1　设计和开发成本

如前文所述,如果结合开发流程模板来开发人工智能应用,则相对比较简单。而且,随着机器学习、深度学习等人工智能算法的发展,人工智能应用的使用门槛正在逐步降低,并且结合大算力做最优算法的选择和搜索变得越来越可行,因此可以把更多成本交给机器,进一步降低人工成本。对于不同的人工智能应用,以及相同人工智能应用的不同阶段而言,人工成本和机器成本的比例都是不一样的,这需要人工智能应用开发者按照成本预算自行决策。

然而,人工智能应用开发的最主要难点还在于如何识别业务问题,并将业务问题与最匹配的应用开发流程模板联系起来,即如何进行端到端的设计。这一点是很难靠机器来代替的,目前主要以人工为主。例如,某客户想做一个智能门禁系统,以更好地管理人员的出入,保证安全。对于这样一个问题,人工智能应用开发工程师可以想到多种可能的方案,如指纹识别、人脸识别、虹膜识别等。每种识别方案背后的算法技术所依赖的软硬件的成熟度、成本，以及算法本身的成熟度都各不一样。这时就需要与业务需求方进行沟通，从成本、研发难度、精度要求、体验等各个维度来综合考虑并选择出一种最佳方案。即便是具体到某一个方案，也有很多细节需要选择。假设客户选择了人脸识别方案，那么人工智能应用开发工程师会想到一系列问题，包括并不限于以下几点：①采用什么类型和型号的摄像头，以及摄像头如何布局和安装？②光照的变化怎么处理？如何处理强光和弱光场景？③所需识别人员有多少？④如果待识别人员名单发生变动如何处理？⑤整个软硬件系统方案是什么？⑥目标识别精度和速度是多少？⑦如果识别不了某些人，怎么处理？⑧如何对待识别人员进行动作约束？例如，需要对准并正视摄像头才可以识别，如果待识别人员不配合，需要如何处理？

这就涉及如何针对业务问题和场景，将客户需求层层分解，并转换为具体应用开发流程模板的选择问题，从而形成一个端到端的解决方案。这个阶段需要反复沟通和设计或实验验证，进而也增加了开发的成本。

从降低人工智能整体设计和开发成本的角度看，人工智能应用开发平台会按照三个阶段不断演进：第一阶段，大部分依赖于人工设计和开发；第二阶段，平台提供大量的应用开发流程模板，开发者仅需要负责业务问题的转换和需求分解，以及基于模板开发时的部分参数选择或调节；第三阶段，开发流程模板会覆盖部分业务问题和需求，更贴近领域具体问题，并且平台会结合更强的优化算法和大集群算力来加速调参。随着人工智能服务单位算力的成本越来越低，以及平台的积累越来越多，人工智能应用的设计和开发成本会逐步降低。

3.3.2 部署和维护成本

在人工智能应用部署方面，部署成本体现在多设备部署方面。未来的人工智能推理一定是端-边-云协同的，因此一次开发和任意部署的能力尤为必要。

如 3.2 节所述，在部署完成后，人工智能应用的维护往往非常重要。人工智能应用本身的脆弱性导致其维护成本非常高。在人工智能应用的运行态，推理数据量可能会很大，返回训练集中做重新训练时，重新标注的成本会很高，并且重新训练的算力成本也比较高。因此，如何自动判断人工智能应用推理表现的恶化，自动对造成这种恶化的关键数据做选择、标注并重训练模型，是大幅度降低维护成本的关键。

从降低人工智能部署和维护成本的角度看，人工智能应用开发平台会按照三个阶段不断演进：第一阶段，依赖纯人工部署和维护；第二阶段，具备端-边-云多场景化部署能力，并基于自动难例发现算法，采集对应用恶化起关键作用的数据，然后基于这些数据做半自动标注和重新训练，降低应用维护成本；第三阶段，可以采用纯自动方式进行模型部署和自适应更新，仅需在重新部署时引入人工确认。

3.3.3 边际成本

人工智能应用开发的边际成本主要体现在两个方面：一是将人工智能开发流程模板进行跨场景复制时总成本的增量；二是将人工智能应用本身进行跨场景部署和维护时总成本的增量。

对于人工智能开发者而言，如果将已开发好的开发流程模板不断扩大以支持更多的业务场景，当然边际成本就会很低。但是，通常这些模板(尤其是专业模板)跟业务问题有很强的关联，而业务问题和场景差异很大。比如，同样是一个面向图像目标识别的开发流程模板，有的业务场景比较简单，如检测某个固定场景、固定光照条件下单一的、清晰的目标物体，就可以套用一个简单的模板解决；而有的业务场景比较复杂，如远距离视频监控目标物体，远距离造成目标物体不清晰，并且物体较小，如果光照条件变化大，待识别的目标有多个种类并且类别间差异非常小时，算法的复杂度将急剧上升，这时就需要套用一个复杂的模板，或者重新开发一个面向此类场景的模板。因此，现有人工智能开发流程模板必须确定其所能覆盖的业务问题范围及其局限性。任何的人工智能开发流程模板都是有局限性的，只是局限性的大小不同。为了尽可能扩大模板覆盖业务问题的范围，就需要预先对很多场景进行针对性设计和抽象，并且结合算力自动选择适合当前问题的方案。

当人工智能应用开发好之后部署在不同场景时，不同环境造成的推理数据的差异是一个很大的挑战。正如前文所述，人工智能应用需要根据推理数据的变化而不断进行维护。如果维护能够尽可能自动化，那么边际成本就会更低。

从降低人工智能边际成本的角度看，人工智能应用开发平台会按照三个阶段不断演进：第一阶段，依赖已有的人工智能开发流程模板和应用，手工进行跨场景优化和复制；第二阶段，在已有开发流程模板和应用的基础上，增加一定程度的跨场景自适应能力；第三阶段，开发流程模板和应用所能支持的场景更丰富，并自动给用户的新场景提供最优模板变种，自动更新应用。

综上可以看出，当前人工智能应用的设计、开发、部署、维护阶段本身的可复制性都比较差，这使得边际成本难以降低，也造成了当前人工智能应用可复制性差的问题。因此，人工智能应用开发更需要借助大集群算力、模板库、业务知识库，以及每个模板内依赖的半自动标注、自动算法选择、自动模型训练和优化等人工智能应用开发平台的基础能力，才可以真正降低人工智能应用开发全生命周期的成本，使得人工智能应用更加普及，实现人工智能无处不在。

第 4 章

数据准备

在学术界，虽然已有不少研究在数据准备方面做出了巨大的贡献（如著名的 ImageNet 等），但是大部分研究专注算法的创新设计和开发，而较少去做数据的采集、处理、标注、分析等工作。在工业界，情况恰好相反，往往需要在数据方面做非常多的准备工作。例如，在实际业务场景中，通常会面临数据采集难、数据质量差、数据冗余性大、标签少、数据分析难等问题。另外，在大多数人工智能应用开发的过程中，数据准备不仅重要，而且工作量非常大。据 Cognilytica 的调查，在很多机器学习项目的开发中，数据相关的工作量占据了 80%，如图 4-1 所示。

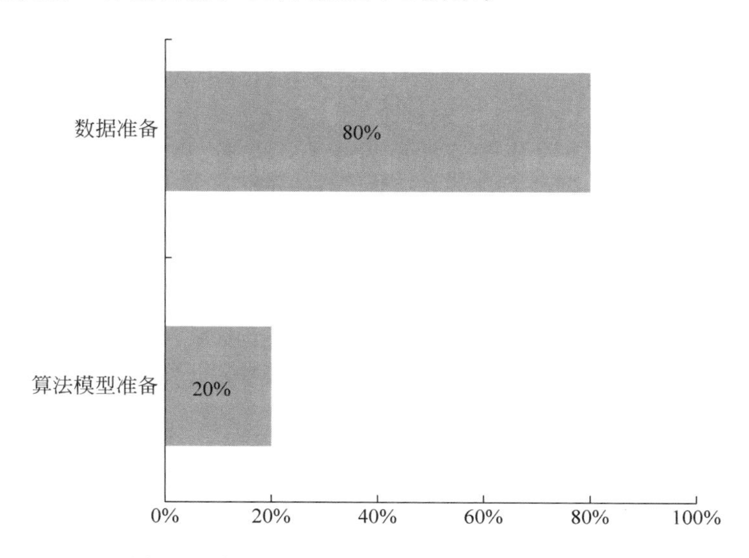

图 4-1　在机器学习项目中开发者在数据准备和算法模型准备上所花时间的比例

因此，完备的数据采集、数据处理、数据标注、数据分析和优化等系统是十分重要的。ModelArts 在数据管理方面提供了一系列智能化数据服务，可大幅降低开发成本，提升开发效率。下面将分别介绍几个重点部分。

4.1 数据采集和接入

在工业界，有时需要采用人工智能算法解决具体业务问题，数据源可能是在本地存储的某些文件，也可能是业务系统的数据库，还可能是一些纸质文档。在这些数据采集的过程中，可能会用到人工智能技术，如采用 OCR 技术加速纸质文档录入。

4.1.1 数据采集

对于开发者而言，数据采集是开发人工智能应用时面临的首要问题。数据采集的内容涉及图像、视频、音频、结构化表格数据及环境信息（如强化学习中的环境）等。数据采集是数据管理的起始环节，一般而言，数据越多越丰富，算法所达到的效果就更好。尤其对于深度学习而言，数据量越大，模型表现一般越好。

数据采集方法多种多样，通常需要根据实际场景来选择不同的采集方法。数据采集常见的几种方式有：①终端设备采集，如摄像头等设备可以很方便地采集日常生活中的真实图像和视频；②网络数据采集，在合法合规的情况下，按照一定的规则，自动地抓取允许范围内的数据；③基于搜索的数据采集，如基于图像搜索方法，从已有的图像数据仓库中搜索出类似的图像，作为当前项目的数据来源之一。

但是，当面向企业级业务时，数据采集就更加复杂，主要体现在以下几个方面。

(1) 数据来源具有分散性。对于企业级生产系统，通常有多方面的数据会对最终的人工智能决策产生影响。比如，对于销量预测而言，有多种类型的数据源，包括生产系统的数据、销售部门的数据、物流方面的数据、外部环境的数据、财务部门的数据等，需要对这些数据综合起来分析，才能对后续销量做出更准确的预测。此外，每一种类型的数据，也有多种来源。例如，对于某制造工厂，不同生产线上的多种传感器都会不停地采集数据，需要专用的软硬件系统进行数据采集。

(2) 数据存储具有多样性。数据可来自数据库、本地磁盘、存储服务器等，甚至可来自第三方存储系统或者云存储服务。

(3) 数据天然具有多模态属性。在实际问题中，图像、语音、文本、表格等多种模态的数据源会同时存在。因此，在成本允许且项目需要的前提下，有必要对这些模态的数据进行采集和接入,以便于给数据分析和模型训练提供更多丰富的“原材料”。

(4) 数据采集具有较强的业务相关性。在实际业务场景中,经常会有很多矛盾出现。例如,有些数据是应用开发者最想采集的,但是出于安全、成本等因素的考虑,业务方未必可以提供这些数据;而有些数据对模型没有太大作用,反而比较容易采集。有些时候,甚至有必要额外定制一套数据采集方案和设备。因此,数据采集很大程度上会受到业务的影响。

由于数据的分散性、存储多样性、多模态属性、业务相关性,数据采集工作并不容易。很重要的一点是,应用开发者需要理解业务和具体场景,结合实际情况,才能够对采集哪些数据、怎么采集数据等问题做出更好的判断。面向企业系统,通常可以使用的数据采集方式也非常多,包括企业提供的采集工具、企业级消息系统等。当然,对于复杂行业,也可以将数据采集工作委托给第三方公司。

4.1.2　数据接入

对于已经采集好的数据,如果要进行大规模分析和建模,则需要将数据接入应用开发平台上。数据的接入又分为批量接入和实时流接入。

在批量接入方面,华为CDM(Cloud Data Migration,云数据迁移)服务可以一键式将数据在不同的存储之间做平滑迁移,如图4-2所示。CDM支持的存储形式有以下几种:数据仓库、Hadoop集群、对象存储、文件系统、关系型数据库、非关系型数据库、搜索服务、消息系统等。

对于数据库中已有数据,CDM支持批量迁移表、文件,还支持同构数据库和异构数据库之间的整库迁移。在迁移的能力方面,支持增量数据迁移、事务模式迁移、字段迁移。

在实时接入方面,华为云提供了DIS(Data Ingestion Service,数据接入服务)可以一键式将数据流式迁移到云上。另外,华为云DLI(Data Lake Insight,数据湖探索)服务可以对接不同的数据源,如RDS(Relational Database Service,关系型数据库服务)、DWS(Data Warehouse Service,数据仓库服务)、DDS(Document Database Service,文档数据库服务)等,仅需安装一个DLI Agent插件并进行相关配置,即可将数据自动接入云上。

数据采集和接入后需要统一存储,并通过版本管理工具进行管理。根据存储的物理位置不同,数据存储可分为本地存储和云存储。如第2章所述,OBS是对象存储服务,具备标准RESTful API,可存储任意数量和形式的非结构化数据。OBS通过可信云认证,支持服务端加密、VPC(Virtual Private Cloud,虚拟私有云)网络隔离、日志审计、细粒度权限控制,保障数据安全可信。

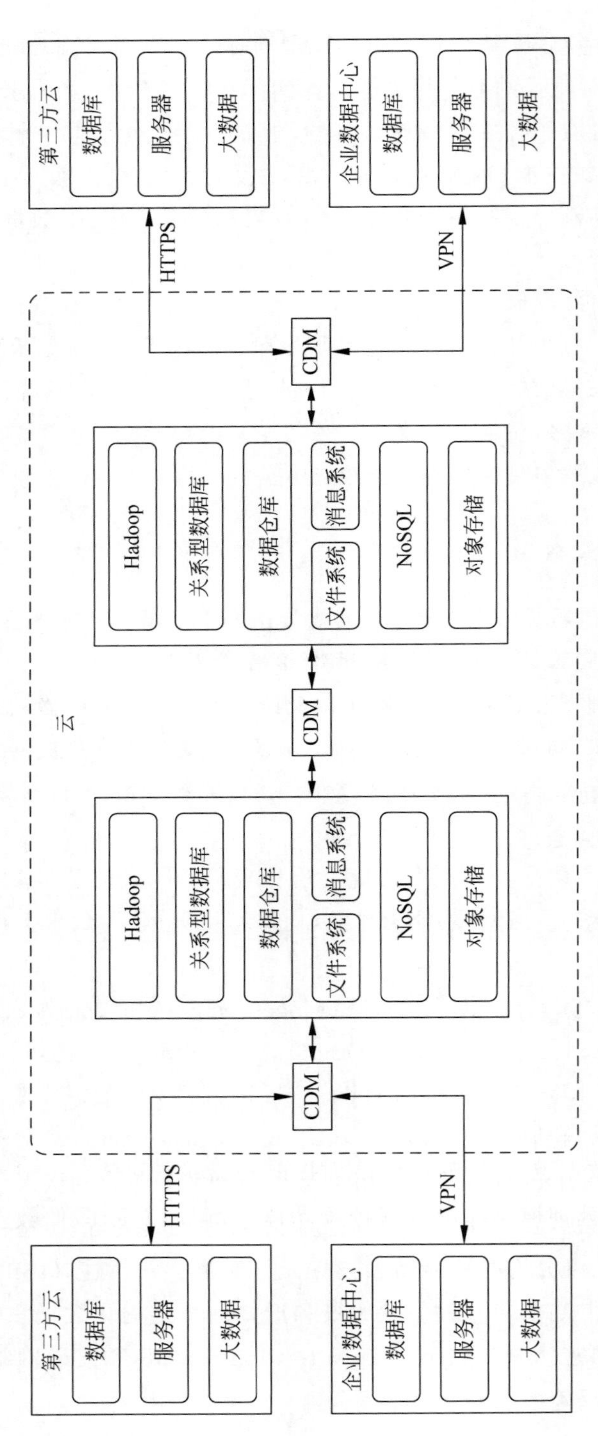

图 4-2 CDM 数据接入服务功能视图

另外，如第 1 章所述，不同于传统机器学习和深度学习，强化学习的模型训练需要依赖外部环境（通常是业务方提供），而非离线数据集。因此，在强化学习模型训练之前，需要将环境接入。具体接入方式也要考虑具体的模型训练要求（如速度等）及网络环境等因素。

4.2 数据处理

除数据采集之外，我们还需要进行一系列的数据处理（如校验、转换、清洗、选择、增强等）。数据处理主要是为了让开发者在模型训练之前拿到质量更高的数据集，以提升模型精度或降低模型训练成本。例如，数据清洗和检验可以减少脏数据的出现，避免对精度带来负面影响。

4.2.1 数据校验和转换

数据校验是指对数据可用性进行判断和验证的过程。通常，采集的数据或多或少会有格式问题，无法被进一步处理。以图像识别为例，用户经常会从互联网中搜索一些图像用于训练，但是其质量难以保证，有可能图像的名称、后缀名都不满足训练算法的要求；图像也可能有部分损坏，导致无法解码、无法被算法处理；另外，人工采集的图像可能有重复，需要被去除。因此，数据的校验非常重要，可以帮助人工智能应用开发者提前发现数据问题，有效防止由于数据的基本问题造成的算法精度下降或者训练失败的现象发生。

另外，对于需要标注的数据，标注的格式可能有多种多样，即便是同样的标注格式，也难免有些字段出现错误。训练算法所支持的标注格式通常是有限的，而且容错性较差。因此，标注数据也需要被校验，从而提前发现标注问题。

ModelArts 数据处理模块提供数据校验功能。例如，对于图像数据，判断图像标注格式是否符合要求、图像分辨率大小是否满足算法设定的阈值、图像通道数是否满足算法要求、图像解码是否正常、图像后缀名是否满足规范等。建议人工智能应用开发者将数据及其标注进行充分校验之后，将问题提前暴露，解决好基本的数据问题之后，再进入后续步骤。

数据转换是指对数据的大小、格式、特征等进行变换的过程，即对数据进行规范化处理。数据转换是为了使数据更适合算法选择和模型训练，使数据被更合理、充分地利用。例如，在医疗影像或者地理遥感影像识别业务中，通常原始图像分辨率都非常高，需要做数据切片；在智能监控业务中，原始数据是视频，需要进行视频解码和抽帧，才能进行进一步的处理；图像、视频等数据通常有不同的格式，如图像有 JPEG、PNG 等格式，视频有 AVI、MP4 等格式，但是满足算法输入要求的格式总是有限的，这就需要对不同的格式进行转换；很多真实的业务场景中，数据往往是多种格式并存的，这时需要转换格式并进行必要的数据整理。

另外，对于视频数据来说，在数据标注或者模型训练之前，往往需要进行抽帧才能满足需求。可以使用 FFmpeg 等工具自行抽帧，也可以利用 ModelArts 提供的内置抽帧工具进行转换。

4.2.2 数据清洗

数据清洗是指对数据进行去噪、纠错或补全的过程。对于结构化数据，需要对单个特征进行各类变换，包括但不限于以下几种。

(1) 离散化。针对特征取值为连续的场景，需要将其离散化，以增强模型的鲁棒性。

(2) 无量纲化。不同的特征通常有不同的物理含义，其取值范围也各不相同，为了保证特征之间的公平性，同时提升模型精度，通常需要对特征进行归一化、标准化、区间缩放等处理。

(3) 缺失值补全。由于各种原因，某些样本的某些特征值可能会缺失，因此需要一些补全策略，比如用该特征值下所有其他样本的均值补全该缺失值，也可以新增一些特征列来表示该特征是否缺失，还可以直接删除带有缺失值的样本。

(4) 分布变换。理想的数据分布状态是正态分布，这也是很多算法期望的假设条件，但现实中很多数据分布不能满足这个基本假设，因此通常需要一些数学变换来改变数据分布，如对数变换、指数变换、幂变换(如 Box-Cox 变换)等。

(5) 变量编码。通常需要对于一些非数值类的特征(如文字、字母等)进行量化编码，使其转换为可被算法处理的向量，常见的编码方法有 One-Hot、哑变量、频率编码等。

对于一些非结构化数据(图像、语音、文本等)而言，也需要及时去除脏数据。例如，在图像分类中，通常需要将不属于所需分类类别的图像去除，以免对标注、模型训练造成干扰。在文本处理中，针对不同的文本格式(如 TXT、HTML 等)，需要采用不同的解析工具来完成关键文本信息的提取。下面以图像为例，介绍几个数据清洗的案例。

在某安全帽检测的案例中，基于无监督模型的方法，进行脏数据自动去除和关键数据保留，可以从 300 张原始图像（见图 4-3(a)）中得到 153 张质量较高的图像（见图 4-3(b)）。

(a) 原始图像（清洗前）

(b) 高质量图像（清洗后）

图 4-3　在某安全帽场景下数据清洗前后效果对比（数据来自互联网）

如果数据集中其他类别的数据也都混杂进来，而且数量较多时，就需要采用基于无监督的自动分组算法对数据进行粗分类，提前清洗掉不需要的数据。如图 4-4 所示，在“嫩芽”识别的场景中，混杂了大量的“花朵”和“儿童图画”的数据，这些都需要提前清除。

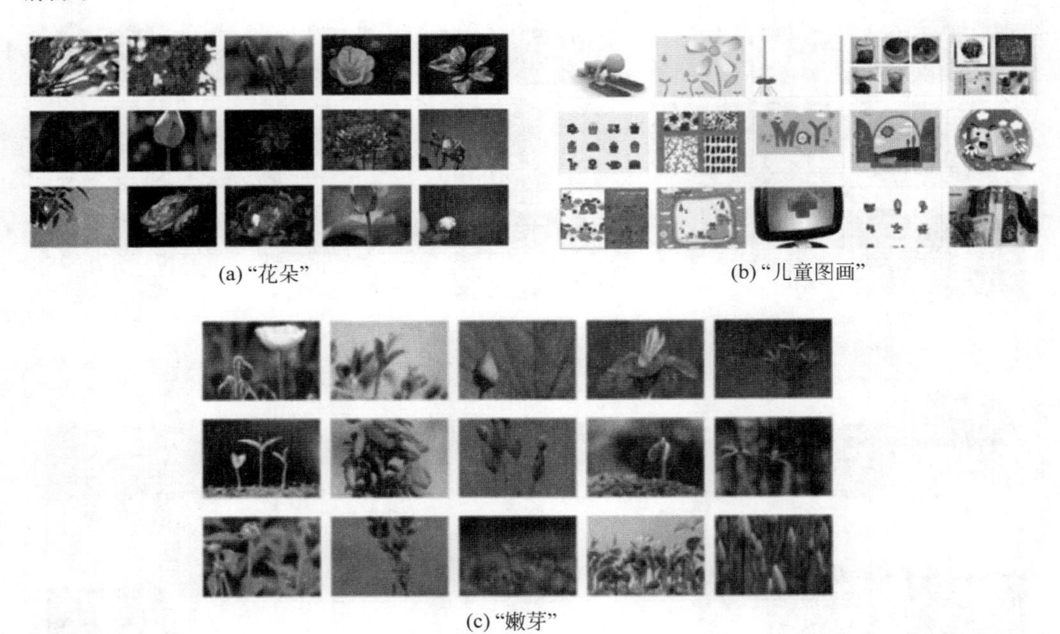

(a)“花朵”　(b)“儿童图画”

(c)“嫩芽”

图 4-4　“嫩芽”识别场景中的自动数据分组(数据来自互联网)

另外，还可以根据数据特征分布对数据进行清洗。例如，对某自然场景的图像数据集做特征分析时(见图 4-5)，通过亮度特征的分布直方图可以看出，亮度值小于 150 的地方出现多处“毛刺”。根据实际情况判断这部分图像是由拍摄误差造成的。而如果推理阶段绝大部分的图像亮度值也都高于 150，那么就可以清除这些亮度较低的图像，让后续的模型训练聚焦在亮度大于 150 的范围。

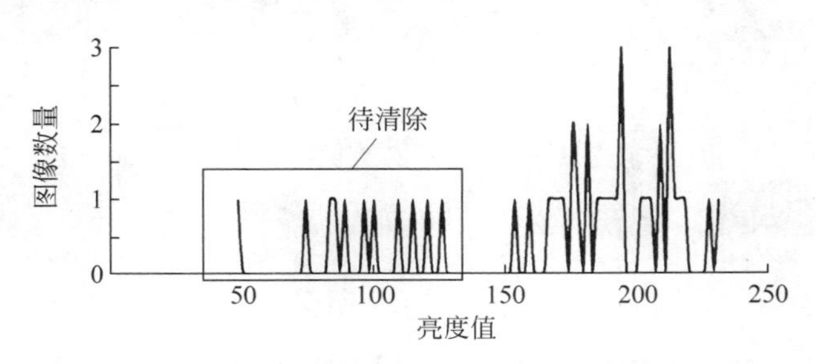

图 4-5　某自然图像数据集的亮度分析

当需要考虑的数据特征维度较高(如使用基于ImageNet训练的CNN模型提取图像特征)时,需要使用降维方法如PCA(Principle Component Analysis,主成分分析)、t-SNE(t-distributed Stochastic Neighbor Embedding,t分布随机近邻嵌入)等,将维度压缩到二维或三维,并将其可视化展示出来。此时开发者就可以观察到那些类内差距较大的图像,进行合理的清洗。

4.2.3　数据选择

数据选择一般是指从全量数据中选择数据子集的过程。相比于数据清洗而言,数据选择过程的输入数据一般是正常的数据,但是从业务角度评判仍然有较大的冗余度,不需要完全参与训练。

有时需要根据业务场景、开发者需求进行数据选择。例如,在目标检测中,选择亮度偏低的数据子集用来训练适用于夜晚的目标检测模型。另外,为了快速验证算法效果,仅需先基于部分类别的数据快速训练,验证通过后再进行全量数据的训练。

有时需要通过数据选择减少标注量,并且尽可能维持精度不变,甚至还可以提升精度。例如,基于视频做模型训练时,通常需要先将视频截帧,然而距离越近的帧之间相似度越高,这些相似度过高的图像对于训练来说有些冗余,因此视频抽帧后都要按一定的采样率进行选择。针对图像数据,还可以基于图像相似性度进行去重。例如,在某口罩识别的案例中,原始数据是72张带有口罩目标的图像,通过数据选择发现,只需要标注其中18张即可,在节约标注量75%的同时,训练后的模型精度反而提升了0.3%。

另外,还可以通过学习和迭代的方式进行数据选择。Embedding-Ranking框架是一个流行的数据选择框架,基于Embedding-Ranking框架的数据选择方法如图4-6所示。该数据选择方法主要包含3个步骤:特征提取、聚类排序、选择最优子集。在某车辆检测场景下,按照Embedding-Ranking框架对原始的689张图像进行自动选择,可抽取90%的高价值数据,节约标注量10%,用90%的数据和全量的原始数据相比发现,训练后的模型精度可以提升2.9%。

对于结构化数据,还可以在特征维度上进行数据选择,即特征选择。有些特征选择也属于特征清洗的范畴。有多种方式可以做特征选择:①基于Filter-based的方法,选择与目标变量(如数据的分类标签)相关性最大的特征列,并确保这些特征之间尽量少一些冗余度,常用算法有mRMR(minimum Redundancy Maximum Relevance)等;②基于Wrapper-based的方法,主要采用启发式搜索、随机搜索等方法发现最优的

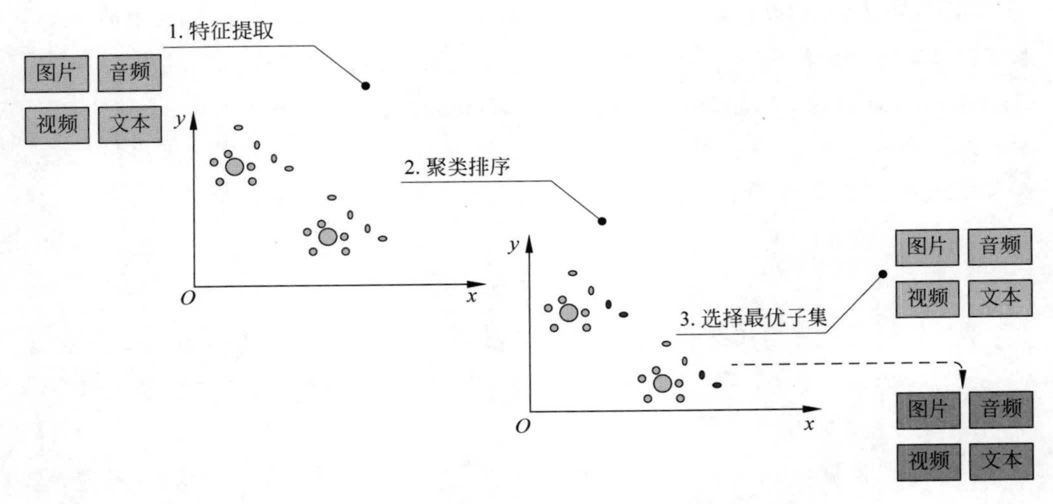

图 4-6　基于 Embedding-Ranking 框架的数据选择方法

特征子集，如从一个随机种子开始，不断尝试加入新的特征并且去掉无用的特征，最终找到使得模型精度最高的特征子集；③基于 Embedded-based 的方法，主要利用一些算法本身的特点和实现技巧来实现重要特征的筛选，如决策树模型中每个节点就代表一个特征，该模型的训练过程本身就是一种有效的特征选择的方法。还可以通过正则化等方式来约束训练过程以发现最重要的特征子集。

4.2.4　数据增强

与数据选择相反，数据增强通过缩放、裁剪、变换、合成等操作直接或间接地增加数据量，从而进一步提升模型的训练精度。结构化和非结构化数据都可以做数据增强。不过由于近几年深度学习、计算机视觉、自然语言处理的迅速发展，非结构化数据的数据增强成了一个热门的研究对象。本节将主要以非结构化数据增强为例展开介绍。

依据训练方式可以将数据增强划分为离线数据增强和在线数据增强。离线数据增强是先进行数据增强，然后形成新的数据集版本再进行训练，而在线数据增强是指在训练过程中边进行数据增强边训练。离线增强和在线增强各有应用场合。当数据量较大时，一般采用在线数据增强；当数据量较少时，建议采用离线数据增强，以防止模型训练精度过低。

不管是离线数据增强还是在线数据增强，大部分的增强方法都是通用的。正确的数据增强方法应该不改变原数据的语义信息。例如，在图像识别中，对于图像执行随机擦除的增强操作，即将图像中某一小部分抠除，不会影响整个图像识别的结果。另外，使用有针对性的增强方法，可以让模型在某一维度的泛化能力更强。例如，在训练前可以针对每一幅图像扩充出一系列亮度不同的图像，使得训练后的模型对亮度变化更加鲁棒。

在计算机视觉领域，常用的图像类数据增强方法如表 4-1 所示。类似的增强技术还有很多，本质上都是对数据进行尽可能多的扰动，但不改变数据的语义信息。

表 4-1　常用的图像类数据增强方法

方　法		说　明
空间几何变换	翻转	进行水平翻转和垂直翻转
	裁剪	裁剪感兴趣的图像区域，通常在训练时会采用随机裁剪的方法
	旋转	对图像进行一定角度的旋转操作
	缩放	采用插值或抽样方法对图像进行放大或缩小
	平移	将图像中所有像素向某个方向移动同一个偏移量
	仿射变换	同时对图像进行裁剪、旋转、转换、模式调整等多重操作
	分段仿射	在图像上放置一个规则的点网格，根据正态分布的样本数量移动这些点及周围的图像区域
像素和特征变换	随机噪声	加入高斯噪声、椒盐噪声等
	模糊	减少各像素点值的差异实现图像模糊及像素的平滑化
	锐化	对图像执行某一程度的锐化
	HSV 对比度变换	通过向 HSV 空间中的每个像素添加或减少 V 值，修改色调和饱和度实现对比度转换
	RGB 颜色扰动	将图像从 RGB 颜色空间转换到另一颜色空间，增加或减少颜色参数后返回 RGB 颜色空间
	随机擦除	在图像上随机选取一块区域，随机地擦除图像信息
	灰度图	将图像从 RGB 颜色空间转换为灰度空间
	直方图均衡化	利用图像直方图对对比度进行调整
	直方图规定化	又称直方图匹配，是指使一幅图像的直方图变成规定形状的直方图而对图像进行变换的增强方法
样本合成	MixUp/CutOut/CutMix	基于邻域风险最小化（VRM）原则的数据增强方法，使用线性插值得到新样本数据
	SamplePairing	随机抽取两张图像，分别经过基础数据增强操作处理后，以像素取平均值的形式叠加合成一个新的样本，标签为原样本标签中的一种

推理数据和训练数据差别较大时，运行态效果就会变差。如果根据推理数据的风格，再去采集类似的新数据，然后重新标注和训练，则成本很高。因此，需要考虑采用跨域迁移的数据增强方法。如图 4-7 所示，可以将新采集数据的风格迁移到已标注的老数据集上，并生成新的数据集，无须标注就可以直接训练。由于新采集的数据和推理态数据之间相似度较高，所以重新训练后模型的推理效果就会有较大的提升。

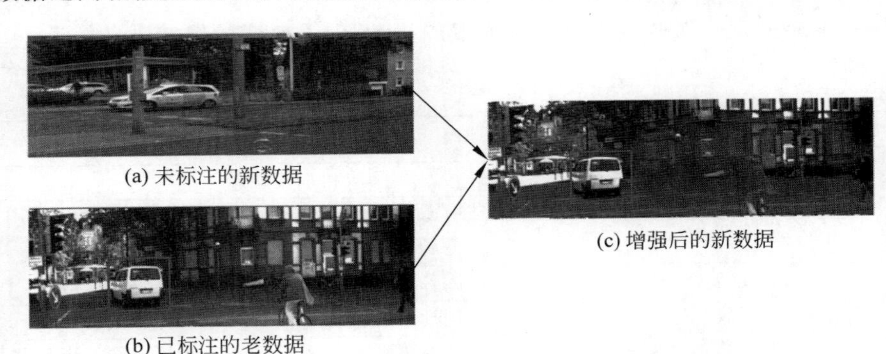

(a) 未标注的新数据

(b) 已标注的老数据

(c) 增强后的新数据

图 4-7　基于风格迁移的数据增强方法[①]

类似地，在自然语言处理领域，也有很多数据增强方法，如表 4-2 所示。自然语言处理领域的数据增强方法本质上与图像数据增强类似，都是确保增强前后数据的语义不发生变化。例如，在文本分类中，利用同义词替换文本中的部分词之后，可以生成新的文本，由于文本类别没有发生变化，所以这是一种合理的数据增强方法，具体细节不再展开介绍。

表 4-2　自然语言处理领域数据增强方法

方　法	说　明	样　例
同义词替换	随机选一些词并用它们的同义词来替换这些词	“我喜欢这部电影”替换为“我喜欢这个影片”
回译	用机器翻译把一段文字翻译成另一种语言，然后再翻译回来，回译的方法不仅有类似同义词替换的能力，还具有在保持原意的前提下增加或移除单词并重新组织句子的能力	“书写得如何了”先翻译为“How is the writing”再替换为“写作怎么样”
随机插入	随机选择一个单词，然后选择它的一个同义词插入原句子中的随机位置	“我喜欢吃苹果”替换为“我喜欢吃苹果水果”
随机删除	随机删除句子中的单词	“我喜欢吃苹果”替换为“喜欢吃苹果”

① 数据来自 KITTI 和 Cityscapes 数据集

续表

方　法	说　明	样　例
随机交换	随机选择一对单词，交换位置	“小张喜欢小丽”替换为“小丽喜欢小张”
文档裁剪	将很长的文字裁剪为几个子集来实现数据增强，这样将获得更多的数据	“我喜欢这部电影，看完这部电影我的收获很多”替换为“我喜欢这部电影，我的收获很多”
生成对抗网络	与使用 GAN 生成图像类似，GAN 也可以被用来生成文本	NA
语法树结构替换	通过语法树结构精准地替换单词	“中午我吃了牛肉面”替换为“牛肉面中午被我吃了”

数据增强是提升模型效果的有效技术，但是当前的数据增强大部分是研究人员手工设计的，增强策略欠缺灵活性，针对不同的任务场景和数据集通常需要重新设计增强策略。目前流行的做法是将多个增强策略放入搜索空间，使用搜索算法来找到最佳策略，使得神经网络在目标数据集上产生最高的准确度。目前数据增强方法也在向自动化方向演进，并且在一些开源数据和业务场景中取得成功。

此外，对于结构化数据而言，通常采用基于特征构建的方式，通过已有特征来组合生成新的特征以提升模型效果，这也属于广义的数据增强方法。

ModelArts 提供了一系列的数据增强方法，节省了开发增强算法的成本。开发者可以根据自身需要灵活地选择合适的增强方法，也可以由 ModelArts 自动选择。

4.2.5 其他数据处理

还有一些其他数据处理操作，如数据脱敏等，在很多业务场景中也非常关键。数据脱敏是指在原始数据中去除关键敏感信息的过程。数据隐私信息的保护一直是备受关注的问题。同一份数据有可能被不同的人工智能应用开发者处理，因此数据的信息脱敏非常关键。例如，在医疗影像识别业务中，需要提前将原始影像数据中可能存在的病人名字或者其他敏感信息过滤；在视频监控业务中，需要针对性地过滤一些敏感信息，如车牌信息、人脸信息等。

另外，由于人工智能应用开发流程包括模型训练、评估和最终应用部署之后的推理测试，所以很有必要将数据集切分为三部分：训练集、验证集、测试集。训练集用于模型的训练学习；验证集用于模型和应用的选择和调优；测试集用于评价最终发布的应用的效果。当数据集较小时，建议按照比例（如 60%、20%、20%）来切分数据；当数据集较大时，可以自行定义每个部分的比例或数量。

综上，数据校验可以保证数据基本的合法性；数据转换可以使数据满足模型训练的需求；数据清洗可以提高数据信噪比，进而提升模型训练的精度；数据选择可以降低数据的冗余度；数据增强可以扩充数据，从而提升模型训练的精度。其他处理方法也非常有必要，如数据脱敏可以保证隐私信息受到保护，数据切分可以保证后续开发阶段的正常进行。因此，数据处理是人工智能开发过程中必备的一个环节。

4.3 数据标注

大多数人工智能算法仍然要依赖监督学习，所以数据标注十分必要。即便是近几年在自然语言处理和计算机视觉领域快速发展的无监督学习，也还是需要一部分标注信息才可以最终解决业务问题。通常，数据标注数量越多、质量越高，训练出来的模型效果也会越好。因此，在当前的人工智能商业项目中，数据标注非常重要。

4.3.1 标注任务分类

数据的标注与其应用场景密切相关。常用的图像相关的标注任务包括但不限于图像分类标注、目标检测标注、图像分割标注、点云标注等。如图 4-8 所示，对于通用图像的标注任务，ModelArts 提供了基础的通用标注工具，如矩形框、多边形、圆形、点、线等。

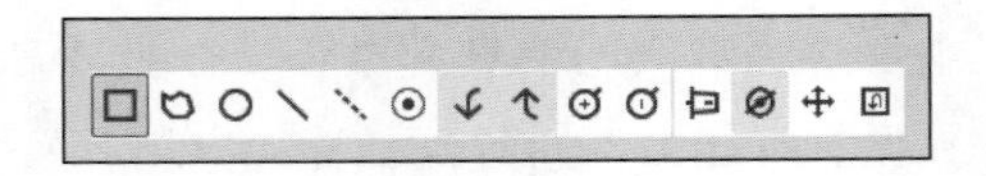

图 4-8 ModelArts 图像类标注工具

常用的文本相关的标注任务包括但不限于文本分类标注、命名体识别标注、三元组标注、词法分析标注、机器翻译标注等。以文本分类和三元组标注为例，ModelArts 提供的工具如图 4-9 和图 4-10 所示。

现实场景中，标注往往非常复杂。有很多标注任务对于标注流程和工具有独特的要求。如第 3 章所述，在证件类的 OCR 场景中，需要先进行四点标注，然后经过透视

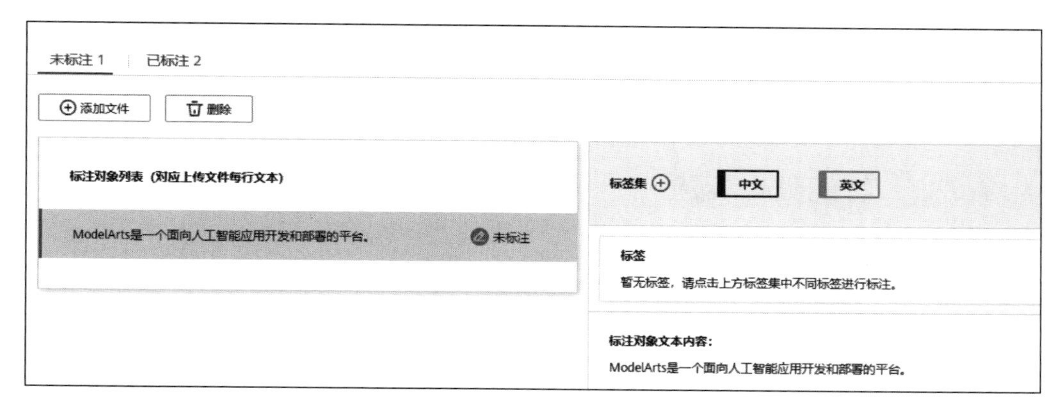

图 4-9　ModelArts 文本分类标注示例

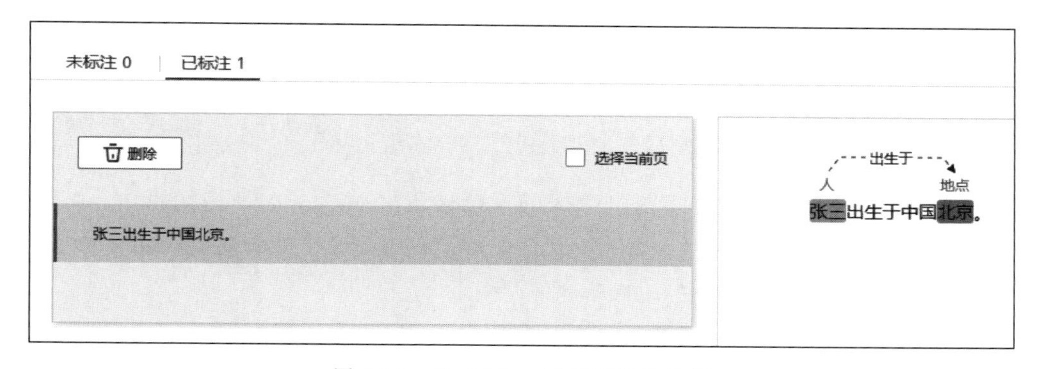

图 4-10　ModelArts 三元组标注示例

变换将证件位置调整后，再标注文字块和文字类别。本质上，这种场景的标注流程是由其原始数据和训练算法共同决定的。算法人员需要根据业务背景、数据情况和已有算法能力综合评估之后，才能大致确定面向该业务背景的人工智能应用开发流程，然后根据流程来反推出需要什么标注作为输入，进而确定好标注流程。

在与业务强相关的标注场景中，标注流程的确定就更加复杂，需要对业务有深刻的理解。例如，在某网站的评论分类场景，或者医疗影像的细胞分类场景中，首先需要理解该场景的具体业务类型，其次才可以定义如何对每个数据打标签。标注人员如果没有较强的业务知识或者缺乏专业指导，就无法知道如何进行标注。另外，标注人员还需要正确定义标签的粒度。如果标签的粒度太粗，则分类算法的训练监督信息不够强；如果标签的粒度太细，则可能造成每个类别的样本量太少，对分类算法的训练有一定影响。因此，标签粒度的定义需要算法工程师和行业专业人员共同参与。由于行业数据标注的难度很高，所以人工智能在很多专业领域(如医疗影像识别)应用时，数据标签通常都是非常稀缺的资源。在此背景下，就需要平台提供智能化标注能力，以在一定程度上减少标注者的工作量。

4.3.2 智能数据标注

深度学习一直都是“数据饥饿的”，为了达到更好的训练效果，需要大量人工标注的数据样本来训练模型。例如，ImageNet 图像数据集包含一百多万张图像。标注这些数据是一个枯燥乏味的过程，且需要耗费大量的人力成本。不同标注任务需要的标注成本也相差很大。例如，在图像分类任务中，标注一张图像不到 1s；而在图像分割任务中，标注一个物体的轮廓则平均需要 30s 以上。为了减少标注消耗的时间同时降低标注的成本，ModelArts 在标注过程中加入了机器学习技术并为标注者提供了智能数据标注服务。

1. 基于主动学习的智能数据标注

正如前文所述，机器学习问题中数据的冗余性无处不在。在现实场景中，每个数据所包含的信息量是不一样的，也就是说对于给定的某个算法，数据集中每个数据重要性不一样，对最终模型效果的贡献度也不一样。

如果标注者可以仅标注这部分信息量较大的数据来训练模型，就可以取得与标注全部数据后训练的模型相差不大的精度。ModelArts 提供的基于主动学习的智能标注功能，可以自动为标注者挑选这些最具有信息量的数据，从而减少整体标注工作量。

基于主动学习的智能标注的具体流程如图 4-11 所示。在标注任务开始时，标注者仅需标注少量的数据作为训练集来训练模型，然后用训练好的模型对未标注数据进行推理。主动学习策略根据当前这一轮的推理结果来选择下一轮需要人工标注的数据，标注者在标注完这些数据以后将其加入训练集中，依次循环，直到模型的效果达到用户的要求。ModelArts 主动学习算法包括监督模式和半监督模式。监督算法只使用用户已标注的数据进行训练；而半监督算法同时使用已标注数据和未标注的数据，虽然可以提升模型精度，但一般耗时较长。

2. 交互式智能标注

基于主动学习的智能标注服务可以选择出最有价值的数据让人标注，从而降低需要标注的数据量。另外，ModelArts 还提供了交互式智能标注服务来提高每个数据样

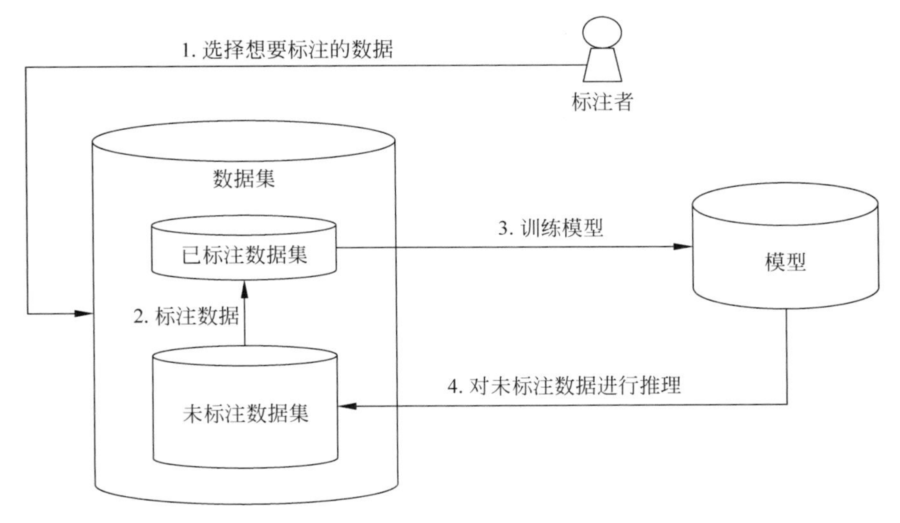

图 4-11　基于主动学习的智能标注流程

本的标注效率和体验。

（1）交互式目标检测标注。在目标检测任务中，标注目标是在图像中感兴趣的物体上画一个矩形框将目标物体框出来。常见的标注方法需要从物体的左上角开始拉一个矩形框到物体的右下角，得到一个较准确的矩形框平均需要花费为 3～5s 不等。为了提高标注效率，ModelArts 可以自动为图像上的目标物体推荐一些候选矩形框。当标注者将鼠标移动到感兴趣的目标物体上时，标注页面会弹出对应的候选矩形框供标注者确认。

（2）交互式分割标注。在图像分割任务中，标注目标是在图像中感兴趣的目标物体边界上画一个多边形框来得到物体的轮廓。常用的标注方法是人工在物体轮廓上单击生成十几到几十个点，并将这些点连接成闭合的多边形。与目标检测任务相比，在图像分割任务中，需要花费更多的时间来标注一个目标物体。为了加速标注过程，ModelArts 提供了一种快速简单的极点标注功能。具体来说，对于每个目标物体，标注者只需要单击目标物体轮廓的四个极点（上、下、左、右四个点），平台就会自动标注该物体的轮廓，这样可以极大地简化标注的操作。

（3）交互式视频标注。在视频目标检测标注任务中，标注目标是在每帧图像中的目标物体上标注矩形框。传统的标注方法是将视频的每帧作为单独的图像，然后进行图像目标检测标注。对于帧率较大的视频，很短的一段视频中包含大量的视频帧，这会给上述视频标注方法带来很大的挑战。由于视频帧间是高度连续的，因此与图像相比,视频具有非常大的冗余性。ModelArts 的交互式视频标注功能为标注者提供了高效的视频标注服务。当上传视频时,只需要标注第一帧图像,平台可以自动标注后续帧图像。如果用户在视频播放过程中发现某一帧的标注框不准确,可以单击“暂停”按钮来人为地修改这一帧的标注框,然后继续播放。此时标注系统会接收到这一反馈,并使得后续的智能标注更加精准。与逐帧标注的方法相比,交互式视频标注服务可以极大地降低视频标注的成本。

(4) 其他交互式智能标注。在自然语言处理等方向,都可以采用基于实时人机交互的方式进行智能标注。

数据在标注后还需要进行半自动化或自动化审核验证,以及时评估标注质量。如果涉及多人协同标注,某些数据可能被多人做过标注,这就需要利用概率统计等方法将多人标注结果进行融合。

4.3.3 数据标注元信息管理

如前文所述,数据标注之后,通常会有一些标注文件用于存储标注信息。对于数据集来说,标注信息本身是非常重要的元信息。此外,整个标注过程都会留下一系列元信息,如标注过程的完成方式(人工标注或智能标注)、标注时间、标注人员、标注用途(训练或者评估等)。为了提供统一的数据标注元信息管理和更高效的数据存储,ModelArts 提供了 Manifest 文件,支持图像、视频、声频等相关标注的元信息管理。

一般情况下,每个数据集版本都对应一个 Manifest 文件。以图像分类数据为例,Manifest 文件的内容格式如下:

```
{
    "source":"s3://path/to/image1.jpg",
    "usage":"TRAIN",
    "hard":"true",
    "hard-coefficient":0.8,
    "id":"0162005993f8065ef47eefb59d1e4970",
    "annotation": [
        {
            "type": "modelarts/image_classification",
            "name": "cat",
            "property": {
                "color":"white",
                "kind":"Persian cat"
            },
            "hard":"true",
```

```
            "hard-coefficient":0.8,
            "annotated-by":"human",
            "creation-time":"2019-01-23 11:30:30"
        },
        {
            "type": "modelarts/image_classification",
            "name":"animal",
            "annotated-by":"modelarts/active-learning",
            "confidence": 0.8,
            "creation-time":"2019-01-23 11:30:30"
        }],
    "inference-loc":"/path/to/inference-output"
}
```

下面对程序中的几个关键字段进行说明。

（1）source：必选字段，被标注对象的URI（Uniform Resource Identifier，统一资源标识符），所支持的类型如表4-3所示。

表4-3　Manifest文件中source字段所支持的URI类型

source字段的类型	例　子
OBS	"source":"obs://path-to-jpg"
HTTPS	"source":"https://path-to-jpg"
Content	"source":"content://I love machine learning"

（2）annotation：可选字段，若不给出，则表示未标注；annotation值为一个对象列表，包括以下字段。

- type：必选字段，标签类型。可选值为image_classification、object_detection等。
- name：对于分类是必选字段，该值表示所标注的类别，对于其他类型为可选字段。
- property：可选字段，包含标注的属性，如本例中猫有两个属性，颜色（color）和品种（kind）。
- hard：可选字段，表示是否是难例。True表示该标注是难例，False表示该标注不是难例。
- annotated-by：可选字段，默认为human。
- creation-time：可选字段，创建该标注的时间。
- confidence：可选字段，数值类型，范围0≤confidence≤1，表示机器标注的置信度。

Manifest 文件可以直接保存简单的标注信息(如图像分类任务中的分类标签),也可以跟额外的标注文件进行关联。在图像目标检测任务中,Manifest 文件的内容格式如下:

```
{
    "source":"s3://path/to/image1.jpg",
    "usage":"TRAIN",
    "hard":"true",
    "hard-coefficient":0.8,
    "annotation": [
        {
            "type":"modelarts/object_detection",
            "annotation-loc": "s3://path/to/annotation1.xml",
            "annotation-format":"PASCAL VOC",
            "annotated-by":"human",
            "creation-time":"2019-01-23 11:30:30"
        }]
}
```

其中,annotation-loc 字段用来关联当前数据所对应的标签文件。XML 是 PASCAL VOC 等开源数据集常用的一种保存标注结果的文件格式。不同数据集有不同的标注格式,这些格式之间也可以互相转换。

需要注意的是,Manifest 文件使用 UTF-8 编码,Manifest 处理程序需具备 UTF-8 处理能力。文本分类的 source 数值包含中文,其他字段不建议用中文。Manifest 文件使用 jsonlines 格式,一行记录一个 JSON 对象。

如果用户在用 ModelArts 标注之前就已经准备好数据及其标注文件,并且上传到 ModelArts 上做训练。那么有两种选择方式:①根据已有数据和标注文件生成 Manifest 便于 ModelArts 统一管理;②直接创建训练作业,仅需保证算法读取和解析数据格式的功能正常。由于模型训练会涉及多轮迭代和调参,期间需要不停对数据进行进一步分析和处理,因此建议采用第一种方式,便于后续版本迭代和维护。

除 Manifest 之外,开发者也经常用以下几种数据和标注组织格式来准备数据。在 ModelArts 中,这些格式统称为 RawData,具体解析方法将在第 6 章模型训练部分重点介绍。

(1) 对于单标签图像分类(即每个图像只属于一个标签)任务,数据集的目录结构如下:

```
base_dir ---------------------- 数据集所在的根目录
```

```
    |- label_0 ---------------- 分类名称
            |- 0_0.jpg ------------ 属于 label_0 类别的图像
            |- 0_1.jpg
            ...
            |- 0_x.jpg
    |- label_m ---------------- 分类名称
            |- m_0.jpg ------------- 属于 label_m 类别的图像
            |- m_1.jpg
            ...
            |- m_z.jpg
    labels.txt (Optional) ---- 可选,用于提供标签索引 ID 和标签名称的对应关系
```

进一步地,如果用户提供了 labels.txt,则其内容格式一般为:

```
0: label_i
1: label_j
2: label_k
```

其中,label=0 对应的标签名称为 label_i,label=1 对应的标签名称为 label_j,以此类推。如果用户没有提供 labels.txt,则列举 base_dir 下所有文件夹的顺序为每一个标签名称赋值 ID。

(2) 对于多标签图像分类(即每个图像有一个或多个标签)任务,数据集的目录结构为:

```
base_dir ---------------------- 数据集所在的根目录
    |- images ----------------- 图像数据所在目录
            |- 0.jpg ------------- 图像数据
            |- 1.jpg
            ...
            |- n.jpg
    |- labels ----------------- 标签数据所在目录
            |- 0.jpg.txt ---------- 0.jpg 这张图像对应的标签信息
            |- 1.jpg.txt
            ...
            |- n.jpg.txt
    labels.txt ---- 必不可少,用于提供标签索引 ID 和标签名称的对应关系
```

这种结构也可以支持单标签图像分类。标签信息所在文件(如 0.jpg.txt 等)指定了图像文件(如 0.jpg)拥有的所有标签,其格式为:

```
label_i
label_j
...
```

```
label_m
```

此外，还要提供 labels.txt，文件内容需要满足如下格式：

```
0: label_i
1: label_j
2: label_k
...
```

（3）对于目标检测或者图像分割任务，数据集的目录结构为：

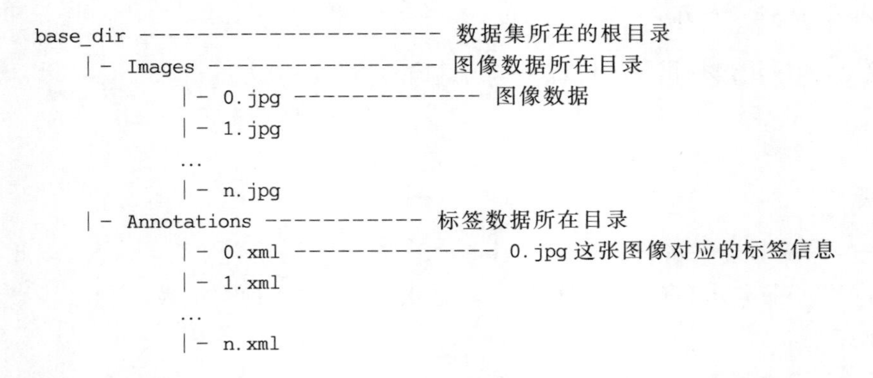

```
base_dir --------------------- 数据集所在的根目录
     |- Images ---------------- 图像数据所在目录
            |- 0.jpg ------------- 图像数据
            |- 1.jpg
            ...
            |- n.jpg
     |- Annotations ----------- 标签数据所在目录
            |- 0.xml -------------- 0.jpg 这张图像对应的标签信息
            |- 1.xml
            ...
            |- n.xml
```

4.4 数据分析和优化

为了开发好人工智能应用，在数据准备阶段仅有以上环节是不够的，通常还需要对数据进行整体的统计分析，以及对单个数据进行细粒度分析诊断，才可以更深入地了解数据，及时发现更深层次的问题并进行优化。

4.4.1 数据集特征分析和优化

特征分析的主要作用在于帮助开发者快速方便地了解数据集的特点，然后制订后续的优化和处理方案。数据集的特征分析可以融入项目开发的各个流程，如数据清洗、数据增强、模型训练、模型评估等。在前文提到的数据清洗过程中，就用到了基于特征分析的方法去除少量异常数据。以目标检测任务为例，ModelArts 特征分析模块支持的主要特征涵盖了分辨率、图像高宽比、图像亮度、图像饱和度、清晰度、图像色彩丰富度等常规图像特征，以及目标框个数、面积标准差、堆叠度等标注相关的特征，如表 4-4 所示。

表 4-4　图像目标检测任务的数据特征分析方法

特征统计	含　义	解　释
分辨率	此处使用面积值作为统计值	可能存在偏移点，可以对偏移点进行 resize 操作或直接删除
图像高宽比	图像高度与图像宽度的比值	一般呈正态分布，用于比较训练集和真实场景数据集的差异
图像亮度	值越大代表观感上亮度越高	一般呈正态分布，可根据分布中心判断数据集整体偏亮还是偏暗，可根据使用场景调整，比如使用场景是夜晚，图像整体应该偏暗
图像饱和度	值越大表示图像整体色彩越容易分辨	一般呈正态分布，用于比较训练集和真实场景数据集的差异
清晰度	图像清晰程度，使用拉普拉斯算子计算所得，值越大代表边缘越清晰，图像整体越清晰	可根据使用场景判断清晰度是否满足需要。比如使用场景的数据采集来自高清摄像头，那么对应的清晰度需要高一些，可通过对数据集进行锐化或模糊操作或添加噪声，以对清晰度进行调整
图像色彩丰富度	图像的色彩丰富程度，值越大代表色彩越丰富	观感上的色彩丰富程度，一般用于比较训练集和真实场景数据集的差异
按单张图像中目标框个数，统计图像数量分布	单张图像中目标框的个数	对模型而言，一张图像的目标框个数越多越难检测，需要越多的这种数据用作训练
按单张图像中目标框的面积标准差，统计图像数量分布	当单张图像只有一个框时，标准差为 0，标准差的值越大，表示图像中目标框大小不一程度越高	对模型而言，一张图像中目标框如果比较多且大小不一，是比较难检测的，可以根据场景添加数据用于训练
按目标框高宽比，统计目标框数量的分布	目标框的高宽比	一般呈泊松分布，但与使用场景强相关。多用于比较训练集和验证集的差异，如训练集都是长方形框的情况下，验证集如果是接近正方形的框会有比较大影响
按目标框在整个图像的面积占比，统计目标框数量的分布	目标框的面积占整个图像面积的比例，越大表示目标物体在图像中的占比越大	用于辅助模型超参的设置。一般目标物体大时，对于某些基于 Anchor 的算法而言，Anchor 的超参设置就需要调整
按目标框之间的堆叠度，统计目标框数量的分布	单个目标框与其他目标框重叠的部分，取值范围为 0～1，值越大表示被其他框覆盖得越多	主要用于判断待检测目标物体的堆叠程度，堆叠目标的检测难度较高，可根据实际使用需要添加数据集或不标注部分数据

数据集特征分析的界面展示如图 4-12 所示，用户可以自行选择感兴趣的指标进行查看。除可以查看单个数据集的特征统计外，ModelArts 还支持对比功能，比如数据集不同版本之间的对比、训练集与验证集之间的对比等，如图 4-13 所示。数据集特征分析是数据分析诊断的有效工具。如果训练集和验证集之间分布差异较大，那么说明训练数据集上训练的模型在验证集上效果可能较差。通过追踪每个特征上两个数据集之间的差异，开发者可以对数据集差异情况有更好的理解并做出优化改进。例如，可以利用迁移学习来优化算法，使得模型可以自适应不同的数据分布情况。

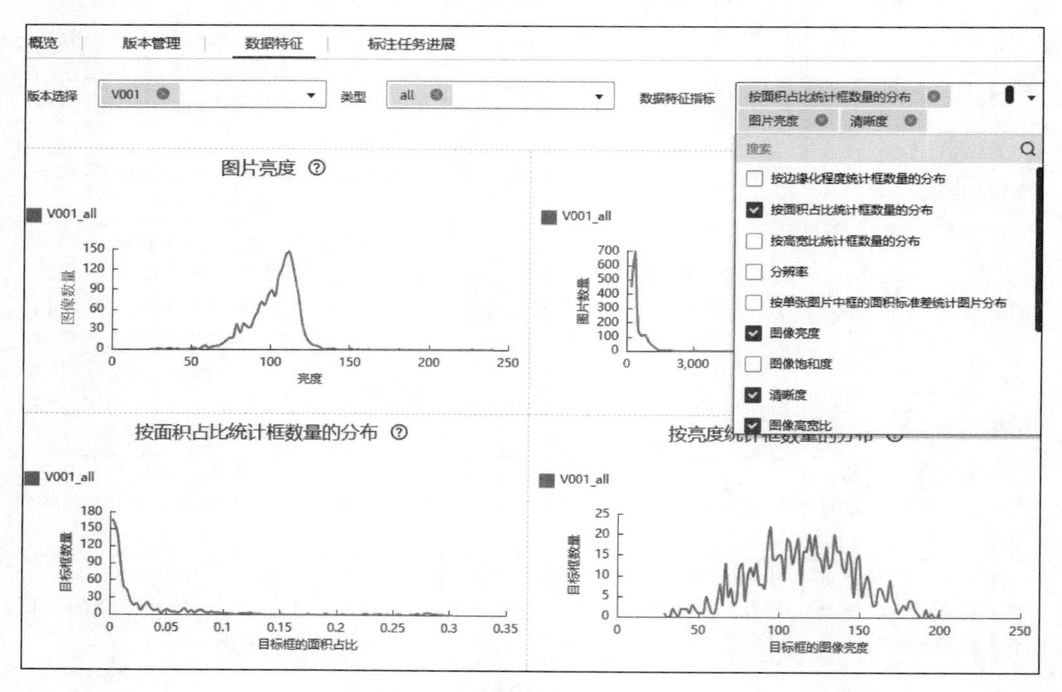

图 4-12　数据集特征分析界面

在遥感影像识别领域，不同卫星、不同时间、不同季节拍摄的同一地点遥感图像会有很大区别。如图 4-14 所示，原图是中午拍摄的，目标图是傍晚拍摄的，原图的整体亮度要高于目标图，假设模型是基于类似目标图的数据集训练的，当使用原图进行评估或测试时，模型就会产生失准现象，如果在评估前对原图进行直方图规定化操作，将其 RGB 分布转换成类似目标图的形状和分布，模型的精度就会大幅提升。

上述是对一些显而易见的特征做的分析和归纳，我们还可以对高阶的一些特征做分析。可以先用深度神经网络模型提取特征，然后再降维展示，如图 4-15 所示。

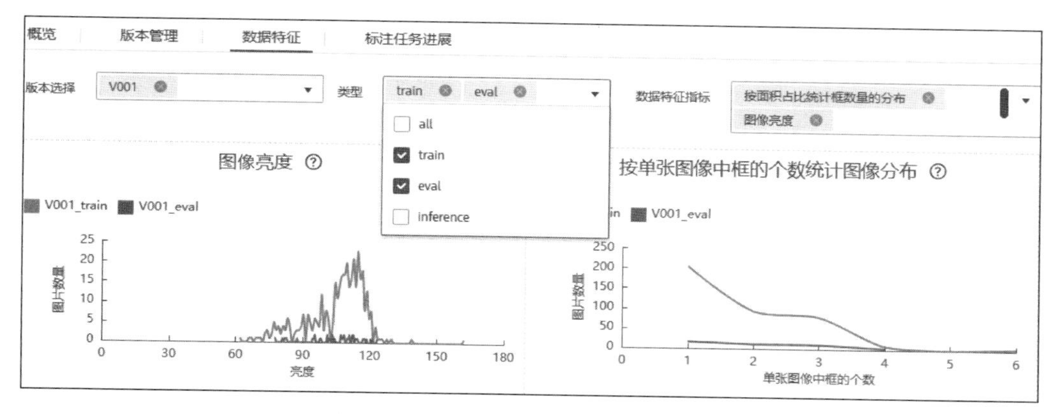

图 4-13　多版本数据的特征统计对比

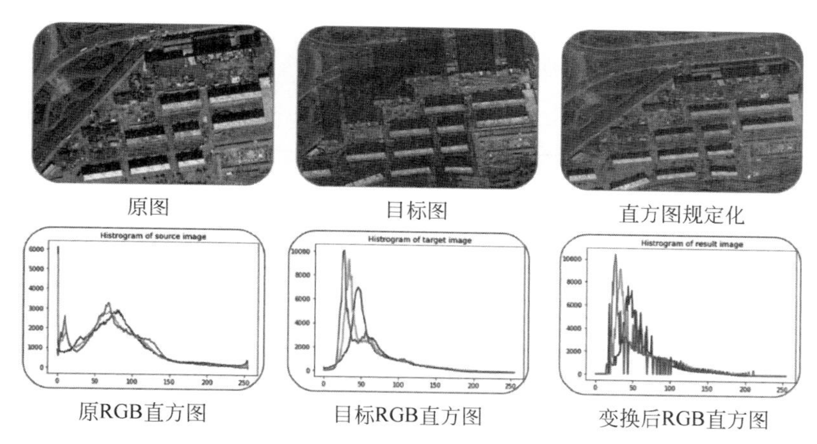

图 4-14　直方图规定化示意图

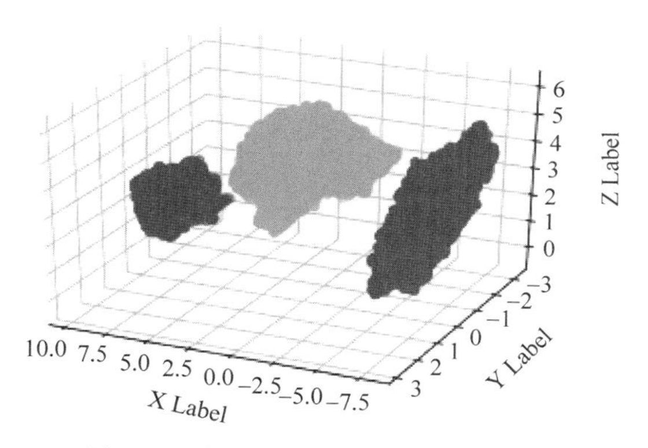

图 4-15　高维特征聚类后可视化效果图

从图 4-15 中可以发现，在特征的分布上，有一类数据(图中深灰色部分)实际包括了两个子类，因此模型训练时，被强行要求两种类别的数据归为同一类。实际上可能把一类拆分为两类来训练会比较合适。

4.4.2 细粒度数据诊断和优化

借助上述数据特征分析功能，可以看出数据集整体上的统计信息，对模型的调优提供了重要的诊断建议。然而，进行细粒度数据诊断优化则会发现每个数据的问题，粒度更细。并且，可以将每个数据的重要性或者难例程度标记出来，然后给出相应的诊断和优化建议。ModelArts 可自动提供基于图像语义、数据特征及数据增强的细粒度数据诊断分析，并提供对应的指导建议，以帮助开发者聚焦难例数据的增强，从而更有效率地提高模型的精度。典型的诊断优化建议如表 4-5 所示，开发者根据诊断建议可以做进一步针对性的数据增强。

表 4-5 自动生成的诊断优化建议

检测算法	原　因	建　议
异常检测	数据被预测为异常点	若该图像预测不正确，则判断是否为异常数据；若是异常数据则去除，否则重新标注数据，并基于图像语义做扩充
目标框统计	未识别出任何目标物体	若该图像不含有预期目标框，建议去除；若该图像含有预期目标框，建议重新标注数据，并基于图像语义做扩充
聚类	基于训练数据集的聚类结果和预测结果不一致	若该图像预测不正确，则判断是否为异常数据；若是异常数据则去除，否则重新标注数据，并基于图像语义做扩充
置信度	置信度偏低	若该图像预测不正确，则判断是否为异常数据；若是异常数据则去除，否则重新标注数据，并基于图像语义做扩充
图像相似性	预测结果和训练集同类别数据差异较大	若该图像预测不正确，则判断是否为异常数据；若是异常数据则去除，否则重新标注数据，并基于图像语义做扩充

以云宝目标检测为例，ModelArts 会自动根据数据集上下文信息判断出某些样本为难例(“难例”标记后面的数值代表其成为难例的可能性，如图 4-16 所示)，并且自动给出诊断原因及增强建议。开发者可以采纳建议并对数据集做细粒度的针对性优化或增强。

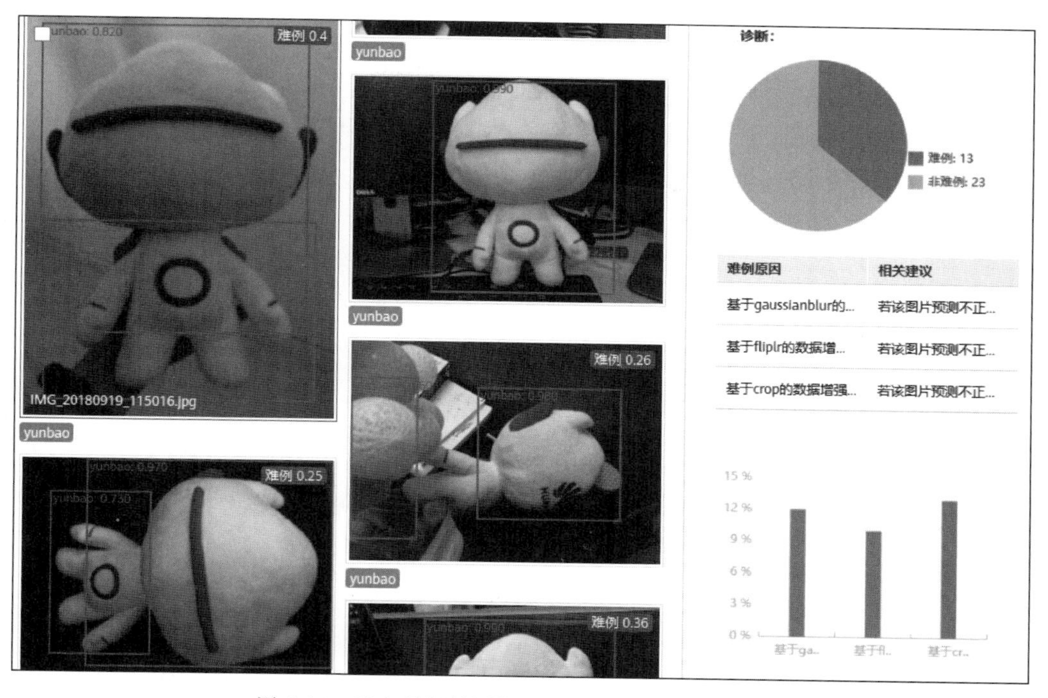

图 4-16　云宝目标检测场景下难例识别和诊断建议

第5章

算法选择和开发

正如第1章所述，人工智能技术包含多个领域，每个领域的算法都非常多，而且每年还有层出不穷的新算法出现。在开发一个人工智能应用之前，有必要结合具体业务场景和数据的可获取情况，快速锁定一些合适的算法，这样可以大大提升应用开发效率。

本章节重点围绕几个常用的人工智能技术领域，介绍一些经验方法，辅助人工智能应用开发者选择合适的算法，在找到合适的算法之后，可以直接订阅 ModelArts 预置算法开始训练，也可以自行开发和调试算法代码，然后再训练。

5.1 算法选择

通常在开发人工智能应用时，都需要依赖算法工程师的个人经验选择某个算法。随着人工智能各技术领域的逐渐成熟，很多经典算法的优缺点及发展路线都已经较为清晰，开发者可以结合具体业务问题及其他一些限制条件（如业务数据的现状，以及业务方对训练速度、训练精度、推理速度的要求等）定性地选择某一个或某一类算法，这对于快速试错非常重要。快速获取性能基线，可以帮助开发者进一步针对性地做迭代优化。下面将针对几个常用的人工智能技术领域的典型算法展开介绍，以辅助应用开发者进行算法选择。

5.1.1 基础层算法选择

对于应用开发者而言，平时接触最多的基础算法应该是机器学习（包括深度学习）和强化学习。下面将以这两个为重点展开介绍。

1. 机器学习算法选择

常用的机器学习算法分为分类、聚类、时序预测、异常检测、关联分析、推荐等，如图 5-1 所示。下面将分别按照任务维度简要介绍一些常用的算法，旨在为开发者提供算法选择的参考。

在分类任务中，逻辑回归算法实现简单，经常被作为性能基线与其他算法比较。逻辑回归算法也可以被看作是一层神经网络，由于其计算复杂度低，经常被拓展到更加复杂的问题上，如大规模推荐。而支持向量机擅长解决高维度非线性分类问题。支持向量机模型的计算复杂度是数据集大小的二次方，因此不适合处理大规模数据。逻辑回归、支持向量机在多分类场景下的应用需要依赖一些额外的技巧，如与集成学习相结合等。

最初的 KNN 算法不需要训练，它直接根据邻近的有标签数据的投票来对未知签数据进行分类。然而，在实际应用中，由于数据样本的距离度量方式是不可知的，所以 KNN 算法需要在常用的几个距离度量方式中去选择并学习合适的度量方式，这时就需要训练。度量学习的目的是学习一个度量矩阵，使得在某度量方式下，数据中同类样本之间的距离尽可能减小，而不同类别样本之间的距离尽可能增大。常用的度量学习方法分为全局度量学习和局部度量学习。深度学习也可以与度量学习相结合，利用深度神经网络自适应学习特征表达，当数据量较多时，推荐使用深度度量学习。深度度量学习已经成功用于人脸识别等领域。

决策树通过递归划分样本特征空间并在每个得到的特征空间区域定义局部模型来做预测。决策树方法的优点是易于理解，数据预处理过程比较简单，同时在相对短的时间内就可以在大数据集上得到可行且效果良好的结果。决策树是非常基础的算法，可解释性强，但它缺点也比较明显，对连续性的特征比较难预测。当数据特征关联性比较强时，决策树的表现不会太好。通常，决策树需要与集成学习方法一起使用，才会有较好的精度。随机森林、GBDT 等算法已经在工业界广泛使用。

由上可知，当处理的问题是二分类问题且数据集规模不大时，支持向量机是首选算法；如果支持向量机的效果不是很理想，则可能是因为该矩阵不能很好地度量样本之间的相似性，因此可以尝试度量学习算法。对于数据集比较大的情况，则首先选择基于决策树的集成学习方法来解决。当然，其他不同的模型也都可以与不同的集成学习策略（如 Bagging、Boosting、Stacking）相结合，进一步提升模型效果，但集成学习通常也会使模型更加复杂，增加训练和推理的计算成本。

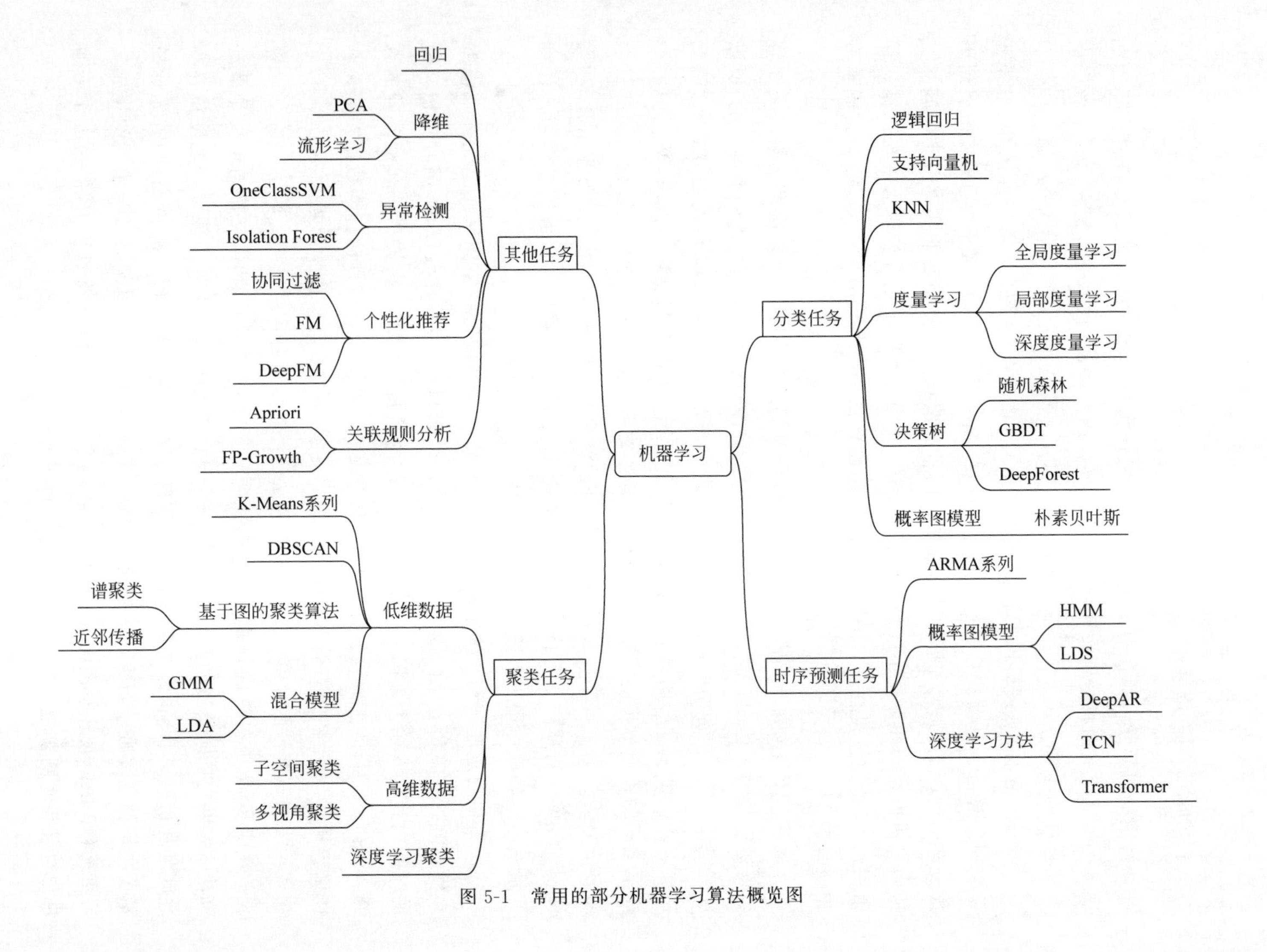

图 5-1　常用的部分机器学习算法概览图

聚类任务中最常用的算法是K-Means、基于图的聚类算法及混合模型。K-Means算法已在第1章介绍过，其存在两个问题：不同的初始中心点对最后聚类结果的影响非常大；聚类簇数量不容易提取判断。K-Means++通过改进初始中心点的选择来改善K-Means算法的聚类效果。基于密度的聚类算法，如DBSCAN算法，不需要提前知道聚类簇数量。基于图的聚类算法有谱聚类和近邻传播。谱聚类利用相似度矩阵的特征向量进行聚类。近邻传播算法的基本思想是将数据样本点看作网络的节点，然后通过网络中各边的消息传递计算出各样本的聚类中心。与传统的聚类算法相比，近邻传播算法特别适合高维、多类数据的快速聚类，在聚类性能和效率方面都有大幅度的提升。基于混合模型的聚类方法则是假设每组数据都可以通过一个模型来拟合，该方法的好处是最后的聚类结果会给出样本属于每个聚类簇的概率。常见的混合模型有GMM（Gaussian Mixture Model，高斯混合模型）和LDA（Latent Dirichlet Allocation，隐狄利克雷分布模型）。以上聚类算法在处理高维数据时会面临很多问题。为了解决这些问题，建议采用子空间聚类和多视角聚类的方法。由上可知，在提前知道聚类簇的数量时，以上聚类算法都可适用，否则可选的算法只有DBSCAN和近邻传播算法；如果聚类结果需要知道样本属于每个聚类簇的概率，则选择基于混合模型的聚类方法；对于高维数据的聚类，子空间聚类和多视角聚类是首选方法。

时序预测任务中的传统算法有ARMA和NARMA等，随着机器学习和深度学习的发展，基于SVM、神经网络等的方法也开始流行起来。近几年基于深度学习的时间序列预测主要以循环神经网络为主（例如DeepAR等），其提高了多变量时间序列的精度，但是在大规模分布式并行方面有不少的挑战。基于CNN架构的时间卷积网络TCN（Temporal Convolutional Nets）的计算复杂度要更低，性能更好。另外，如果要解决长时间的序列预测问题，建议采用基于注意力机制的Transformer模型。

概率图模型通过在模型中引入隐变量，增强了模型的建模能力。混合高斯模型、隐马尔可夫模型、条件随机场都属于概率图模型。概率图模型可以用于分类、聚类、时序预测任务，如相关向量机和朴素贝叶斯可以用于分类任务；隐马尔可夫模型和线性动力系统可以对序列化数据进行建模；而混合高斯模型常用于聚类任务。概率图模型可以为模型和预测结果提供概率解释。由于经典机器学习在实际应用过程中需要结合业务领域知识构建特征工程，这个过程中有很多手工工作，因此深度学习方法在不同任务的算法中使用深度多层神经网络从原始数据中学习更好的特征表示，如分类任务中的深度度量学习，聚类任务中的深度学习聚类方法等，取得了比原始算法更好的效果。传统决策树也可以与深度学习思想（不是深度神经网络）相结合，如 DeepForest。机器学习领域目前正在朝着 AutoML 的方向发展，很多著名的机器学习算法库（如 Scikit-learn）都演进出了自动版（如 Auto-sklearn 等）。

其他机器学习任务还包括关联规则分析、异常检测和个性化推荐等。关联规则分析常用的经典算法主要有 Apriori 算法和 FP-Growth（Frequent Pattern-Growth，频繁项增长）算法，后者在计算速度上更快。异常检测、新样本检测算法用于发现新的数据点和异常数据点，常用算法有 OneClassSVM、Local Outlier Factor 等。OneClassSVM 适用于数据量少的情况，对于高维度特征和非线性问题可以体现其优势。Local Outlier Factor 算法对数据分布的假设较弱，对于数据分布不满足假设（如高斯分布等）的情况，建议使用这种算法。推荐场景下，一般都是高维稀疏数据，可以采用特征学习与逻辑回归相结合的方法，也可以尝试 FM（Factorization Machine，因式分解机）及其深度学习版本 DeepFM。

此外，还需要从数据标注量的角度来考虑采用哪些算法。在有些场景下，标签数据是自动可以获取的。例如，销售量预估场景下，随着时间的推移，真实的销量结果会不断产生，可以用于时序模型的持续迭代。在很多场景下，标注未必是准确的，比如对于某网站的评论区文本分类问题，用户的反馈可能是带有不准确性的。还有很多时候，标注量严重不足，尤其在医疗等行业中。针对这些问题，就需要采用半监督、弱监督学习方法。但是，半监督、弱监督也都代表的是学习策略，本质上还是要与每类算法（机器学习、计算机视觉、自然语言处理等）相结合才可以发挥作用。

2. 强化学习算法选择

在机器学习中，数据不同会导致算法表现不同。同样地，在强化学习中，由于目标环境的多样性，算法在不同的环境中表现截然不同。另外，结合业务场景，开发者在其他维度（如算法输出动作的连续性或离散性、算法的学习效率等）上可能还有不同的要求。因此，选择合适的强化学习算法是一个很重要的工作。

如第 1 章所述，根据环境是否由模型直接描述，强化学习算法可以分为 Model-free 算法和 Model-based 算法（见图 5-2）。Model-based 算法包括 Dagger（Data Aggregation）、PILCO（Probabilistic Inference for Learning Control）、I2A（Imagination-Augmented Agents）、MBMF（Model-Based RL with Model-Free Fine-Tuning）、STEVE（STochastic Ensemble Value Expansion）、MB-MPO（Model-Based Meta Policy Optimization）、MuZero、AlphaZero、Expert Iteration 等。

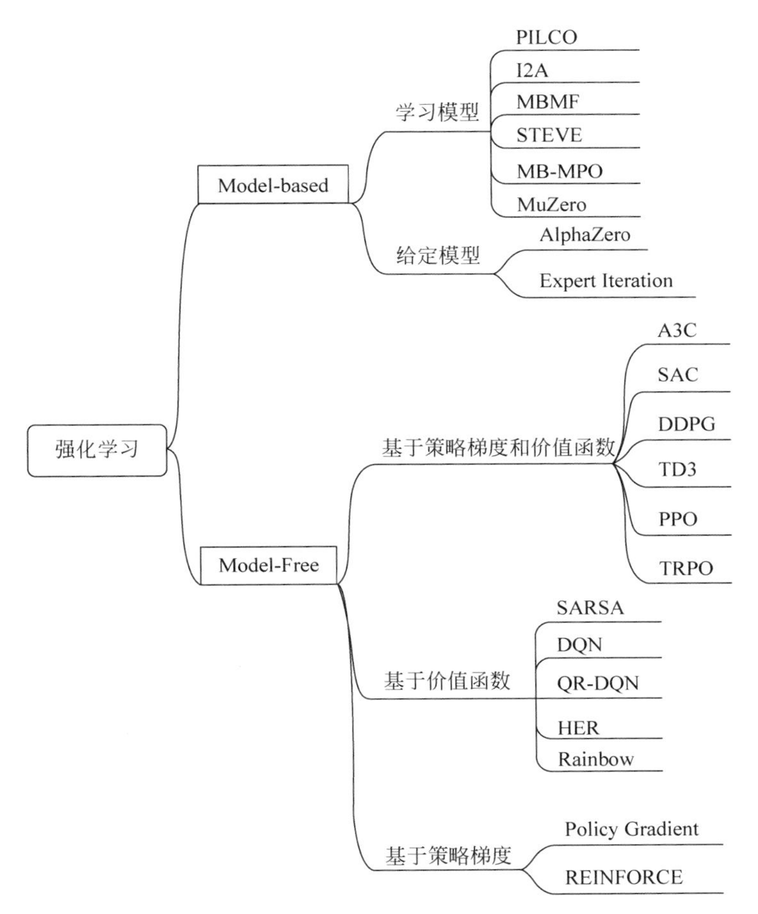

图5-2 常用的部分强化学习算法概览图

当智能体所处环境是确定性的、不随时间变化，且开发者对环境建模并不困难时，建议选择Model-based算法。Model-based算法先从强化学习主体与环境交互得到的数据中通过监督学习的方式学习环境模型，然后基于学习到的环境模型进行策略优化。在环境简单、观测状态的维度较低时，PILCO可以显著提升采样效率，但由于其使用高斯过程回归模型对环境进行建模，模型复杂度随着状态维度指数增长，因此难以应用于复杂环境中。STEVE和MB-MPO使用模型集成的方式来表征模型的不确定性，能够有效地推广到高维状态空间。STEVE使用值展开的方式将环境模型与Model-free算法相结合，当环境无法学习时能够退化为Model-free算法。MB-MPO利用元学习的方法在环境模型的集成中学习到足够鲁棒的自适应策略，该方法的策略优化过程完全基于环境模型生成想象样本，因此MB-MPO采样效率很高，但当环境难以建模时策略将无法学习。

Model-based 算法适合对象环境相对简单明确、能够进行机理建模的系统，如机器人、工业制造系统，这类算法在采样效率、收敛速度等关键性能上体现出了优势。而 Model-free 算法则表现出更广泛的适应性，绝大部分环境不需要对算法进行适配，基本上只要满足接口，就可以做到即插即用。因此，对于大多数环境，特别是复杂性较高、难以建模的环境，如游戏、金融等，可以直接用 Model-free 算法尝试。

在 Model-free 算法当中，如第 1 章所述，根据动作取决于策略函数的输出，还是值函数输出的最大值，可以分出策略梯度和价值函数拟合两大类算法。如第 1 章所述，基于策略梯度的算法包括 REINFORCE、PG，基于值函数拟合的算法主要包括 DQN 及其一系列衍生算法，如 QR-DQN(Quantile Regression DQN)、HER(Hindsight Experience Replay)、Raninbow 等。A3C、SAC(Soft Actor-Critic)、DDPG(Deep Deterministic Policy Gradient)、TD3(Twin Delayed DDPG)、TRPO(Trust Region Policy Optimization)、PPO(Proximal Policy Optimization)这些最近几年出现的算法都结合了策略梯度和价值函数拟合两类算法的优点，同时学习价值函数和策略梯度函数。

DQN 等基于价值函数拟合的算法大多采用离轨策略，即采用单独的策略来更新价值函数，通常可以从历史上积攒下来的样本经过采样后进行价值函数的更新。其优点是：①可以从人类示教样本中学习；②可以重用旧策略生成的经验；③可以同时使用多个策略进行采样；④可以使用随机策略采样而优化确定性策略。

但是，DQN 存在着价值高估的固有缺陷。DQN 有一系列优化后的版本，其中 Rainbow 算法是 DQN 系列的集大成者，使用了各种 DQN 变体中的改进方法。Rainbow 相较于其他 DQN 系列算法，性能有显著提升，但正是由于使用了过多的技巧，其单步训练时间较长。由于历史原因，DQN 系列多用于 Atari 等以图像作为状态输入的环境。需要注意的是，由于 DQN 系列算法属于基于价值函数拟合的方法，所以仅适用于动作空间离散的场景，当动作空间维度很高或是连续时将无法求解。另外，这些算法都是确定性策略方法，无法学习随机策略。

基于策略梯度的强化学习算法能够很好地解决连续动作空间问题。此外，这些算法大多采用在轨策略，且学习的策略都是随机策略，所以学习效率较低。正因如此，目前主流的策略梯度算法都会与值函数拟合算法相结合。当对算法的迭代步长非常敏感时，建议采用 TRPO(Trust Region Policy Optimization)和 PPO(Proximal Policy Optimization)。这两种算法都采用在轨策略，并且都同时适用于连续动作空间和离散动作空间的决策问题，并输出随机策略。TRPO 需要求解约束优化问题，计算复杂。

为解决这一问题,PPO对TRPO进行一阶近似,使用裁剪或惩罚的方式限制了新旧策略间的分布差距。一般情况下,建议直接使用PPO即可。

上述策略梯度算法虽然能够解决高维动作空间问题,但它们产生的都是随机策略,即输入同一状态,输出的动作可能会不一样。在某些场景下,如果期望得到的是确定性动作(如机械臂控制场景对动作有严格要求),则建议采用DDPG算法,其最大特点是策略函数是一个确定性映射函数。由于确定性策略不再需要对动作空间进行积分,因此采样效率相较于其他方法都有提高,非常适合动作空间很大的情况。

此外,当强化学习中环境的奖励函数很难设计时,或者需要利用专家数据给一个较好的起点时,可以使用模仿学习、逆强化学习等方法;当环境奖励稀疏时,需要提升强化学习算法的探索能力,需要采用分布式架构、Reward Shaping等方式以鼓励智能体去探索未知状态,也可以使用分层强化学习方法对任务进行分解。

5.1.2 应用层算法选择

对于应用开发者而言,计算机视觉和自然语言处理是最常见的两个应用层算法领域,下面将围绕这两个领域展开介绍。

1. 计算机视觉算法选择

正如第1章所述,目前常用的几种计算机视觉任务(图像分类、目标检测、图像分割等)大多数以深度学习为基础。常用的部分计算机视觉算法如图5-3所示,当开发者需要在时延-精度要求方面做出权衡时,可以考虑不同的深度神经网络架构设计;当需要在数据量和学习效果方面做出权衡时,则可以考虑不同的学习方式,如半监督学习、弱监督学习等。

深度卷积神经网络在发明之初就是用来解决图像分类问题的,到目前为止,深度学习与图像分类的结合愈加紧密,并且出现了很多经典的算法模型。自2015年之后,ResNet也基本上成了很多业务场景下开发者快速尝试的标杆算法。后期出现的DenseNet、Xception、ResNext、ResNeSt等算法都以ResNet为对比对象。另外,典型的面向移动端的小型网络有MobileNet、ShuffleNet、GhostNet等,当开发者对于模型的推理时延要求较高时,需要直接采用这类神经网络进行训练;或者先训练一个大网络,再利用大网络产生的标签对小网络进行训练,这种方式也叫作模型蒸馏。随着神经网络结构搜索技术的不断演进(详情见第6章),机器搜索出的网络结构NASNet、AmoebaNet、EfficientNet比人工设计的网络结构更好(要么精度更高,要么推理时延更低),其中EfficientNet是目前较为流行的一种卷积神经网络结构。

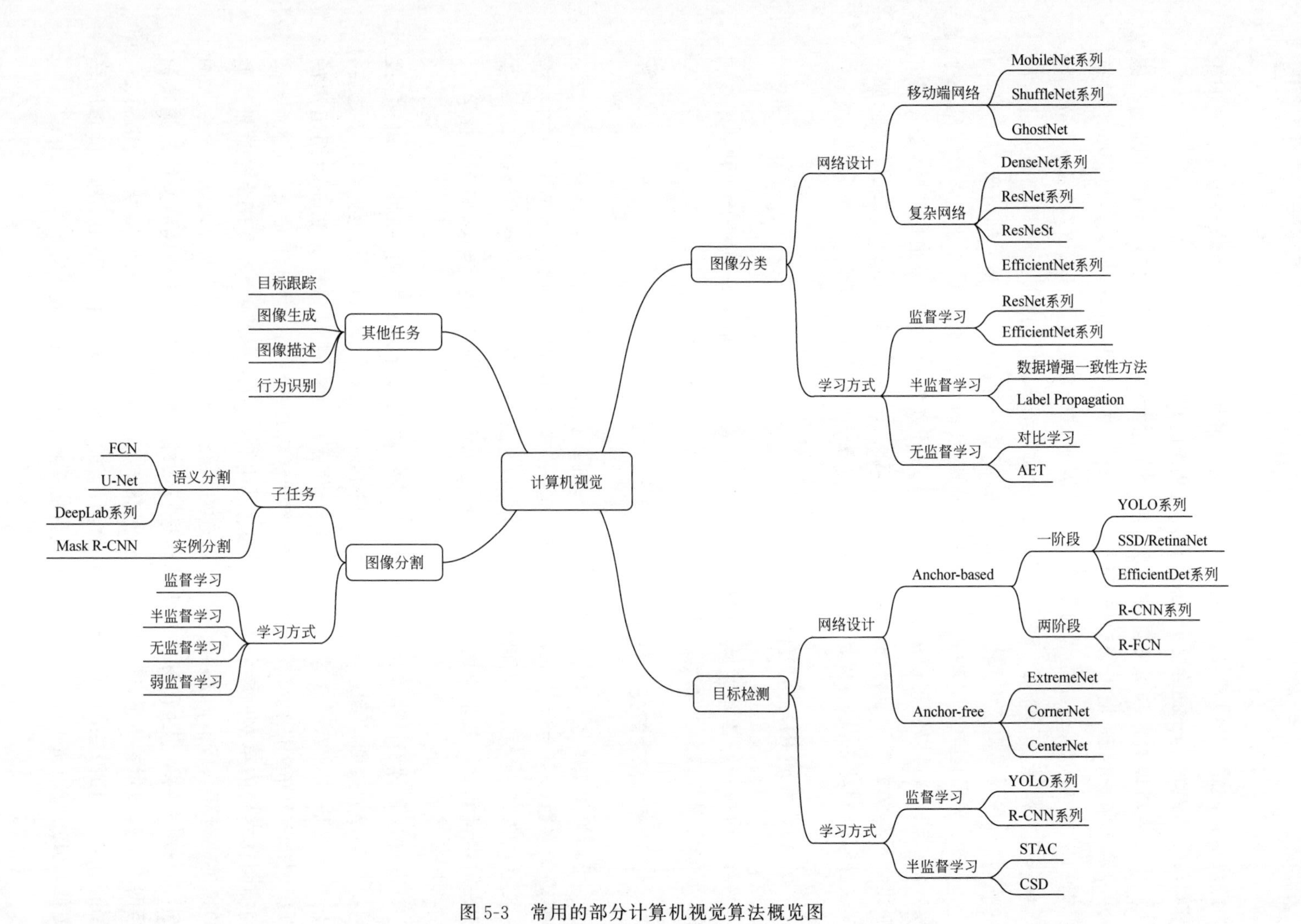

图 5-3 常用的部分计算机视觉算法概览图

当数据集中含有大量无标签数据时，开发者可以选择基于对比学习或者 AET（Auto-Encoding Transformation）等无监督学习方法得到一个预训练模型。最近一两年视觉无监督学习的进步非常大，已经非常接近于全监督学习的水平。当得到预训练模型之后，就可以用少量有标签的数据在此预训练模型之上微调即可，这就会大大减少算法对标注数据量的需求。另外，还可以选择相对成熟一些的半监督算法，如 Mixmatch、Remixmatch 及 Label Propagation 等，这些算法在标注量较少时可以获得不错的精度。

对于目标检测任务，算法可以分为 Anchor-based 和 Anchor-free 两种。Anchor-based 算法需要额外设置一个超参数——Anchor 用以引导目标框的回归，主要可以分为两类：一阶段（One-Stage）算法和两阶段（Two-Stage）算法。一阶段算法使用回归的方式输出这个目标的边框和类别，常见模型有 SSD、RetinaNet、YOLO 系列、EfficientDet 等。其中，YOLO 系列不断进化，已经有了 4 个版本。YOLOv4 在 YOLOv3 的基础上进一步大幅提高了模型的精度、降低了推理时延。EfficientDet 也充分利用了模型自动架构搜索带来的优势。常见的两阶段算法有 R-CNN 系列和 R-FCN 系列，由于引入了候选目标框提取网络，所以误检率一般比 One-Stage 算法低一些。

Anchor-free 方法将人体姿态估计中的关键点检测思想引入通用目标检测中，通过检测关键点来确定目标的位置，常见的模型有 CornerNe、CenterNet、ExtremeNet 等。对于推理时延要求比较高的场景，建议选择 One-Stage 方法，特别是 YOLOv4 和 EfficientDet；对于物体长宽比和尺寸变化比较大并且不太会设置 Anchor 的场景，建议选择 Anchor-free 方法。此外，基于半监督算法的物体检测也开始出现，如基于数据增强一致性的目标检测算法 CSD（Consistency-based Semi-supervised learning for object Detection）。然而，与半监督图像分类算法相比，半监督目标检测还不足够成熟，未来还有较大的改善空间。

如第 1 章所述，图像分割可以根据具体任务主要分为语义分割、实例分割。语义分割的典型算法有 FCN（Fully Convolutional Network）、U-Net、DeepLab 系列。实例分割的代表算法是 Mask-RCNN。还有一种不常用的全景分割，是要将前背景都进行实例分割，可以看作实例分割的一种拓展。

半监督图像分割算法利用少量标注数据构建初级模型，然后在无标签数据上获取伪标签进行分割模型的优化。无监督分割算法利用可自动生成语义标注的计算机合成数据进行无监督训练。不过，弱监督学习更加常用，即使有的图像上有目标框甚至图像级标签，也可以作为弱标注信息用来训练图像分割模型。

其他计算机视觉任务还包括目标跟踪、图像生成、图像描述和行为识别等。目标跟踪是利用摄像机在一段时间内定位移动的单个目标或者多个目标的过程；图像生成顾名思义就是利用现有数据生成新数据的过程；图像描述任务旨在生成文字来描述图像内容；行为识别是视频分类的一种，其根据一系列视频帧判断视频中目标的动作类别，在此不再一一展开。

2. 自然语言处理算法选择

正如第 1 章所述，自然语言处理常见的任务包括文本分类、序列标注、机器翻译、文本摘要等，如图 5-4 所示。总体的算法选择策略是，当对精度要求更高时，建议采用"无监督预训练＋Softmax"的方式；如果对训练时间或推理时延要求更高时，建议采用传统的经典算法。

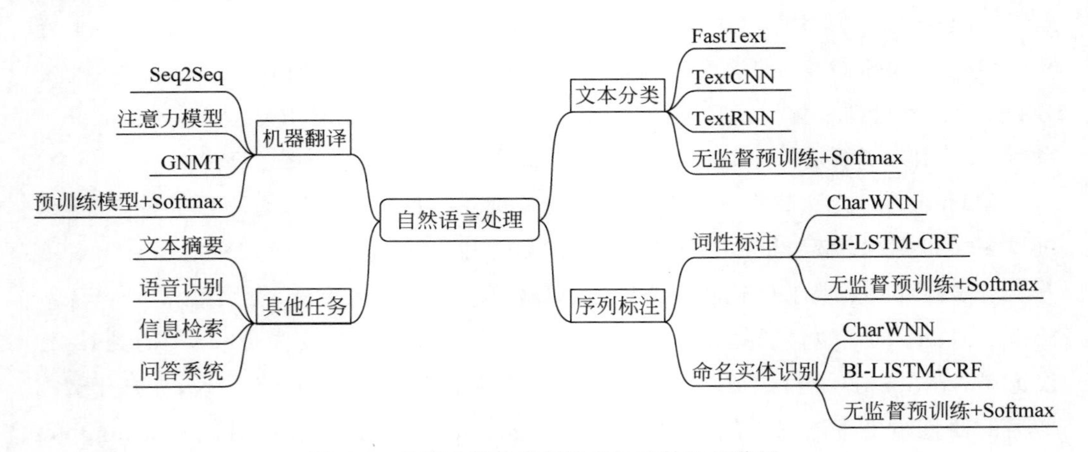

图 5-4　常用的部分自然语言处理算法概览图

文本分类任务中线性分类器是最常用的分类器。FastText 算法对句子中所有的词向量进行平均，然后连接一个 Softmax 层进行分类。由于只用到一层网络，FastText 算法的训练速度特别快。2014 年，Kim 提出 TextCNN 算法将卷积神经网络引入文本分类任务中。该算法首先对每个句子进行 Padding 以保证模型的输入大小是固定值，然后利用卷积神经网络来提取句子中类似 N-Gram 的关键信息。不过，卷积神经网络中卷积核的大小是固定的，这导致 TextCNN 模型无法对更长的序列信息进行建模。与卷积神经网络相比，循环神经网络天生就是为处理序列化数据而设计的。TextRNN 利用双向循环神经网络 LSTM 替换 TextCNN 中的卷积神经网络结构以捕获变长且双向的 N-Gram 信息。卷积神经网络所有输入的单词是等同对待的，而循环神经网络中越靠后的单词对输出结果的影响越大，这与人类的阅读习惯不一致。人类在阅读时，句子中对语义影响最大的是中间的某几个单词。注意力机制模型用于解决这个问题。简单来说，注意力机制就是在卷积神经网络、循环神经网络等对文本序列进行建模的过程中加入的一个组件，它使得模型可以给每个单词赋予不同的权重。

在词性标注任务中，CharWNN算法是一类经典算法，其通过卷积神经网络提取字符的嵌入表示。在得到每个单词的词向量和对应的字符向量之后，将其拼接在一起作为对应单词的最终词向量表示。BI-LSTM-CRF（Bidirectional-LSTM-Conditional Random Field）算法提出将双向长短记忆网络与条件随机场结合起来用于词性标注。这种结构可以通过长短记忆网络有效利用过去和未来的输入信息，同时通过条件随机场用于学习语句的标注信息。通过结合双向LSTM和条件随机场的优势，BI-LSTM-CRF模型极大地提升了词性标注的准确度。

在机器翻译方面，2014年Sutskever等人提出的Seq2Seq模型首次实现了端到端的机器翻译。该模型利用编码器-解码器框架，首先使用一个多层神经网络（LSTM等）将原始句子"编码"为一个中间向量，然后再用类似的网络结构将该向量"解码"，还原出目标句子。对于长句子而言，Seq2Seq模型也将其压缩在一个固定长度的中间向量中，有可能会丢失一些前后跨度较大的语义信息，这时就需要注意力机制来优化该模型。注意力机制通过学习联合对齐和翻译来扩展编码-解码器框架，并将其应用于多语言翻译任务中。

近几年的大量工作也在不断推进循环语言模型和编码器-解码器结构发展。但是循环神经网络固有的顺序使得模型不能进行并行计算。这样一来，内存约束也限制了模型处理很长的序列。此外，注意力机制已经成为序列建模任务的一个组成部分，注意力机制经常与循环神经网络一起使用。2017年出现的Transformer算法避开了这种难以并行化的循环结构，完全依赖注意力机制来描绘输入与输出序列之间的全局依赖关系。在这之后，基于Transformer结构的算法或神经网络，如Transformer-Big、BERT等，成为机器翻译任务的首选模型。

近几年，随着Transformer、BERT、GPT-3、NEZHA等无监督学习算法在自然语言处理方面的兴起，基本上所有自然语言处理任务的经典算法都被超越了。在无监督模型训练之前，首先需要准备大量的语料。以BERT为例，其可以构造多种训练所需的目标函数，如让模型自动预测文本序列中被人为掩盖掉的词，让模型根据一段文本中的前一个句子预测下一个句子等。这个过程是不需要任何标注信息的，因为无论是掩盖掉的词还是下一个句子，这种被预测的对象在原始语料中天然存在。当预训练结束之后，就可以基于预训练模型在其他任务上微调，如文本分类、序列标注、阅读理解等。例如，在文本分类任务中，输入的句子经过 BERT 进行编码后，将模型最后一层的第一个节点作为句子的向量表示，后边接一个 Softmax 层即可完成分类任务。在序列标注任务中，由于 BERT 采用了 Transformer 的结构，所以能够很好地融合上下文的信息。与 BI-LSTM-CRF 类似，将 BERT 的词向量与 CRF 层拼接可以完成序列标注的任务。因此，如果相比于训练时间和推理时延更在乎模型的精度，则在很多自然语言任务中都应该考虑基于无监督预训练和后期微调的方式；否则，可以适当考虑前面所提到的几种经典算法。

其他自然语言处理任务还包括文本摘要、信息检索和问答系统等。文本摘要通过识别文本内容将其缩减为简明而精确的摘要；信息检索通过文本匹配、知识关联等技术搜索出最合适的信息，常见的应用是搜索引擎；问答系统自动将最优答案匹配到输入的问题，也会用到一部分信息检索相关的技术。可以预见的是，未来更多的自然语言处理任务都可能会依赖无监督预训练。

5.1.3 ModelArts 预置算法选择

ModelArts 预置算法是指 ModelArts 平台自带的算法，仅需提供数据即可自动训练。在采用预置算法训练之前，开发者仅需要按照规范准备好数据集，无须关心具体的训练代码及训练启动后镜像容器的上传、下载等其他工作，预置算法会自动将训练好的模型和 TensorBoard 日志文件上传到开发者定的 OBS 中供查看。

预置算法的性能和精度均经过专业调优，能给开发者提供很快的训练速度和很高的训练精度。对于不熟悉算法原理的人，或者不希望调优而希望开箱即用的人，可以从 AI 市场订阅预置算法，并启动训练。预置算法在性能和精度方面，有以下主要特点。

(1) 对于一些相对成熟的任务，AI 市场上预置了很多华为自研的高精度算法(如 CAKD-EfficientNet、DeepFM、NEZHA 等)及其预训练模型。

(2) 预置算法在精度方面，预置了很多调优技巧和训练策略，如数据增强、数据平衡、标签平滑、SyncBN、蒸馏、增量训练等。

(3) 预置算法结合软硬件优化，采用了多种技术手段实现训练加速(具体在第 6 章介绍)。

(4) 预置算法支持高阶能力(如弹性训练等,具体在第6章介绍),当训练资源丰富时可达10倍以上加速能力,并提供极致性价比。

预置算法在易用性方面,有以下主要特点。

(1) 自动分布式,只需要选择不同的规格和节点数,就可以自动运行单机单卡、单机多卡、多机多卡模式,且多节点加速比接近线性。

(2) 自动设备切换:只需要改动配置,无须修改代码即可将算法运行在其他设备(如Ascend)上。

(3) 支持多种数据格式读取。

(4) 支持多种模型格式的同时导出。

(5) 输出模型一键部署推理服务,无须额外开发推理代码。

总体而言,ModelArts预置算法的性能比开源版本提升了30%~100%,精度比开源版本提升了0.5%~6%。ModelArts预置算法提供了图像分类、目标检测、图像分割、声音分类、文本分类、推荐、时序预测、强化学习等几大方向的经典算法,下面将依次进行介绍。

(1) 图像分类算法。包括ResNet系列、Inception系列、MobileNet系列、EfficientNet系列等,且部分算法支持使用Ascend-910训练设备和Ascend-310推理设备,部分算法还支持华为自研深度学习引擎MindSpore。在图像分类算法中,resnet_v1_50使用了大量的优化方案。在训练性能方面,当批大小(Batch Size)为256时,该模型在V100卡上训练时每秒处理的图像数量为1220张,在P4卡上处理单张图像的时间为11ms。训练后的模型还可以自动转换成OM格式,并在Ascend-310上部署推理服务。Ascend-310处理单张图像只需要3.2ms。

(2) 目标检测算法。包括Faster R-CNN系列、SSD系列(包括RetinaNet)、YOLO系列(YOLOv3、YOLOv4及不同的Backbone)、EfficientDet(以EfficientNet为Backbone的检测网络)。部分算法也支持Ascend-910训练设备、Ascend-310推理设备、MindSpore引擎。

(3) 图像分割算法。当前支持DeepLab系列和UNet。

(4) 声音分类算法。当前支持华为自研的声音分类算法Sound-DNN,可使用Ascend-910设备训练。

(5) 文本分类算法。当前支持以BERT、NEZHA(华为自研的自然语言预训练算法)为基础的中文文本分类算法。

(6) 推荐算法。当前支持华为自研的深度因式分解机DeepFM,可使用Ascend-

910 设备训练。DeepFM 模型结合了广度和深度模型的优点，联合训练 FM 模型和 DNN 模型，可同时学习低阶特征组合和高阶特征组合，从而能够学习各阶特征之间的组合关系。

(7) 时序预测算法。支持基于经典机器学习和深度学习两大类主流时序预测算法，通过参数化的配置，可以选择不同的算法，如 ARIMA、LSTM 等，并输出可视化的预测结果。

(8) 强化学习算法。支持多种主流的强化学习算法，如 DQN、PPO 等。针对强化学习环境接入困难的特点，提供了大量预置环境，如常用的 ClassicControl、Atari 等，均可以零代码调用，同时也提供连接自定义环境和自动训练的能力。

5.2 算法开发

当根据数据准备情况、业务要求、已有技术能力等各方面因素综合判断并选择好算法之后，开发者如果没有在 AI 市场找到匹配的预置算法，那就只能自行开发算法代码了。

5.2.1 开发语言

对于人工智能应用开发者而言，如果要做算法开发，那么 Python 编程就是一项必备技能。Kaggle 之前对于机器学习、数据科学领域内的开发语言现状进行了调查与分析，结论是：Python 毫无疑问是该领域最常用的语言。63.1%的受访者选择 Python 作为其主要数据探索工具，24%的受访者依然认为 R 是当前数据分析场景中最有效率的工具，两者几乎占到了 90%。

Python 对于中小型的数据分析及模型构建工程比较适合，生态工具非常丰富，特别适合初创团队。R 在偏研究类的数据分析及图表化展示方面比较有优势。Scala 和 Java 具备非常成熟的工程化套件，适合大型工程类开发，而在数据分析、机器学习领域的工具较少。Julia 提供针对数据概念更为友好的语法、并行编程执行方式和运行速度。正如第 4 章所述，工业界的数据科学家们在工作中无论使用哪种编程语言，都要面临巨大的数据准备工作，很多时候也需要编写数据处理和分析的代码。因此，优秀的开发语言要能够覆盖项目开发全流程的各个环节，而不只是机器学习算法本身的开发。

Python诞生于20世纪80年代，近期的流行主要得益于机器学习、深度学习及数学统计等应用的兴起。Python在开发效率及社交化传播上有明显的优势。

(1) Python语言的语法较为简单、易于理解。现在很多开源的数据分析、算法库，都直接基于Python开发，或者基于其他语言(如C/C++)开发并优先提供Python的API，算法工程师借助Python的生态能够完成很多复杂的工作。R、Scala也能够满足数据分析与计算的诉求，但是在真实的生产化场景中，Python工程化的工具有更多选择，能更好适应生产化场景诉求，因此也更加流行。

(2) 现在有很多优秀的开发工具支持Python开发，如IDE(Integrated Development Environment，集成开发环境)、Jupyter Notebook等著名的交互式编程环境。这些开发工具和云服务结合非常紧密，现在的主流云厂商基本提供了云上的Jupyter Notebook，用户在使用时不仅省掉了配置的开销，而且能够直接利用云上的人工智能计算资源，从而提高了生产效率。Jupyter Notebook在设计之初就考虑到了交互式探索、协作分享等关键要素，因此很多Notebook可以方便地进行分享和传播，让他人很方便地学习和复现之前的研究工作，这对Python的流行也起到了非常大的帮助。

5.2.2 开发库

每种类型的人工智能算法都有各自特点，难以用统一的库来完成所有人工智能算法的开发。下面将主要介绍目前常用的一些人工智能算法开发库。

1. 机器学习和深度学习开发库

TensorFlow是由Google开发的人工智能计算框架，基于内部的DistBelief深度学习框架改进而来，并于2015年开源，是当前最受欢迎和最广泛采用的深度学习框架之一。TensorFlow采用的基本数据存储单元称为张量(Tensor)，不同的张量通过一系列计算组成了一张图(Graph)，就形成了对机器学习算法的抽象。

起初，TensorFlow复杂的接口和图定义及图运行分离的工作模式对于新手并不十分友好。后来TensorFlow社区提供了一些高层的接口，如早期的Slim框架预置了很多分类算法，并且提供了一套多卡和分布式的接口。另外，Tensorflow社区中有非常丰富的算法库，如目标检测算法库等，TensorFlow庞大的社区是TensorFlow的一大亮点。后来 TensorFlow 还提供了 Estimator 接口,在 Estiamtor 中提供了简单易用的 distributed strategy 接口来支持多卡和分布式训练。TensorFlow 最初的定位不只是一个计算引擎,而更是一个面向机器学习领域的编程语言,但对开发者的冲击过大,不够易用。后来 TensorFlow 也意识到了问题所在,开始发布 TensorFlow 2.x 版本,去掉了以往先定义再执行的编程方式,提供更易用的命令式编程接口,便于开发和调试。

PyTorch 是当前在科研学术领域越来越流行的一种深度学习计算引擎,由 Facebook 团队开发并且于 2017 年开源。PyTorch 的易用性让研究者可以快速实现和验证自己的想法,PyTorch 同时提供了简单易用的多卡和分布式训练接口 DataParallel 和 DistributedDataParallel。PyTorch 的梯度通信直接使用底层 NCCL 或者 Gloo 接口,让分布式通信性能也得到保障。PyTorch 官方和社区同时也提供了大量的算法库,如 Torchvision 的 Models 库、OpenMMlab 的 MMDetection 库及 Facebook 的 Detectron 库。在易用性方面,PyTorch 略胜 TensorFlow 一筹,但是在稳定性、全流程完整性方面还是 TensorFlow 做得更好。

MindSpore 是华为自研的深度学习计算引擎,底层在支持高性能计算的同时,还在易用性上有很多独特之处,如支持自动分布式并行、自动微分、二阶优化等高级能力,使得算法工程师更加聚焦解决实际业务问题。ModelArts 也预置了很多 MindSpore 的算法库,并且可以一键式训练和部署。

Ray 是由美国加州大学伯克利分校开发的支持分布式任务调度的分布式机器学习框架,支持异步多节点并行。Ray 最初主要面向强化学习的使用场景,后来也被用于超参搜索。与 TensorFlow、PyTorch、MindSpore 等不同的是,Ray 更侧重资源管理和任务管理,而非机器学习模型的计算。因此,Ray 可以与 TensorFlow、PyTorch、MindSpore 等联合使用。同时,Ray 也有自带的强化学习库 RLlib。

Scikit-learn 是基于 Python 语言的机器学习算法库,提供简单高效的数据挖掘和数据分析工具,并内置了各种常用的监督和无监督机器学习算法。

XGBoost 是专注 Boosting 类算法的机器学习算法库,因其优秀的设计和高效的训练速度而获得广泛的关注,在很多 AI 算法竞赛中得到非常广泛的应用。

2. 强化学习开发库

正如深度学习中的 TensorFlow 和 PyTorch 一样,在强化学习这个大领域当中,也有许多算法库可被开发者使用。特别是 2016 年之后,各个在该领域领先的高校、科研机构,以及在人工智能领域发力的大公司,都推出了自己的强化学习库(有时候也称为强化学习平台)。

需要明确的是,主流的强化学习库一般都可集成TensorFlow、PyTorch等深度学习计算库。这些库提供模型的前后向计算等能力,而强化学习库专注提供算法、分布式调度等其他方面的能力。

Baselines是OpenAI公司于2017年启动的一个开源项目,旨在为科研人员提供高质量的强化学习算法。作为强化学习在商业领域的先行者,OpenAI为强化学习社区提供了很多非常有价值的开源项目,包括测试环境基准库Gym等。Baselines作为算法库为强化学习的代码实现提供了非常有价值的参考。但由于架构层面的先天不足,对于分布式框架的支持并不好,因此也没有包含当前的高性能分布式强化学习训练算法。此外,Baselines中不同的算法缺乏统一标准,导致编码风格迥异,易读性受到了一定的影响。

Coach是Intel公司推出的一款开源强化学习项目,相比于Baselines,Coach在模块化和组件化的层面有很大的提升,将算法、模型、探索等模块都做了解耦,并且针对性地开发了分布式组件,还对云服务做了适配。在预置的仿真环境方面,除了基础的Gym、Atari等,Coach还支持多个高阶的仿真环境,更加方便用户使用。

RLlib是Ray框架上层的一个强化学习算法库。上文提到的Ray能够非常灵活地组建计算集群并进行多进程的任务调度,该能力非常适合进行强化学习的大规模分布式训练,对于IMPALA等算法非常友好。同时,RLlib也提供了很多高级API,允许用户进行模型、算法流程、环境等幅度较大的自定义。RLlib的短板主要在于其极致工程化、模块化所带来的代码冗长。如基本的DQN Agent,由于需要兼容DQN的多个变体,而在算法代码中加入了大量配置项和逻辑判断,造成算法可读性和修改性不佳,不适合在科研或者算法研究中使用。

刑天是华为诺亚人工智能系统工程实验室自研的高性能分布式强化学习平台,针对强化学习Learner-Worker异构的架构,为用户提供了一个简单高效的分布式框架,方便用户在上面实现自己分布式算法,其支持多种异构的人工智能计算设备,分布式计算性能高。

3. 运筹优化主流求解器

作为运筹优化在产业落地的核心组件,运筹优化求解器已经经过了几十年的发展,经过了充分的竞争并且相对成熟。针对在生产中实际需求的问题类型,运筹优化求解器分为支持整数规划(LP)求解器和混合整数规划(MILP)求解器两类,针对来源分为商用求解器和开源求解器两大类。

三大商用求解器 Cplex、Gurobi、FICO Xpress 均来自美国公司，经过 10 年以上的开发，对于线性规划、混合整数规划及部分非线性规划均有完整的支持，并且支持 C、C++、C#、Java、Python 等多种主流代码编写建模。其中，Gurobi 从 2018 年被权威基准测试评为最快的求解器。

开源求解器则主要包括 SCIP、MIPCL 等。其中，SCIP 由德国 ZIB 研究所学术团队开发，在学术研究中使用最为广泛，求解速度也很快；另外，MIPCL 也是最快的开源求解器之一，同时支持多线程并行，但受制于开源属性，其团队规模一般都不大，甚至由单人开发。开源求解器在大规模问题的求解能力、稳定性、功能全面性、架构统一性等层面还需要加强。

5.2.3 交互式开发环境

在谈到人工智能开发环境时，我们指的已经不仅仅是 IDE 及对应的开发库，还包括硬件资源的配置。人工智能开发可以分为两大类：①研究探索类，以快速验证、实现原型、教学等为目标，并且需要对于实验进行解释和传播；②生产工程类，以软件工程化交付为目标，进行软件项目管理，需要较强的工程管理能力与问题调优、定位工具。这两大类开发者的目标差别非常明显，因此对于开发环境的诉求完全不同，研究探索类对于开发环境的诉求是：轻量、快速，能方便给别人解释和重现。通常来说，一个人工智能算法研究人员，可能需要在 MATLAB 上进行原型数据开发，然后在 IDE 中用高级语言进行算法代码开发与调试，在数据分析工具上进行数据探索，并且在报表工具上进行数据可视化图表开发，最终将这些图表放到论文或者胶片中进行展示。在一段时间后，又希望能够方便地更新之前工作流中的一些内容，然后重现实验，最终生成新的数据分析报告。而生产工程类则需要践行软件工程生命周期的每个步骤，最终产出生产级的代码，这其中包括代码的静态检查、代码版本管理、集成测试等。

在人工智能工程生产化过程中，以现代化的软件工程方法论为基础，通用的 IDE（如 VSCode、PyCharm 等）配搭对应的开发插件，再配搭云上人工智能计算资源，会是比较合适的选择。而在人工智能研究探索场景中，Jupyter Notebook 则能够在其各个阶段满足开发者诉求并覆盖这些关键点，另外，在云化场景下借助 Jupyter Notebook 云服务则能够进一步提升开发效率。

Jupyter 起始于 IPython 项目，IPython 最初是专注于 Python 的项目，但随着项目发展壮大,已经不仅仅局限于 Python 这一种编程语言了。按照 Jupyter 创始人的想法,最初的目标是做一个能直接支持 Julia(Ju)、Python(Py)及 R 三种科学运算语言的交互式计算工具平台,所以将平台命名为 Jupyter(Ju-Py-te-R)。现在,Jupyter 已经成为一个几乎支持所有语言,能够把代码、计算输出、解释文档、多媒体资源整合在一起的多功能科学运算平台。

这里需要提到的另外一个概念就是"文学编程"。文学编程是一种由 Donald Knuth 提出的编程范式。这种范式强调用自然语言来解释程序逻辑。简单来说,文学编程的读者不是机器,而是人。从写出让机器读懂的代码,过渡到向人解说如何让机器实现开发者的想法,其中除了代码,更多的是叙述性的文字、图表等内容。文学编程中间可以穿插宏片段和传统的源代码,从中可以生成可编译的源代码。

如果我们将人工智能研究的全生命周期分解为个人探索、协作与分享、生产化运行环境、发表与教学等几个阶段,那么 Jupyter Notebook 可以很好地满足这些阶段的需求。ModelArts 内置的 Jupyter Notebook 界面如图 5-5 所示。

1. Jupyter Notebook 的优点

1) 贯串整个人工智能开发和探索的生命周期

在实际的软件和算法开发过程中,上下文切换占用了大量的时间,特别是工具间的切换也是影响效率的重要因素。而 Jupyter Notebook 将所有和软件编写有关的资源放在一起,当开发者打开了 Jupyter Notebook 时,就可以看到相应的文档、图表、视频、代码及解释说明。只要看一个文件,就可以获得项目的所有信息。

2) 交互式探索

Jupyter Notebook 不仅可以输出图像、视频、数学公式,甚至还可以呈现一些互动的可视化内容,如可以缩放的地图和可以旋转的三维模型,这就需要交互式插件来支持。针对大型的数据集或者复杂的仿真算法,Jupyter Notebook 本身也支持将其运行在远端集群(如云上资源)。

3) 结果分享与快速重现

Jupyter Notebook 支持以网页的形式分享,GitHub 等开发者社区天然支持 Jupyter Notebook 展示,也可以通过 nbviewer 分享 Jupyter Notebook 文档。Jupyter Notebook 还支持导出成 HTML、Markdown、PDF 等多种格式的文档。开发者不仅可以在 Jupyter Notebook 上完成图表等可视化展示,还可以将 Jupyter Notebook 附在论文或者报告中,便于对外交流。

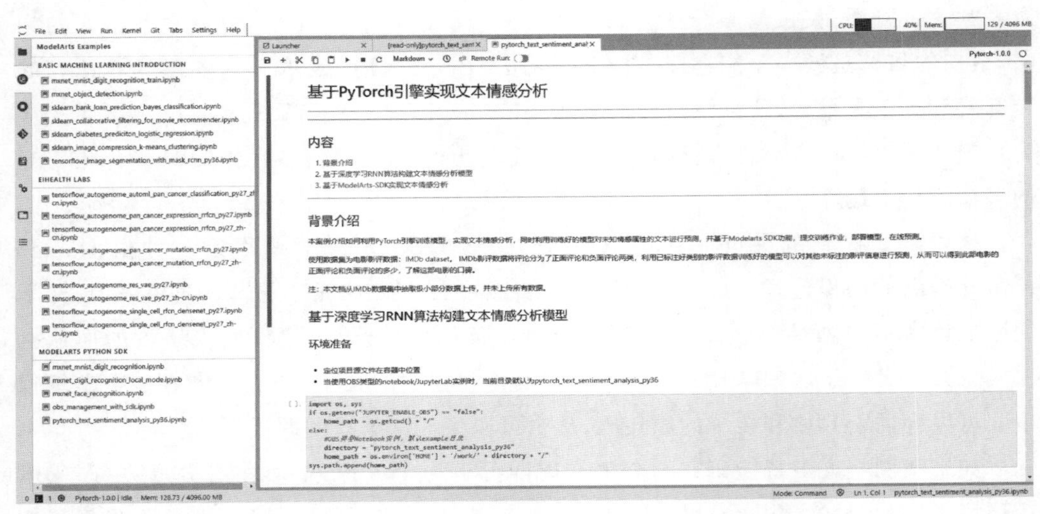

(a) 某文本情感分析的Jupyter Notebook案例简介界面

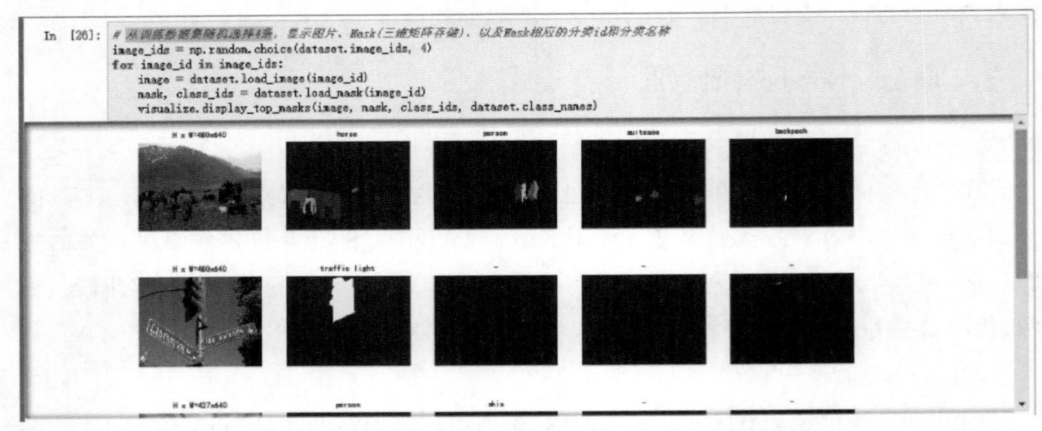

(b) 某图像分割的Jupyter Notebook案例打开后的内容预览界面

图 5-5　ModelArts 内置的 Jupyter Notebook 界面

4）可扩展与可定制

好的开发环境一定是可扩展和可定制的。Jupyter Notebook 上通过各种各样的插件和 Magic Command 允许开发者定制出自己的开发环境。Jupyter Notebook 的升级版——JupyterLab 在插件化可扩展方面的能力得到了进一步提升。

5）良好的生态

从 2017 年开始，很多顶级的计算机课程开始完全使用 Jupyter Notebook 作为工具，比如李飞飞的“计算机视觉与神经网络”，一些专业领域的人工智能应用开发教程也都采用 Jupyter Notebook。

2. Jupyter Notebook 的缺点

首先，Jupyter Notebook 不是一个真正意义上的集成开发环境。如果开发者追求的是产品化代码开发，如代码格式、依赖管理、产品打包、单元测试等功能，那么 Jupyter Notebook 当前有一些插件可以做，但是相比重型 IDE，它的功能还是比较弱。在 Jupyter Notebook 中，目前都是基于单向顺序的方式实现代码单元执行，而如果要非顺序执行，就会产生不可预期的效果。其次，在代码版本的管理方面，由于 Jupyter Notebook 内容结构通过 JSON 的方式进行组织，所以一旦有冲突时，很难进行冲突处理与合并。最后，Jypyter Notbeook 对于分布式调测、重型异步任务的支持不够友好。Jupyter Notebook 定义为研究类调试环境，一方面，对于分布式的训练可以通过单机多进程的方式进行模拟，另一方面，Jupyter Notebook 的架构并不适合运行非常大规模的训练作业。对于较大规模的人工智能应用产品化开发诉求，还是需要在 IDE 中进行工程化代码开发，并配搭测试逻辑，将任务部署在集群中进行批量运行。

3. ModelArts 云上开发环境

ModelArts 云上开发环境服务，让人工智能应用开发者、数据科学家能够充分利用云端的计算资源快速获得可以进行人工智能探索的 Jupyter Notebook 实例。针对研究探索类场景，ModelArts 还提供 JupyterLab，方便与 Github 等知识社区对接，方便完成论文复现、可视化分析等操作；针对生产工程类开发场景，ModelArts 除了提供开发和部署平台，在 Notebook 实例上还提供 WebIDE 的能力以支持生产级软件开发。

ModelArts 云上开发环境主要有以下特点。

1）即开即用

开发者在 ModelArts 页面中创建 Notebook 实例，根据自己的诉求配搭对应的计算和存储资源，一个实时可用的 Jupyter Notebook 实例在几秒钟就可以创建完成，开发者可以直接通过本地浏览器进行访问，并按需使用，随时可以关闭。并且基础 CPU 版本是免费的，能够满足大多数开发者编写代码和调试的诉求。另外，ModelArts 还提供了免费 AI 算力（包含 GPU、Ascend 设备）供开发者进行试用和体验。Notebook 中针对 GPU 驱动及 CUDA 开发库都进行了预先的配置和测试，保证在使用时顺畅、高效。Notebook 自带免费的云上数据存储，开发者不用担心数据丢失的问题。

2）预置能力

ModelArts 内置的 Jupyter Notebook 为了提升开发效率，不仅完全继承了开源 Jupyter Notebook 的基础能力，而且在此基础上预置了多种 AI 计算引擎或开发库，并且安装了常用的工具与依赖库，包括 TensorFlow、PyTorch、MindSpore 在内的预置 AI 引擎或开发库在 Jupyter Notebook 中以多 Kernel 的方式呈现。开发者可以根据自己的需要进行引擎或库之间的切换，甚至在一个 Jupyter Notebook 实例中同时使用多种引擎或库。每个引擎或库安装在一个独立的 Conda 环境下，互相不受影响。

ModelArts 还在 Jupyter Notebook 中内置了 ModelArts Python SDK，实现常用的人工智能应用开发流程中各个环节的封装。开发者不仅可以通过 SDK 进行远程作业（如训练等）的提交和管理，而且还可以在 SDK 中进行本地推理部署和调测、分布式训练模拟等。

3）智能问答

在 ModelArts 开发环境中，平台对开发者常见的开发问题进行了积累与总结，通过交互的方式进行问题提示和处理，并在此基础上引入了问答机器人及 ModelArts 开发者社区，开发者可以对常见问题进行在线搜索。

4）社区与分享

AI 市场预置丰富、精致的学习案例，并且支持 Github 上优质的学习和实践资源的导入。

5）安全可信

ModelArts 所提供的开发环境，完全构建在华为云基础设施平台上，在网络、数据存储、计算安全等方面通过了主流合规性认证，并且针对所用到的操作系统、软件等都进行了安全加固以确保使用的安全可信。

5.2.4 ModelArts 云上云下协同开发

ModelArts 提供了 PyCharm 插件、Python SDK，可以方便地实现云上和云下协同开发。

1. ModelArts PyCharm 插件

虽然 Jupyter Notebook 在交互式探索方面有明显的优势，但是对于生产工程类的开发，建议使用传统 IDE，如 PyCharm、VSCode 等工具，能更高效地完成代码的开发与调试。很多开发者也习惯于本地安装 PyCharm 进行 Python 算法开发，能够方便地进行断点调试、静态代码扫描、格式化、单元测试等，这些在 Jupyter Notebook 中都是比较难做到的。然而，本地开发的劣势是本地计算资源不足，导致开发环境难以共享，每个开发人员都需要自己的环境，多人协同开发时经常会有依赖的冲突、版本不一致等问题，效率低下。

针对这类使用本地 IDE 的开发用户，ModelArts 提供了一个 PyCharm 插件，开发者可以将本地调试完成的代码，通过插件直接上传到 ModelArts 云上集群，通过云端丰富的计算资源来完成模型的训练和评估等操作。该插件协助用户自动完成代码上传、训练作业提交及日志获取，用户只需要专注本地的代码开发即可。目前，该插件支持 Windows、Linux 或 Mac 版本的 PyCharm，具体功能如表 5-1 所示。

表 5-1 ModelArts PyCharm 插件支持的功能

支持的功能	说明	对应操作指导
模型训练	支持将本地开发的代码快速提交至 ModelArts 并自动创建训练作业，在训练作业运行期间获取训练日志并展示到本地	提交训练作业 查看训练作业详情 启动或停止训练作业 查看训练日志 提交不同名称的训练作业
部署上线	支持将训练好的模型快速部署上线为在线服务	部署上线
OBS 文件操作	上传本地文件或文件夹至 OBS，从 OBS 下载文件或文件夹到本地	OBS 文件上传与下载

2. ModelArts Python SDK

ModelArts 提供了一套完整的 Python SDK，通过 SDK 可以直接对接 ModelArts 的功能完成集成。通过 ModelArts SDK，用户可以在任意 Python 开发环境中通过代码调用的方式与云上 ModelArts 进行交互，调用云端能力和计算资源。该 SDK 通过提供 Python 语义抽象，更方便地让用户在 ModelArts 中进行训练、部署、模型管理、流程编排。

ModelArts Notebook 提供了丰富的 SDK 使用样例和资料，让开发者快速掌握 SDK 的使用方式。下面是用 SDK 创建训练作业的示例代码，这段代码在 ModelArts Notebook 中可以直接被执行。

```
from modelarts.session import Session
from modelarts.estimator import Estimator
session = Session()
```

```
estimator = Estimator(
    modelarts_session = session,
    framework_type = 'PyTorch',                              # AI 引擎名称
    framework_version = 'PyTorch - 1.0.0 - python3.6',       # AI 引擎版本
    code_dir = '/bucket/src/',                               # 训练脚本目录
    boot_file = '/bucket/src/pytorch_sentiment.py',          # 训练启动脚本目录
    log_url = '/bucket/log/',                                # 训练日志目录
    hyperparameters = [
                {"label":"classes",
                 "value": "10"},
                {"label":"lr",
                 "value": "0.001"}
                ],
    output_path = '/bucket/output/',                         # 训练输出目录
    train_instance_type = 'modelarts.vm.gpu.p100',           # 训练环境规格
    train_instance_count = 1,                                # 训练节点个数
    job_description = 'pytorch - sentiment with SDK')        # 训练作业描述
job_instance = estimator.fit(inputs = '/bucket/data/train/', wait = False, job_name = 'my_
training_job')
```

如果在本地执行，需要在 Session 对象初始化时配置华为云用户鉴权信息，通过定义 Estimator 对象将训练的配置项进行描述，最终通过 fit 方法将训练作业提交到 ModelArts 远程集群中执行。详细的参数信息可以在 ModelArts 的官方文档中找到，这里不再赘述。ModelArts Python SDK 封装了基本的云端资源请求操作，如权限校验、资源申请、数据读写等，以减少开发者工作量。

第6章

模型训练

随着深度学习等技术的发展，各类基础层和应用层算法大多数可以与深度学习结合以进一步提升模型效果，因此本章的模型训练重点关注与深度学习相关的模型训练。模型训练是人工智能应用开发过程中的核心环节。本章先介绍模型训练的基本过程，然后介绍如何基于预置算法、自定义算法、自定义镜像这3种方式训练，以满足不同开发者的需求。另外，本章还将重点介绍几个高阶功能，如端到端的训练加速、自动搜索、弹性训练和协同训练，为开发者提供更加极致的性价比，降低开发门槛，提升开发效率。

6.1 模型训练的基本过程

如第5章所述，目前业界已有TensorFlow、PyTorch、MindSpore等开源的开发库，这些开发库为模型训练过程提供了非常好的抽象——数据流图。但是由于部署环境的不同及应用需求的不同，模型训练与数据源的交互方式不同，模型训练过程的细节也会不同，下面将展开介绍。

6.1.1 基础概念

在介绍模型训练细节之前，需要先简单回顾模型训练过程中的几个关键概念：

1）模型参数

如第1章所述，可以将机器学习或者深度学习模型表达为 $\hat{\boldsymbol{y}}=f(\boldsymbol{X};\boldsymbol{\theta})$，其中 $\boldsymbol{\theta}$ 指模型参数，$\boldsymbol{X}$、$\hat{\boldsymbol{y}}$ 分别为输入数据和预测值。对于监督学习而言，训练数据集中每一个输入数据 $\boldsymbol{X}$ 都有其真实对应的标签 $\boldsymbol{y}$，模型训练的目的就是使 $\hat{\boldsymbol{y}}$ 不断逼近 $\boldsymbol{y}$，最终实现模型参数 $\boldsymbol{\theta}$ 的收敛。以深度学习为例，模型参数 $\boldsymbol{\theta}$ 主要指可被反向传播更新的值。

2）优化

模型训练的本质是一个优化问题，被优化的目标是损失函数。以监督学习为例，损失函数就是 $\hat{\boldsymbol{y}}$ 和 $\boldsymbol{y}$ 之间的某种度量函数，损失值越大说明模型效果越差。模型参数的优化过程是指在模型参数空间中通过不断迭代找到最优参数值的过程。通常这个模型参数的空间很大（可能几百万维甚至更多）。训练过程采用 mini-batch 形式的 SGD（Stochastic Gradient Decent，随机梯度下降）及其变种来完成模型参数优化，每次从训练数据中抽取一个固定批大小（Batch Size）的小批量数据进行模型参数的梯度计算，更新一次即为一步（Step）或一次迭代。总的训练步数乘以批大小，再除以整个训练数据的个数，即为轮数（Epoch），它表示在整个优化过程中模型重复利用数据集的次数。每次迭代中，模型参数的梯度值需要乘以一个系数即学习率（Learning Rate），才可以被用于模型更新。如果学习率过大，则可能造成模型不收敛；如果学习率过小，则可能使模型收敛速度变慢。

3）泛化

如前文所述，在一份数据集上已经训练好的模型参数，在另外一份数据集上预测（或推理）效果有可能会发生变化，这是一种常见的现象。例如，用白天采集的车辆数据训练了一个车辆识别模型，将其在另一份晚上采集的车辆数据集上做预测，效果会大打折扣，即预测误差比较大。在机器学习领域，用泛化来描述一个模型适应新数据集的能力。通常，模型在训练数据集上的误差称为训练误差（或经验误差），而模型在新的数据集上的预测误差称为泛化误差。如果一个模型的泛化性足够强，那就说明该模型具备了“举一反三”的能力。

4）过拟合与欠拟合

模型训练过程可以看作一个曲线拟合的过程。如果模型对数据的拟合能力很弱以至于没有发现数据本质的规律，那么模型对数据预测的偏差就会很大，如图 6-1(a)所示；如果模型对每个数据点的预测都过于准确，以至于完全拟合了每个数据点，那么一旦出现数据的扰动，模型预测的方差就会比较大，如图 6-1(b)所示。这两种现象分别称为欠拟合和过拟合。而模型训练最终的目的是要避免这两种现象，并达到最优状态（泛化误差最小），如图 6-1(c)所示。

5）超参数

大多数算法是人工设计的，在设计的过程中本身就会引入一些预先定义的参数（例如深度神经网络的层数等）。另外，在模型训练（或参数优化）过程中，也需要涉及

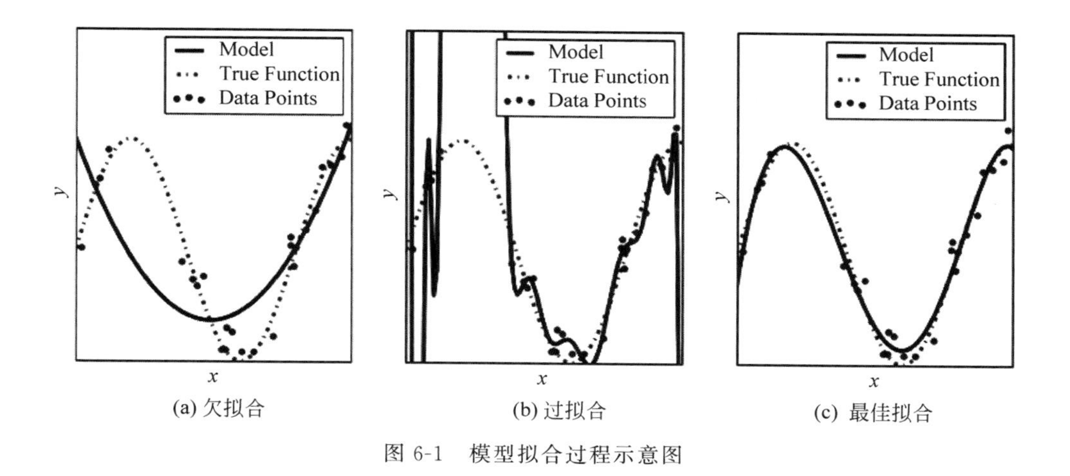

(a) 欠拟合 (b) 过拟合 (c) 最佳拟合

图 6-1 模型拟合过程示意图

优化算法的一些预定义参数，如上述提到的批大小、学习率等。这些参数都可以统称为超参数。

6.1.2 模型训练与数据源的交互

大多数人工智能应用的训练过程都涉及训练算法与数据源的交互，按照交互方式维度划分，可分为以下两种方式。

1. 批数据训练和流式数据训练

批数据训练是指读取离线静态的数据集并进行模型参数更新的训练方式。批数据训练是当前绝大部分人工智能应用采用的训练方式，即通过提前的数据清洗、标注、增强等流程准备好离线的数据集，再输入模型中进行训练。

流式数据训练是指不断读取流式数据并进行模型参数快速更新的训练方式。与批数据训练相比，流式数据训练所需数据量更小，模型更新更加频繁，能够快速适应环境变化。在此框架下，数据处理和训练过程是动态耦合的，训练过程由人工或系统配置驱动，持续不断地滚动进行。流式数据和批数据训练并没有非常严格的界限，在某些场景下流式数据训练也可以看作迭代频率较高、批量较小的批数据训练。

如图 6-2 所示，批数据训练和流式数据训练在读取数据方面有很大的不同。一般批数据训练从离线的存储系统中读取数据，而流式数据训练从实时流系统（如 Flink 等）的消息队列中获取实时数据。

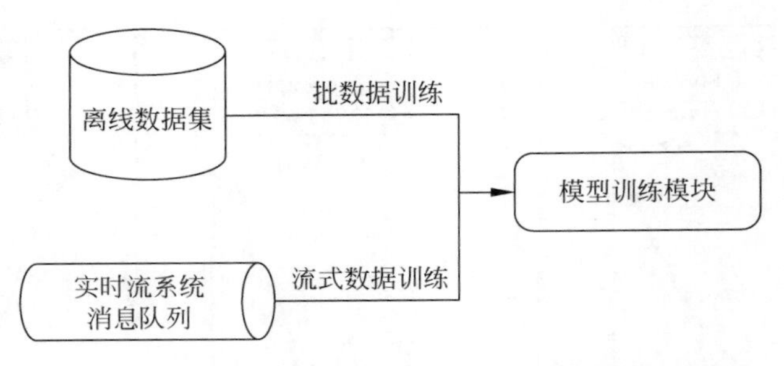

图 6-2 批数据训练和流式数据训练的数据读取方式

数据的读取和解析对模型训练的效率影响非常大。以批数据训练为例，数据读取不是简单地将数据从存储介质中取出的过程，还需要考虑数据读取速度、数据传输的策略。当模型训练需要频繁读取大量小文件的时候，数据读取速度可能成为训练速度的一个瓶颈；同时，数据的切分和读取策略也会影响模型的精度。ModelArts 内置的高阶开发框架 MoXing 支持方便地读取各种数据集目录组织方式（如第 4 章中所述的 Manifest、RawData），可以利用 mox.dmeta 模块实现数据元信息的快速获取，样例代码如下：

```
import moxing as mox
source = mox.dmeta.ImageClassificationManifestSource('obs://bucket/path/a.manifest')
print(source.train.all_files_list)
#>>> [('obs://bucket/path/train/xxx.jpg', 'obs://bucket/path/train/xxx.xml'), ...]
print(source.train.num_classes)
#>>> 8
print(source.train.labels_to_names)
#>>> {0: 'label_a', 1: 'label_b', ...}
meta = mox.dmeta.ImageClassificationRawMetadata('/tmp/data/flower_photos')
print(meta.all_files_list)
#>>> ['/tmp/data/flower_photos/daisy/xxx.jpg', ...]
print(meta.labels_to_names)
#>>> {0: 'daisy', 1: 'dandelion', 2: 'roses', 3: 'sunflowers', 4: 'tulips'}
print(meta.num_samples)
#>>> 3670
print(meta.num_classes)
#>>> 5
```

2. 交互式训练

交互式训练是指训练算法与环境持续交互并在此过程中产生“训练数据”的训练

方式。强化学习的训练就属于交互式训练。强化学习算法（或主体）在训练过程中要不断地和环境交互（输出动作）以产生新的数据（奖励、状态等）。强化学习算法与环境间的交互速度可能会构成训练速度的瓶颈。

交互式训练的模式分为两种：①环境以数字孪生的形式部署在训练集群内部，因而可以在集群内部实现交互式训练；②环境部署在训练集群外部，根据训练的主动方是算法还是环境，又可以分为主动训练模式和从动训练模式，分别如图 6-3（a）和图 6-3（b）所示。

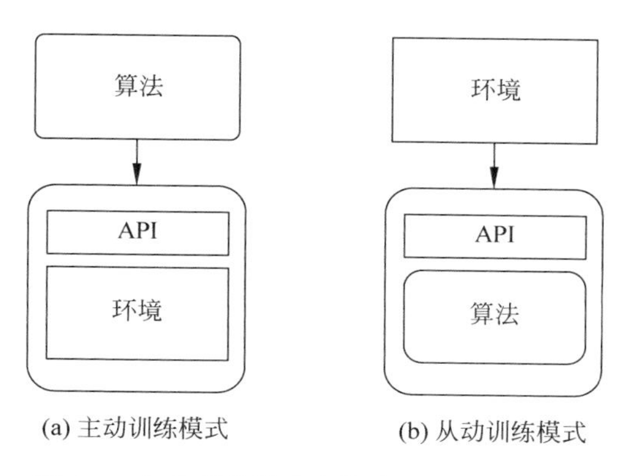

图 6-3　主动训练模式和从动训练模式对比图

OpenAI Gym 库最早提出 Gym 接口，也是当前强化学习主流的交互式训练标准，主要包括 init、step、reset 3 个 API，部分允许可视化的环境还包括 render API。Gym 接口是标准的主动训练模式接口，由算法驱动环境运行，而环境只是一个被动的请求接收方。算法在计算出一次动作后，通过 step 命令发送给环境，再由环境返回相应的奖励、状态等数据。在算法计算动作的过程中，环境需要挂起等待。对于符合 Gym 接口的主动训练模式，其环境部署也可以有多种框架。最简单的做法是将环境和算法部署在同一物理节点中。这种做法主要应用于单进程训练或者资源需求较少的多进程训练。但在大集群训练当中，强化学习一般需要更多的 CPU 来运行环境（仿真、游戏等），这种情况可通过搭建异构集群的形式进行训练。

与主动训练模式相反，从动训练模式是一种由环境驱动算法的训练模式。顾名思义，在这个过程中环境占据主导权，环境通过获取动作的 API，从算法处获得当前这一步的动作，再将这一步之后的奖励和状态通过 API 发送给算法。在这个过程中，环境是持续向前运行的，不需要等待。

从动训练模式适合于以下几种情况：①环境本身是实时性环境，无法挂起等待算法；②环境并非是 Linux 常用运行环境，无法直接适配 Gym 接口标准；③环境本身由于各种原因，无法和算法运行在同一集群当中。以上 3 种情况在真实场景中会经常遇到。ModelArts 支持启动 RL 算法实例，线下环境可通过从动训练模式调用。

6.1.3 模型训练具体过程

如图 6-4 所示，在模型训练模块的每次迭代中，输入数据（通常为小批量数据）经过一系列算子的操作之后输出预置值，并与输入标签一起求出损失函数值。优化器的目标是通过不断更新模型参数来降低该损失函数值。一般情况下，我们可以将算子之间传递的数据用张量表示，整个模型训练模块内部形成一个数据流图，通过不断迭代来驱动每个算子更新相应的参数，最终达到收敛。

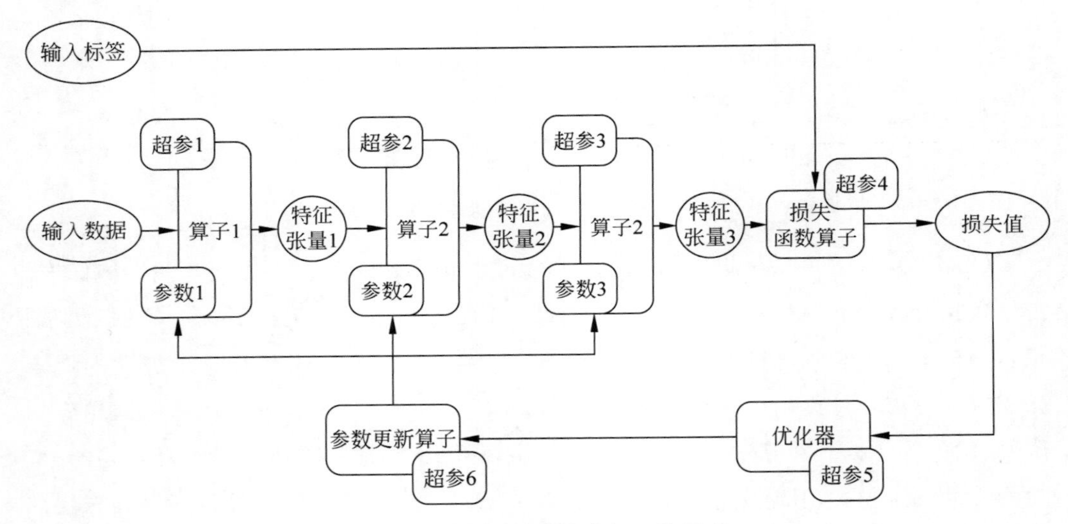

图 6-4 模型训练模块内部工作原理

在数据流图中，流动的数据用张量这种数据结构表示。以图像分类为例，每次训练迭代时的小批量数据可以用一个$[N, H, W, C]$形式的 4 维张量表示，其中 N 代表单次迭代所能并行计算的图像个数，即批大小，H 和 W 分别表示图像的高和宽，C 表示通道数。由于深度学习计算框架的流行，张量作为深度学习中的主要数据结构，已经被广大开发者接受，并成为事实上的标准。

数据从离线系统、在线流系统或环境中读取到内存之后，需要进行在线数据预处理，然后才可以进入神经网络进行训练。与数据准备子流程中的数据处理不同的是，训练子流程的数据预处理是一个实时的动态过程。以图像分类为例，最典型的数据预处理步骤就是 Resize 操作，该操作将所有图像的宽和高进行归一化以满足模型的输入规格要求。在结构化数据中，对数据进行特征缩放或归一化也是常用的数据预处理手段。强化学习也分为以图像为原始输入的情况和以结构化数据为原始输入的情况，也需要进行相应的数据预处理。在强化学习中，如果有离散状态的输入，该状态会被默认映射为一个 One-Hot 向量。如果有更复杂的数据结构，则会被自动转换为向量。

在每次训练迭代过程中，除了模型本身的计算（如神经网络的前向计算、后向计算）之外，还涉及以下两个重要部分：

（1）损失函数计算。目前，损失函数设计大部分仍依赖人工经验。例如，在图像目标检测场景中，用于描述目标框回归效果的均方误差损失函数，以及用于描述分类效果的交叉熵损失函数都是最常用的损失函数。对于强化学习，奖励函数也可以视为广义的损失函数中的一部分，需要进行精确设计。很多时候损失函数会涉及很多超参数的调节，例如为了避免过拟合，需要采用正则项对模型参数进行约束，那么正则项在整个损失函数中占的比例大小就是一个超参数。类似的超参数还有很多。

（2）优化器计算。在深度学习时代，大部分模型优化问题是非凸的。因此优化器需要在保证收敛速度的情况下，降低落入局部最优点的概率。下面将介绍几种常见的优化器。

- Momentum SGD。在 SGD 基础上，引入 Momentum 可以在梯度下降时引入惯性，不会造成梯度方向上的剧烈变化，减少振荡、加速收敛。
- Adagrad。不需要手工调节学习率，而是让其自适应变化，不同参数的学习率不一样，但其缺点是随着迭代次数增多，学习率会越来越小，最终收敛困难。
- Adam。将动量并入梯度一阶矩的估计，对学习率变化的敏感度低，在学习率配置浮动的情况下也能正常收敛。Adam 也有很多其他版本，例如加入参数衰减的 AdamW，以及实现自适应控制方差的 RAdam 等。

另外，模型训练需要设置停止条件，确保模型参数真正达到收敛之后才停止。最常见的是静态的停止条件，例如根据训练迭代次数、损失函数目标值、精度目标值等阈值对训练过程进行控制，一旦达到设定的阈值则停止训练。另外，还可以采用早停法（Early Stopping），在训练过程中不断判断模型在验证集上的表现，如果发现验证集上的精度已经平稳或者开始下降，则需要停止训练。这种早停法也可以避免模型过拟合。

6.2 基于 ModelArts 的模型训练

根据训练准备工作复杂度的不同，ModelArts 的训练方式分为以下 3 种，如图 6-5 所示。

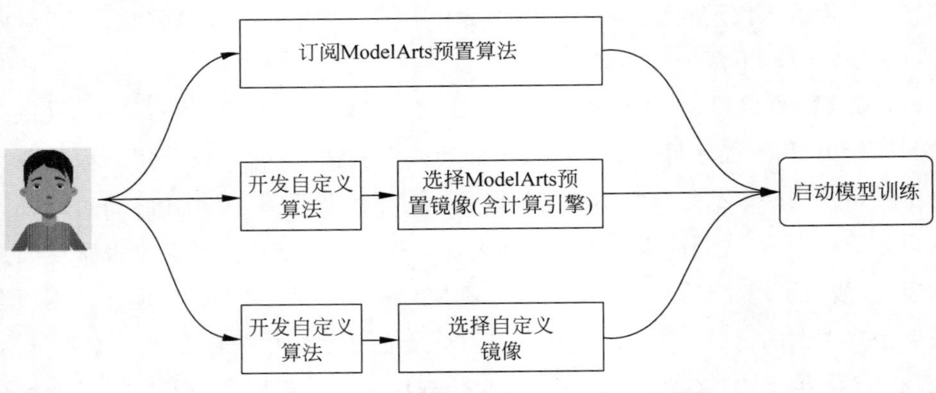

图 6-5 ModelArts 模型训练的 3 种方式示意图

(1) 使用预置算法训练。正如第 5 章所述，ModelArts 已经预置了丰富的预置算法，开发者可以直接订阅并启动训练。这也是最快的训练方式。

(2) 使用自定义算法训练。如果 ModelArts 预置算法不能满足开发者的需求，开发者可以基于开源的计算引擎或开发库（如 TensorFlow、PyTorch、MindSpore 等）的接口开发算法，也可以采用更高阶的开发框架接口开发算法，并选择所需镜像（镜像中已内置计算引擎）进行训练。

(3) 使用自定义镜像训练。如果 ModelArts 的预置算法和预置镜像都不能满足开发者的需求，开发者可以自行基于 ModelArts 的基础镜像做自定义镜像，并启动训练。这是较为复杂的一种训练方式。

6.2.1 使用预置算法训练

如第 5 章所述，ModelArts 提供了面向多种任务的、丰富的预置算法。目前，这些预置算法已经全部通过 AI 市场对外提供服务。开发者只需单击 ModelArts 左侧菜单栏的“AI 市场”菜单项，就可以跳转到 AI 市场中，通过标签过滤或搜索获得 ModelArts 的各类算法。每个算法都有发布者，如果发布者为 ModelArts，则该算法属于 ModelArts 预置算法，如图 6-6 所示。开发者找到合适的算法后，就可以订阅该算法，然后基于该算法启动训练。

图 6-6　AI 市场的部分预置算法概览图

6.2.2　使用自定义算法训练

ModelArts 已经预置了一系列常用的 AI 计算引擎或开发库，例如经典机器学习方面的 XGBoost、Scikit-learn、SparkMLlib 等，深度学习方面的 TensorFlow、PyTorch、Caffe、MXNet，强化学习方面的 Ray，以及其他方面的专用引擎（例如语音识别领域的 Kaldi）。开发者可以基于这些预置镜像进行上层算法开发，无须手工管理镜像。相对于预置算法，常用框架的训练灵活度更高，但也需要用户有相应的开发能力。

为了降低开发难度，ModelArts 内置了高阶开发框架 MoXing，其逻辑架构如图 6-7 所示，底层仍对接基础的深度学习计算引擎或开发库，但上层做了多个基础模块的抽象和适配。MoXing 内置一系列可被复用的模块（如高性能优化器、数据读取和处理工

具等),并提供高阶能力(如训练加速、超参搜索等)。基于 MoXing 的算法代码的主要特点如下:

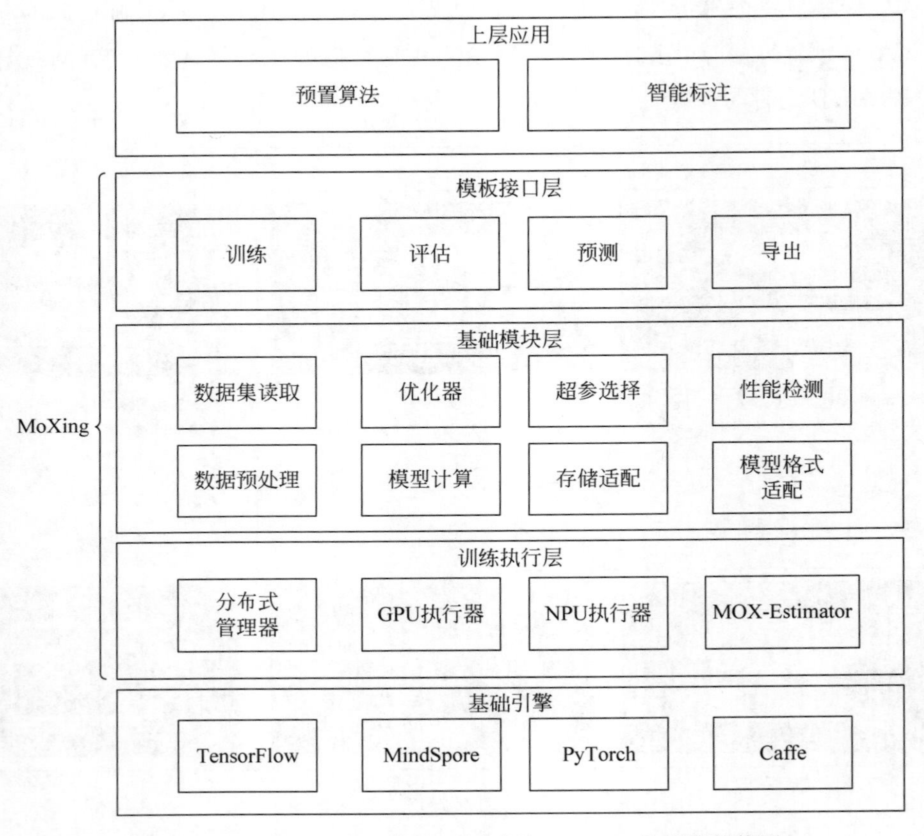

图 6-7 ModelArts 内置的 AI 开发框架 MoXing 的逻辑架构图

(1) 同一套算法代码,仅需通过配置即可在单机单卡、单机多卡、多机多卡不同配置下训练。

(2) 同一套算法代码,仅需通过配置即可在不同的 AI 计算设备(Ascend 设备和 GPU 设备)之间切换。

(3) 同一套算法代码,仅需通过配置即可按照训练、验证、预测(或推理)等多种模式执行。

(4) 可调用内置的基础算法、优化算法和各类工具库。

(5) 支持自动训练停止和自动超参搜索,简化调参。

(6) 分布式训练速度快,通过数据、计算、分布式并行、调参等多种方式加速训练。

MoXing对外提供一套Template接口，对于常用算法可以大幅减少算法代码开发工作量，其具体使用方式如下：

```
import sys
import tensorflow as tf
from tensorflow.examples.tutorials.mnist import input_data
import moxing.tensorflow as mox

#超参定义
tf.flags.DEFINE_string('data_url', '/tmp/mnist_input_data', 'Directory for storing input data')
tf.flags.DEFINE_string('train_url', '/tmp/mnist_train_url', 'Directory for output logs')
flags = tf.flags.FLAGS
flags(sys.argv, known_only=True)

mnist = input_data.read_data_sets(flags.data_url, one_hot=True)

def input_fn(mode):
    batch_size = 100
    num_batches = mnist.train.num_examples // batch_size

    def gen():
        for _ in range(num_batches):
            yield mnist.train.next_batch(batch_size)

    ds = tf.data.Dataset.from_generator(gen,
                                        output_types=(tf.float32, tf.int64),
                                        output_shapes=(tf.TensorShape([None, 784]),
                                                       tf.TensorShape([None, 10])))
    ds = ds.repeat(5).shuffle(True)

    return ds

def model_fn(inputs, mode):
    x, y_ = inputs
    W = tf.get_variable(name='W', initializer=tf.zeros([784, 10]))
    b = tf.get_variable(name='b', initializer=tf.zeros([10]))
    y = tf.matmul(x, W) + b
    cross_entropy = tf.reduce_mean(
        tf.nn.softmax_cross_entropy_with_logits(labels=y_, logits=y))

    return mox.ModelSpec(loss=cross_entropy, log_info={'loss': cross_entropy})

def optimizer_fn():
```

```
    return tf.train.GradientDescentOptimizer(0.5)

mox.run(input_fn = input_fn,
        model_fn = model_fn,
        optimizer_fn = optimizer_fn,
        run_mode = mox.ModeKeys.TRAIN,
        log_dir = flags.train_url,
        auto_batch = False,
        max_number_of_steps = 999999)
```

可以看出，通过简单的数据读取和处理函数(input_fn)、模型定义(model_fn)、优化器定义(optimizer_fn)、后处理定义(output_fn)，然后用 mox.run 接口将所有模块流水线编排起来即可训练。同一套代码可以同时实现训练、评估和推理，区别在于 mox.ModeKeys 的设置。

当用户基于预置镜像和自定义算法代码启动一个训练作业时，训练服务会为用户的训练作业启动容器并分配相应的计算资源。该容器会将用户选择的数据集、依赖包等进行下载和安装，之后运行自定义的算法代码。训练结束后，平台会将生成的模型、其他文件(日志、TensorBoard 文件等)上传到用户选定的存储空间(如对象存储 OBS 桶)内，供后续服务调用或者用户下载。

在 ModelArts 中进行训练，可能会涉及多个存储系统，例如 OBS、训练容器本地磁盘等。两个系统之间进行交互传输需要通过调用 SDK 来完成。样例代码如下：

```
import moxing as mox
#从镜像容器本地上传到 OBS
mox.file.copy_parallel("/home/work/file.tar", "obs://xxx/xxx/file.tar")
#从 OBS 上下载到镜像容器本地
mox.file.copy_parallel("obs://xxx/xxx/file.tar", "/home/work/file.tar")
```

另外，在训练过程中，有可能需要临时安装一些常用包，例如 apt 包(ModelArts 内部容器镜像为 Ubuntu 系统)或者 pip 包。开发者可以在算法代码目录中加入 apt-requirements.txt 和 pip-requirements.txt，ModelArts 会自动解析这两个文件并在训练前将这些包安装到预置镜像中。如果有离线的 whl 包需要安装，也可以放置在这个目录下，并在 pip-requirements.txt 中加入这个 whl 包名称。

假设用户需要运行的 Python 文件为 train.py，位于 OBS 桶路径 obs://user_bucket/training_job/code/下，例如：

```
obs://
 ├── user_bucket
```

```
├── training_job
    ├── code
        ├──train.py
        ├──apt-requirements.txt
        ├──pip-requirements.txt
        └──numpy-1.15.4-cp36-cp36m-manylinux1_x86_64.whl
```

其中,apt-requirements.txt 的示例如下:

```
wget
cmake
build-essential
curl
unzip
```

pip-requirements.txt 的示例如下:

```
alembic==0.8.6
bleach==1.4.3
click==6.6
numpy-1.15.4-cp36-cp36m-manylinux1_x86_64.whl
```

用户也可以通过自己的 Python 代码,在使用特定的库之前用 os.system 进行安装(不推荐),例如:

```
import os
os.system('pip install shapely')
from shapely.wkt import loads
```

6.2.3 使用自定义镜像训练

如前文所述,预置镜像支持用户安装自定义的 apt 包和 pip 包,也可以看作一种轻度的定制镜像的方式。但是对于需要深度定制的开发者,当有其他定制化诉求时(例如需要在镜像内编译并安装一个 C++的二进制程序),可以使用 ModelArs 提供的自定义镜像功能。

开发者可以通过两种方式进行自定义:①租用华为云 ECS(Elastic Cloud Server,弹性云服务器)制作镜像,上传到 SWR(SoftWare Repository for Container,容器镜像服务)中;②用线下机器制作镜像,上传 tar 包到 SWR 服务上(注意此处自行上传的 tar 包大小不能超过 2GB)。需要明确的是,ModelArts 训练服务要求自定义镜像必须采用 ModelArts 提供的基础镜像,根据基础镜像内预置内容的不同,可选择用以下命令之一进行拉取：

```
docker pull swr.cn-north-1.myhuaweicloud.com/modelarts-job-dev-image/custom-cpu-
base:1.3
docker pull swr.cn-north-1.myhuaweicloud.com/modelarts-job-dev-image/custom-gpu-
cuda8-base:1.3
docker pull swr.cn-north-1.myhuaweicloud.com/modelarts-job-dev-image/custom-gpu-
cuda9-base:1.3
docker pull swr.cn-north-1.myhuaweicloud.com/modelarts-job-dev-image/custom-gpu-
cuda92-base:1.3
docker pull swr.cn-north-1.myhuaweicloud.com/modelarts-job-dev-image/custom-gpu-
cuda9-inner-moxing-cp36:1.3
docker pull swr.cn-north-1.myhuaweicloud.com/modelarts-job-dev-image/custom-gpu-
cuda8-inner-moxing-cp27:1.3
docker pull swr.cn-north-1.myhuaweicloud.com/modelarts-job-dev-image/custom-gpu-
cuda9-inner-moxing-cp27:1.3
docker pull swr.cn-north-1.myhuaweicloud.com/modelarts-job-dev-image/custom-cpu-
inner-moxing-cp27:1.3
```

拉取完成后，即可通过 docker 操作制作镜像。制作完成后，需要将镜像按以下规则重命名：

```
docker tag new_custom_image:version swr.cn-north-1.myhuaweicloud.com/{your_user_id}/new_
custom_image:version
```

完成重命名后，登录 SWR 服务，在“我的镜像”中的“客户端上传”页面，生成临时 docker login 指令，将生成的指令复制到 ECS 中，通过 ECS 登录到 SWR 服务。之后上传镜像到 SWR，就能在 SWR 界面上看到刚上传的自定义镜像了。示例代码如下：

```
docker push swr.cn-north-1.myhuaweicloud.com/{your_user_id}/new_custom_image:version
```

上传成功后，在 ModelArts 创建算法或训练时，选择刚才在 SWR 上自定义镜像的地址，如：

```
swr.cn-north-1.myhuaweicloud.com/{your_user_id}/new_custom_image:version
```

选择代码目录为 OBS 上存储自定义算法代码的目录，例如 obs://user_bucket/training_job/code/，在训练开始前，该代码会自动被下载到/home/work/user-job-dir/code 下。

使用以下命令即可配置基于自定义镜像的训练作业启动方式：

```
bash run_train.sh python /home/work/user-job-dir/code/train.py
```

6.3 端到端训练加速

以深度学习为例,模型训练的本质是数据与模型的计算。最近几年,数据和模型的不断增大对模型训练带来非常大的挑战。在数据方面,随着互联网的发展,可获取、可参与训练的数据量日益增多。例如在计算机视觉领域,著名的开源数据集ImageNet的全量版本有1400多万张自然图像,涵盖了2万多个典型的类别。另外,无标签的数据更加广泛存在,随着无监督、弱监督技术的发展,越来越多的无标签、弱标签数据也被用在训练中,例如2018年何恺明等人基于10亿张弱标签的Instagram图像完成了模型的预训练,提升了模型的效果。数据量的增加势必造成模型训练时间的增加。

在模型方面,随着深度学习等模型架构的设计日趋复杂,模型训练对计算量的需求也越来越高。据OpenAI统计,2012—2018年,深度学习所需要的计算量每3.4个月就要翻一倍,这个速度已经远超CPU性能发展的速度。

但是目前针对大规模计算机视觉、自然语言处理等问题,模型训练的速度还是比较慢。例如,在128万张图像数据集(ImageNet子集)上,用一颗NVIDIA P100型号的GPU训练ResNet50模型需要一周时间。如果用更大的数据和模型,则训练时间会进一步增加。2020年6月,OpenAI发布了GPT-3模型,其包含1750亿个参数,算力需求超过我们常见的模型(ResNet、BERT等)上千倍。因此,随着未来数据的增多及模型复杂性的加大,训练加速越加重要。

如前文所述,ModelArts内置了自研的AI开发框架MoXing,除了提供简洁的高阶编程API之外,其在性能加速方面也提供了很多优化能力。模型的训练加速是一个系统工程,它包含了数据、计算、通信和调参等多个环节。每一个环节都不能成为瓶颈,否则就会形成“水桶效应”。大部分ModelArts预置算法基于MoXing框架开发,并具备非常好的加速能力。例如,如果基于ModelArts预置ResNet50算法训练ImageNet-1K数据集(ImageNet全量数据集的子集),使用16个节点(每个节点为8张V100卡)的情况下,可以在2分钟43秒完成收敛(达到Top5精度93%以上)。下面将对每个环节的优化方式分别进行介绍。

6.3.1 数据侧加速

数据侧是影响模型训练的一个重要环节，具体包括数据读取、数据清洗、数据预处理等子环节。在当今算力急速提升的场景下，人工智能工程的瓶颈越来越多地体现在了数据读取上面，而不是计算。在简单使用 TensorFlow 的 feed_dict 进行数据读取时，CPU 数据读取和 GPU 计算通常是串行的，效率较低。而使用 TensorFlow 的 tf.data 模块可以将数据读取和 GPU 计算并行起来，提升整体效率，如图 6-8 所示。

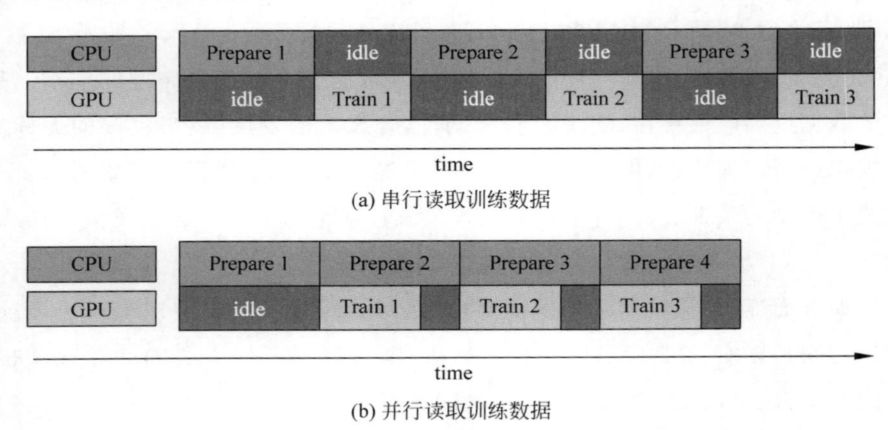

(a) 串行读取训练数据

(b) 并行读取训练数据

图 6-8　串行和并行读取训练数据的时间轴对比图

数据读取和预处理的总时间包括将数据从磁盘读入到内存，再对数据做预处理，最后将数据复制到 GPU 显存的总时间。当然也可以选择在 GPU 中做数据预处理。当数据读取的时间小于模型计算时间时，数据读取不会成为瓶颈。如果在算法代码中调用 MoXing API，则在训练阶段 MoXing 会自动完成整个并行数据读取流水线的工作，并且支持从 OBS 上高速读取数据，不让数据读取成为训练的瓶颈。

MoXing 在数据读取上的优化主要有(以 TensorFlow 1.15 版本为例)：

1. MoXing 高效的数据读取和预处理流水线

MoXing 支持将数据从磁盘并发读取到内存，并在内存中并发进行数据预处理。在 TensorFlow 的代码应用中，通常会使用 parallel_interleave 的方式并行地从磁盘读取数据，样例代码如下：

```
filenames = tf.data.Dataset.list_files("/path/to/data/train*.tfrecords")
dataset = filenames.apply(
```

```
tf.data.experimental.parallel_interleave(
    lambda filename: tf.data.TFRecordDataset(filename),
    cycle_length = 4))
```

这个 API 允许并发地从磁盘上读取 4 个 TFRecords 文件，提高数据从磁盘读入内存的效率。MoXing 除了支持使用 parallel_interleave 读取 TFRecords 以外，还提供了更灵活的并发读取方案 AsyncRawGenerator，支持自定义数据集读取，并且直接访问 OBS 中的数据。样例代码如下：

```
import moxing.tensorflow as mox
data_files = mox.file.glob('obs://bucket/data/ * .jpg')
g = mox.AsyncRawGenerator(data_files, num_epochs = 1)
for file_name, file_content in g.generator():
   print(file_name)
```

AsyncRawGenerator 可以完美对接 TensorFlow 的 from_generator 方法，让用户可以更方便地获取自定义类型的数据，样例代码如下：

```
import tensorflow as tf
import moxing.tensorflow as mox
data_files = mox.file.glob(' obs://bucket/data/ * .jpg')
g = mox.AsyncRawGenerator(data_files, num_epochs = 1, num_readers = 32)
dataset = tf.data.Dataset.from_generator(g.generator,
                                         output_types = g.output_types,
                                         output_shapes = g.output_shapes)
name_t, content_t = dataset.make_one_shot_iterator().get_next()
with tf.train.MonitoredTrainingSession() as sess:
    for i in range(10):
        print(sess.run(name_t))
```

同时，MoXing 预置的数据读取和预处理 API 还集成了更多的高效读取功能，例如 TensorFlow 中的 map_and_batch（数据预处理和批组合）、prefetch（预取技术）等。

2. 基于私有线程池的数据预取

在 TensorFlow 中，可以使用 PrivateThreadPool 来保证数据读取时有足够的系统资源，资源不被抢占。在 TensorFlow 1.x（TensorFlow 2.0 以前的版本）中建议使用 override_threadpool 和 PrivateThreadPool，在 TensorFlow 2.x（TensorFlow 2.0 以后的版本）中建议使用 tf.data.experimental.ThreadingOptions()。

另外，可以使用 TensorFlow 的 GPU 预取功能将数据先预取到 GPU 显存，当

GPU 前向计算时，就不需要再等待从 CPU 内存复制数据了。在 TF-1. x 中，建议使用 MultiDeviceIterator，在 TF-2. x 中建议使用 tf. data. experimental. prefetch_to_device。

MoXing 的预置数据读取 API 已经实现了上述所有优化，用户不需要自己配置。如第 5 章所述，MoXing 预置了例如 mox. dmeta 的很多 API，可以直接用于读取原始数据。结合 MoXing 的 input_fn 和 model_fn 编程结构，短短几行代码就可以实现以上所有特性，让开发者可以更方便、更高效地读取数据。

3. 渐进缩放式训练

渐进缩放式(Progressive Resizing)训练最早由 FastAI[①] 提出，旨在训练过程中分阶段地改变输入数据的大小，从而实现训练加速。以图像分类模型训练为例，在训练阶段前期，图像内部的细节不是很重要，因此可以先将图像缩小，到了后期，为了能够更好地区分类别之间的差异，则需要将图像放大。大部分图像分类的算法(例如 ResNet50)可以支持不同大小的图像输入。

以 ResNet50 算法为例，可以分为 3 个阶段来训练。每个阶段分别采用 3 种不同的图像大小：128×128 像素、224×224 像素、256×256 像素。通常第一阶段所用的训练迭代次数最多，并且第一阶段中图像较小，可以对训练加速带来很大的帮助。

另外，在渐进缩放式训练中，还有一个重要的超参是 min-scale(最小裁剪尺度)，这个参数表示使用随机裁剪预处理方法时，裁剪后的图像与原始图像面积的比例必须介于 min-scale 和 1 之间。这个参数限制了随机裁剪后图像大小的下限值，因此可以保证随机裁剪能在一定程度上保留图像的主要特征。例如，假设原始图像的大小为 250×200 像素，裁剪后的图像大小为 100×100 像素，则 min-scale 的值设置为 0.2。反过来，如果设置了 min-scale 参数为 0.08，那么裁剪后的图像面积至少要为 4000(例如 50×80 像素)，最大为 50000(即 250×200 像素)。在训练的前期可以使用小的 min-scale 值，让模型尽可能地学习多样化的数据，加强模型的泛化性。在训练的后期逐渐增加 min-scale 的值让模型的收敛更稳定。

在 MoXing 中，利用一段简单的 API 调用就可以使用渐进式训练，并且支持读取 TFRecords 格式的数据集。样例代码如下：

```
import numpy as np
import tensorflow as tf
```

---

① https://www.fast.ai/2018/08/10/fastai-diu-imagenet/

```
import moxing.tensorflow as mox
meta = mox.ProgressiveImagenetMetadata(num_samples = 1281167)
meta.add_strategy(base_dir = 'obs://bucket/data/ImageNet', file_pattern = 'train - * ',
                  stop_epoch = 16, image_size = 96, batch_size = 256, min_scale = 0.1)
meta.add_strategy(base_dir = 'obs://bucket/data/ImageNet', file_pattern = 'train - * ',
                  stop_epoch = 31, image_size = 128, batch_size = 256, min_scale = 0.4)
meta.add_strategy(base_dir = 'obs://bucket/data/ImageNet', file_pattern = 'train - * ',
                  stop_epoch = 35, image_size = 224, batch_size = 256, min_scale = 0.4)
meta.add_strategy(base_dir = 'obs://bucket/data/ImageNet', file_pattern = 'train - * ',
                  stop_epoch = 36, image_size = 256, batch_size = 128, min_scale = 0.7)
dataset = mox.ProgressiveImagenetDataset(meta)
images, labels = dataset.get(['image', 'label'])
with tf.train.MonitoredTrainingSession() as sess:
    for i in range(meta.max_steps):
        dataset.switch_dataset_fn(sess, i)
        image_shape = list(np.shape(sess.run(images)))
          print(image_shape)
```

4. 基于数据预处理的训练加速

模型训练的速度不仅与系统有关，而且与算法也有很大关系。如果数据处理（增强、去噪或者调节批大小等超参）能使模型用尽量少的迭代步数就可以达到期望的精度，则整体训练速度就会加快。MoXing 中内置的一些数据处理优化算法包括：

（1）标签平滑。通过对数据的标签进行加权求和，将原始标签由极端的 One-Hot 形式（非 0 即 1）转化为较平滑的形式。这样可以减少真实样本标签的类别在计算损失函数时的权重，在一定程度上可以抑制过拟合。

（2）数据增强。如第 4 章所述，图像有很多数据增强方法，MoXing 内置了常见的 CutMix 等方法。

（3）类别均衡。尽量使每一步训练覆盖所有标签的样本，并且每个标签样本数量一致。这在样本不均衡的情况下可以有效提升模型的精度。

（4）OHEM（Online Hard Example Mining，在线难例挖掘）。OHEM 算法可以自动地选择难分辨样本，剔除部分简易样本来进行训练，帮助提升训练效率。

（5）自适应批大小。当用户数据集样本数量较小时，如果批大小的值接近数据集总样本数，会导致严重过拟合。MoXing 支持根据数据量自动调整批大小，在数据量很少的情况下可以有效防止过拟合。

还有一些其他优化操作，在此不一一列举，如果要使用这些优化操作，则仅需配置相关的超参数即可。

6.3.2 计算侧加速

随着 AI 计算设备(GPU、Ascend 等)的发展,除了可以使用单精度浮点数(Float32,FP32)和双精度浮点数(Float64,FP64)做计算之外,还可以使用半精度浮点数(Float16,FP16)做计算。模型训练不同于科学计算,不需要特别高的精度,因此可以利用 FP16 来做训练。由于在很多较新的 AI 计算设备中 FP16 算力很强,因此可以考虑采用 FP16 做模型训练计算的加速。另外,在计算引擎层也需要对模型进行深度系统优化,可以对计算加速带来帮助。下面将主要介绍模型计算方面的两种主要加速方法,这些加速策略也在 ModelArts 预置算法和 MoXing 框架中有所体现。

1. 混合精度训练

采用 FP16 做模型计算有很多好处,首先,由于位宽占用变少,用 FP16 表达的模型在训练时占用的显存减少,这就允许开发者使用更大的批大小,通过更有效地利用 GPU 算力来提升训练速度;其次,模型训练中产生的梯度也为 FP16 的,这使得分布式并行训练时的通信量减少,可有效提升多机或多卡计算的加速比。然而,单纯地将训练中使用到的数据全部表达为 FP16 会导致模型精度的显著下降。这是由于不同精度浮点数的舍入误差(即真实值与计算机所表达的值之间的误差)是不同的。FP16 的舍入误差更大,因此不适合用来直接更新模型参数,以避免很小的参数更新量(学习率与参数梯度的乘积)被近似为 0。因此,有必要先将梯度从 FP16 转为 FP32,然后再更新到 FP32 版本的模型参数上,以确保很小的参数梯度值也能被更新上去。在下一轮迭代开始时,将 FP32 版本的模型参数先转换为 FP16,然后再开始计算。由于在整个模型的迭代计算中同时用到了 FP32 和 FP16,因此这种训练方法也叫作混合精度训练方法。

如果在计算模型参数的梯度时,梯度本身就非常小并且已经超出 FP16 所能表示的浮点数范围,那么就需要先将损失函数值乘以一个损失尺度(Loss Scale)值,使求出的模型参数的梯度值不至于因过小而被忽略。混合精度训练的过程如图 6-9 所示。

对于深度神经网络而言,主要的计算类型是矩阵乘法,矩阵乘法计算中涉及累加操作,这个累加操作在 FP16 类型下同样可能出现舍入误差的问题。因此乘法操作使用 FP16,而累加操作使用 FP32 可以进一步降低舍入误差带来的影响。

MoXing 提供了一个易用的 API 来帮助用户使用混合精度训练,该 API 可以联合 MoXing 的编程范式使用,也可以作为单独的功能用在开发者自定义的算法代码上。

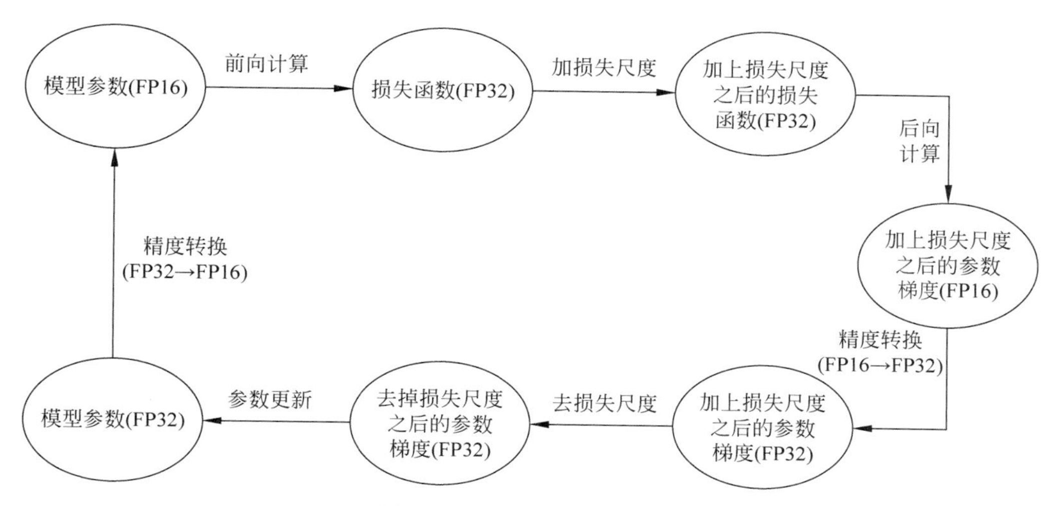

图 6-9　混合精度训练流程图

在 TensorFlow 中，如果每个算子输入的数据类型为 FP16，则该算子的计算会采用 FP16(BN 层较为特殊，它依然使用 FP32 计算)。在 with mox. var_scope(storage_dtype=tf. float32)作用域下的所有参数权重，都会以 FP32 的形式进行创建和存储，但是返回的变量类型依然为 FP16，可用于模型计算，实现混合精度。相比 TensorFlow 自带的混合精度 API(tf. train. experimental. enable_mixed_precision_graph_rewrite)，用户使用 MoXing 的 API 可以更好地控制混合精度训练的范围，代码如下：

```
import tensorflow as tf
import moxing.tensorflow as mox
with mox.var_scope(storage_dtype = tf.float32):
    a = tf.get_variable('a', shape = [], dtype = tf.float16)
print(a)
print(tf.global_variables()[0])
```

如果将该作用域作用于整个神经网络，那么就可以将整个神经网络修改为混合精度训练，代码如下：

```
import tensorflow as tf
import moxing.tensorflow as mox

x = tf.random_normal(shape = [32, 224, 224, 3], dtype = tf.float32)
x_fp16 = tf.cast(x, tf.float16)

with mox.var_scope(storage_dtype = tf.float32):
```

```
    resnet50 = mox.get_model_fn('resnet_v1_50',
                                run_mode = mox.ModeKeys.TRAIN,
                                num_classes = 1000,
                                batch_norm_fused = True)
    y, end_points = resnet50(x_fp16)
print(y)
print(tf.model_variables())
```

2. 图编译

很多 AI 计算引擎或开发库都提供图编译技术，用来加速训练的计算。以 TensorFlow 框架中的图编译技术 XLA（Accelerated Linear Algebra）为例，其重要优势是融合算子，减少复制和算子启动次数，从而提升性能。在 MoXing 中，仅需配置一个超参数（将 xla_compile 设置为 True），就可以很方便地启动 XLA 和混合精度训练。以 ResNet50 模型训练为例，当同时使用 XLA 和混合精度时，训练速度有 3 倍的性能提升。

此外，还有一些其他的计算加速技术，例如将模型量化到 int8 之后进行计算可进一步加速。不过对于大多数深度学习网络，需要重新对算法进行设计优化，并且底层计算设备和计算引擎需要能够支持 int8 算子的高效计算。

6.3.3 分布式并行侧加速

不论是对于机器学习、深度学习还是强化学习，分布式训练都是常用的加速手段之一。当单机所提供的计算资源无法满足训练加速的需求时，就可以考虑使用更多的机器形成集群来进行计算，即采用分布式训练。由于计算扩展到了多台机器，就涉及网络通信，而网络通信的效率通常远低于单个机器内部的通信效率。因此，不能将机器个数无限扩展下去，否则通信代价会越来越大。

1. 分布式并行模式

分布式并行策略有以下几种经典模式：

(1) 数据并行。将训练数据分布到多机多卡上同时进行计算，并将每张卡上产生的模型参数的梯度聚合后再更新模型参数。

将数据切分到 K 张卡上时有两种选择：①每个卡上的批大小与单卡时相同，这样每个迭代聚合后的全局批大小是在单卡批大小基础上乘以卡数 K，同时，由于批大小会影响模型训练精度，通常需要调整学习率等参数以抵消批大小变大带来的影响；

②每张卡上的批大小是在单卡的基础上除以 K,这样聚合后的全局批大小保持不变。这样做对于不涉及BN(Batch Normalization,批归一化)算子的模型训练会产生精度影响,但对于包含BN算子的模型训练会产生精度影响。这是因为BN算子用于计算前一层输出数据的平均值和方差,如果批大小较小,则不利于这两个统计量的计算。

(2) 模型并行。与数据并行正好相反,模型并行将模型切分到多个卡或者多个机器上,而数据不需要被切分。对于大规模的深度学习模型或者大规模的机器学习模型(例如当特征维度上亿维时),内存或显存的消耗将非常大,因此必须将模型切分。模型并行也有多种切分方式,对于神经网络这种分层模型,如果按照分层切分,即每一层或每几层放在一个计算设备上,并在时间维度尽可能复用每个设备的算力以防止空闲,则这种并行方式也叫作流水线并行。

(3) 混合并行。由于数据并行会引起机器或卡之间同步模型参数,而模型并行会引起机器或卡之间同步中间数据(例如深度学习的特征图),因此可以建立一个成本模型,给定一个机器学习或者深度学习模型,计算出最优的分布式并行方式,有可能一部分用数据并行,另一部分用模型并行,这就是所谓的混合并行。例如,对于CNN而言(超大规模模型除外),卷积层的参数量少,但是计算消耗量大;全连接层的参数量大,但是计算相对较快。因此可以对CNN的卷积层部分用数据并行训练,而对其全连接层部分用模型并行训练。华为自研的深度学习计算引擎MindSpore支持自动生成最优分布式并行策略,可以对开发者屏蔽底层分布式训练细节。

2. 分布式系统架构

(1) 参数服务器架构。在此架构中,集群的节点分为两种角色:PS(Parameter Server,参数服务器)和Worker(工作节点)。其中,Worker负责读取数据和训练,并将本轮计算的参数梯度上传给PS,而PS从所有Worker搜集到的梯度值做融合,最后再下发给所有Worker进行下一轮迭代的计算。一般情况下,PS会部署多个实例,每个实例负责维护一部分模型参数和梯度。在同构且稳定的集群中,PS和Worker的个数通常是相等的。

PS对模型参数更新方法分为三种:同步更新、异步更新和半异步更新。同步更新要求所有的Worker之间严格同步,当前所有节点都同步完参数之后,才可以启动下一次迭代。而异步更新则相反,每个Worker的参数更新不需要严格对齐,当训练集群中不同节点计算能力和通信能力有较大差异时,异步更新是比较有利的。另外,当每个Worker计算量天然就有较大差异时(例如在自然语言处理中,不同Worker处理的句子长度不一样），也可以尝试异步更新。但是，有时候异步更新容易造成模型训练精度难以收敛。介于同步更新和异步更新之间的就是半异步更新，半异步更新可以起到一个折中的效果。

MoXing 在 TensorFlow 库的基础上额外开发了更多的分布式梯度更新模式，来适应不同带宽、不同模型的情况，并且能够自动取最优解。例如：①自动拆分大梯度，自动融合小梯度（如 BN 层的参数），使通信频次和单次通信量之间取得更好的平衡；②将梯度进行压缩，以减少通信开销。

（2）Peer2Peer 架构。在此架构中，没有单独的参数服务器，每个 Worker 同时负责计算并与其他 Worker 同步。在传统的分布式计算中，AllReduce 是一种常见的集合通信模式，可以用于 Peer2Peer 架构。对于分布式训练而言，如果训练集群中所有节点同时充当 Parameter Server 和 Worker 的角色，并且在一个训练进程内，那么就可以抽象为 Peer2Peer 架构。AllReduce 架构中最常使用的是 Ring-based AllReduce 算法，这种算法将 AllReduce 过程拆解成一次 Scatter Reduce 和一次 All Gather 操作，如图 6-10 所示。

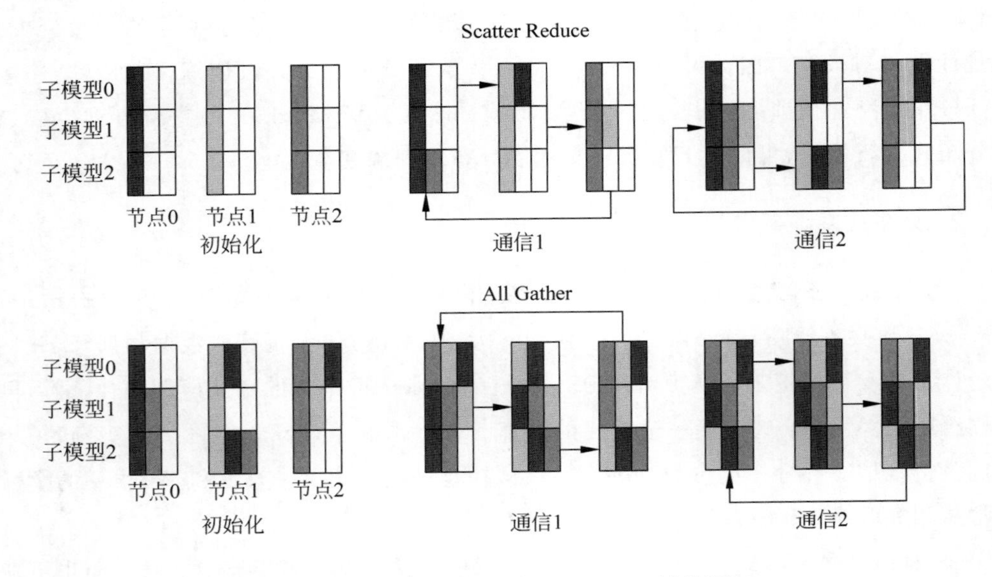

图 6-10　Scatter Reduce 和 All Gather 计算图解

在 Scatter Reduce 时，假设训练集群有 N 个节点，可以将所有节点构建成一个环状的通信链路，每个节点有确定的上游和下游节点。首先将模型切成 N 个子模型，接下来在每次传输中，每个节点会向下游节点发送一个子模型所对应的梯度，并从上游节点接收另一个子模型对应的梯度,然后将其与本地所对应的梯度做一次累积求和。这样进行 $N-1$ 轮后,每个节点都持有 $1/N$ 份的全局梯度。接下来在 All Gather 时每个节点将各自的全局参数梯度传给下游节点,同样在完成 $N-1$ 轮后,每个节点都具备了所有的全局梯度。将全局梯度叠加在模型参数上,就可以更新模型,然后开始下一次迭代了。

除了上层架构之外,分布式通信库也是提高训练速度的重要一环。常用的集合通信库有 NCCL(Nvidia Collective Communication Library)、HCCL(Huawei Collective Communication Library)等。MoXing 支持从分布式架构到底层软硬件通信的全栈优化。以 ResNet50 预置算法为例,分布式加速的线性度如表 6-1 所示,可以看出即使在 128 块 V100 的规模下,线性度依然能保证在 90%以上。

表 6-1 多机多卡情况下 ResNet50 预置算法训练的分布式加速线性度

GPU(V100 型号)个数	FPS	分布式加速线性度
1	902.69	1.0000
4	3581.52	0.9919
8	7027.04	0.9731
16	13793.40	0.9550
32	27400.19	0.9486
64	54234.92	0.9388
128	108213.00	0.9365

3. 深度梯度压缩

除了分布式训练系统层面的优化之外,深度梯度压缩(Deep Gradient Compression,DGC)也是通信优化的一种方式,可每次仅提交少量的关键梯度,剩余的梯度进行本地累计。

当开发者使用 MoXing 的参数服务器架构进行分布式训练时,使用深度梯度压缩技术只需要简单地传入以下几个参数,就可以在原始代码的基础上开启深度梯度压缩技术。

```
-- variable_update = distributed_replicated_dgc
-- dgc_sparsity_strategy = 0.75,0.9375,0.984375,0.996,0.999
-- dgc_momentum_type = vanilla
-- dgc_momentum = 0.9
-- dgc_momentum_factor_masking = True
-- dgc_total_samples = 1281167
```

参数说明：

- variable_update：配置为 distributed_replicated_dgc 启用深度梯度压缩。
- dgc_sparsity_strategy：深度梯度压缩占比策略，梯度稀疏度在前 5 个 epoch 由 75％逐渐上升到 99.9％。
- dgc_momentum_type：深度梯度压缩 momentum 类型，有论文提出两种不同类型，即 Nesterov 和 Vanilla。
- dgc_momentum：深度梯度压缩 momentum 的动量值。
- dgc_momentum_factor_masking：是否使用论文中的 momentum_factor_masking 技术。
- dgc_total_samples：训练数据集的总样本数量。

深度梯度压缩在分布式组网带宽有限的情况下，可以显著地提升分布式训练速度，并且对精度的影响非常小。在使用深度梯度压缩后，当使用 4 个节点对 ResNet50 算法进行分布式训练时，性能测试结果如图 6-11 所示。在 10Gbit/s 带宽下，DGC 将分布式加速的线性度从 0.77 提升到 0.87；在 1Gbit/s 带宽下，分布式加速的线性度从 0.48 提升到 0.867。可见在小带宽情况下，深度梯度压缩对分布式加速效果的提升更加显著。

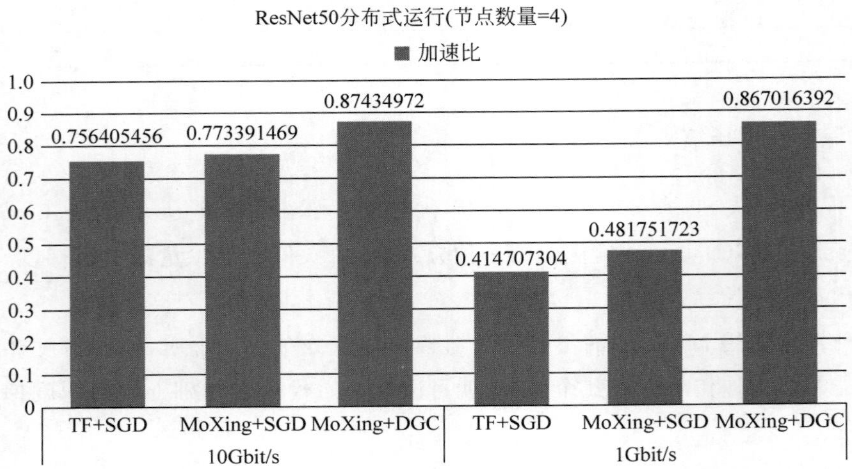

图 6-11　DGC 在不同带宽条件下带来的性能提升对比图

同样，使用深度梯度压缩后，精度也基本不受影响。在用 ResNet50 训练 ImageNet 数据的情况下，使用 DGC 训练 100 个 epoch 仍然能够收敛到 Top1 精度

75%，如图 6-12(a)所示。梯度的压缩率随训练步数的变化曲线如图 6-12(b)所示，在前 5 个 epoch 之内压缩率由 75%逐渐上升到 99.9%。虽然 DGC 对通信压力起到了很大的缓解作用，但是由于引入了额外的计算(例如梯度的压缩、排序等)，会造成计算较慢。从端到端的结果看，在本示例的第 5 个 epoch 之后，加速效果有显著提升，这是因为第 5 个 epoch 之后梯度压缩对通信带来的帮助超过了其引入的额外计算量带来的负面作用。

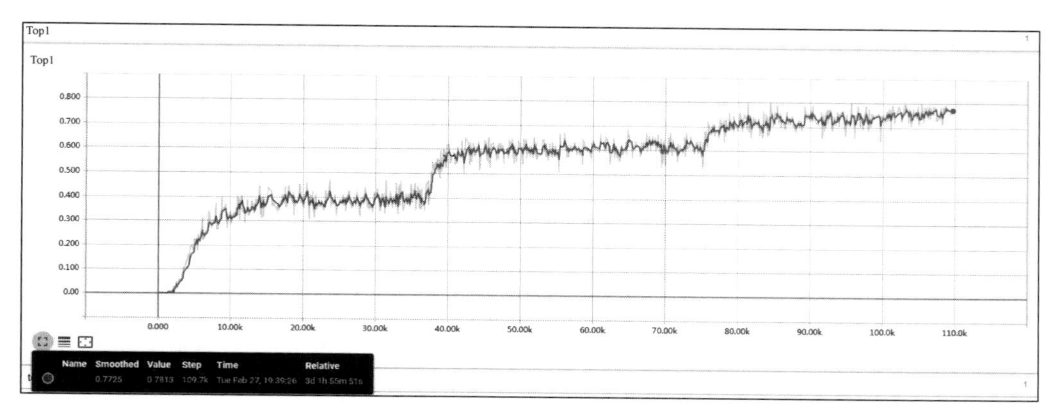

(a) 当使用DGC时ResNet50模型训练的收敛曲线

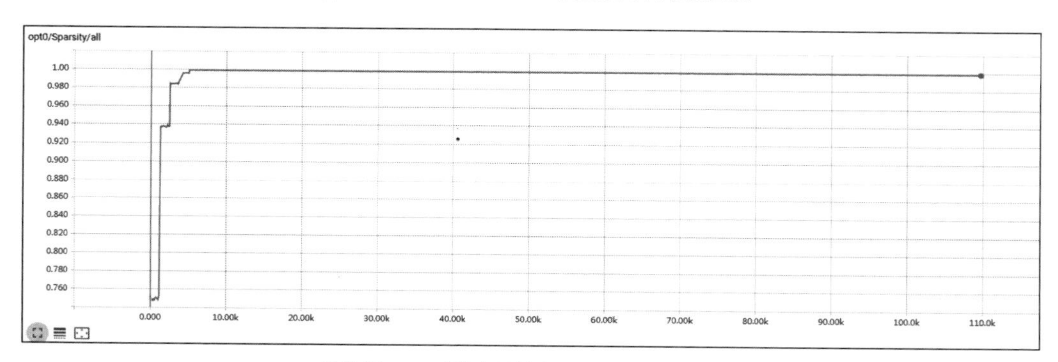

(b) 当使用DGC时梯度压缩率随训练步数的变化曲线

图 6-12　当使用 DGC 时模型训练收敛效果及梯度压缩率变化效果

其实，在机器学习和深度学习等算法中，不仅数据的冗余性很高(如第 4 章所述)，模型参数和梯度的冗余性也很高。如果能够找到普适的模型参数和梯度压缩方法，将对模型训练加速带来非常大的帮助，同时也会降低对分布式软件系统和硬件系统的要求。

6.3.4 调参侧加速

除了数据预处理方面的优化技巧之外，以上提到的训练加速策略主要偏向系统侧。模型在训练过程中其实有非常多的超参数需要调节，这些超参数会影响模型的收敛效果。模型训练的端到端加速一定是以达到期望精度为前提的。如果算法调参调不好，即使系统加速能力再强也无能为力。相反，如果调参调得好，使得训练收敛步数变少，那么再加上系统侧加速后，端到端的训练加速效果就会更好。

1. 使用 MoXing 进行参数调整

下面将主要介绍与模型微调相关的参数调整策略，以及常用的学习率调整策略。

1）调整载入参数和冻结参数

以深度学习为例，加速模型训练的一个可行办法是从另一个任务的已有模型中迁移参数，前提是要满足在这两个任务中算法的网络结构（至少是特征提取部分的网络结构）是一致的，这样只需要对最终的分类或回归层进行修改即可。参数之所以可以迁移重用，是因为模型具备可以复用的特征提取能力。而深度模型在不同层所提取特征的抽象程度不同，通常越浅层的特征越具备通用性，因此我们可以选择将浅层的参数冻结，只训练深层的参数。这样既可以加速训练过程，又可以防止已经训练好的特征提取能力在新任务中被破坏。具体要在哪一层开始冻结通常无法直接判断，需要尝试来得到冻结层的最佳选择。一个基本经验是：当前训练模型的数据与之前训练模型的数据较为相似时，可以冻结前面较多的层，仅微调输出层或者包括输出层在内的最后几层。

MoXing-TensorFlow 提供以下参数，让用户可以控制参数载入和微调层级。

- checkpoint_include_patterns/checkpoint_exclude_patterns：通过白名单或黑名单配置预训练模型 checkpoint（检查点）需要加载哪些层。例如使用 ResNet50 加载 ImageNet 预训练模型在新的数据集上做微调时，可以选择将最后一层分类层以外的所有参数都加载（例如可设置 checkpoint_include_patterns=logits,global_step）。
- trainable_include_patterns/trainable_exclude_patterns：通过白名单或黑名单配置可以被训练的参数层。被 exclude 的参数即为被冻结的参数，被 include 的参数即为可微调的参数。当用户数据量小但是任务或数据间相似度高时，可以选择冻结除了分类层以外的所有层（例如，设置 trainable_include_

patterns=logits)，否则，可以选择冻结较浅的前几层（例如，设置 trainable_exclude_patterns=conv1,conv2）。

2）调整学习率

在模型训练过程中，学习率的调整至关重要，它会对模型收敛造成很大的影响。经典的学习率调整策略是使用分段函数，例如在 ImageNet 分类数据上训练时，会经常使用分段恒定的学习率调整策略，即每训练一定个数的 epoch 之后，学习率下降一个固定倍数。每次学习速率的降低都会带来一次损失函数值的骤降。后来越来越多的学习率策略出现，目前常用的学习率策略是 CosineDecay，即余弦退火策略。余弦函数的特点是在训练的初期和末期学习率的斜率小、变化小，在训练的中期斜率大、变化大。余弦退火策略已经在很多深度学习应用中表现出很好的收敛速度和精度。在余弦退火策略中也可以加入重启机制，即每次余弦退火完毕后，将学习率恢复到上一阶段余弦函数初始值的一半再进行一次退火。另外，通常余弦退火策略可以配合 WarmUp 策略和 CoolDown 策略，来取得更好的收敛效果。WarmUp 策略是为了避免训练阶段前期学习率较大时训练不收敛的问题，将学习率从一个较小的值慢慢提升到初始学习率。CoolDown 策略是指在训练末期将学习率固定在一个较小的值，保证收敛的稳定性。

分段学习率和余弦退火学习率调整策略的对比如图 6-13 所示。

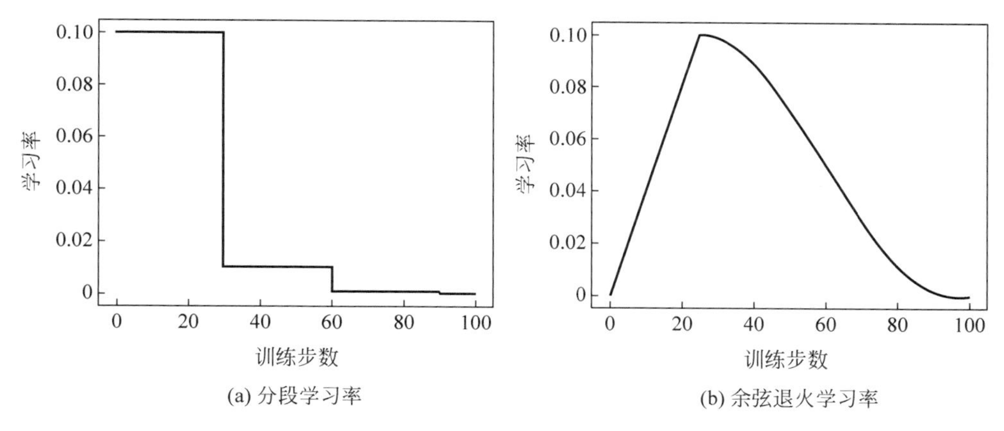

图 6-13 分段学习率和余弦退火学习率对比

另外，对于大规模分布式训练而言，通常采用特殊的优化器，例如：

(1) LARS(Layer-wise Adaptive Rate Scaling)。在批大小很大（例如几千以上）的情况下，收敛精度随着批大小的增大而受到损失，使用 LARS 可以逐层调节学习率，让梯度小的单元得到更大的学习率，而梯度大的单元适当减小学习率，最终保证模型的收敛性。

（2） LAMB（Layer-wise Adaptive Moments Optimizer for Batch training）：LAMB 将 LARS 中的 SGD 下降替换成了 Adam 下降，并且修正了参数衰减的计算公式。有人已经证明 LAMB 可以用于 BERT 等自然语言预训练模型的分布式加速。

2. 使用 MoXing 进行超参自动调优

从前文可以看出，模型训练过程包含非常多的超参数，因此可以采用超参自动调优来快速选择最佳超参，减少人为调参时间和成本，进而间接地起到训练加速的效果。不同于业界常用的 Bayesian Optimization（BO，贝叶斯优化）、HyperBand 等传统超参搜索等方法，MoXing 内置的基于学习率测试的方式可以使得超参搜索时间压缩到单次训练的 20％左右，并保证精度与人工搜索精度接近。由于传统的训练通常需要经过多次超参调优才能达到最终精度需求，耗费训练次数多，因此整体训练非常耗时。如果采用 MoXing 超参调优，则整体时间会大幅缩短。

MoXing 中新增了 HyperSelector 超参自动选择算法，支持自定义搜索列表，通过配置 param_list_spec 参数，可指定待搜索参数的列表。使用 HyperSelector 超参自动选择算法后，param_spec 就保存了 HyperSelector 选择出的最优参数值。基于 MoXing-AutoSelector 的训练样例如下：

```
import tensorflow as tf
import moxing.tensorflow as mox
import ...

#主函数里首先会获取或配置一些基本变量：worker 节点的个数、元数据信息
#保存 summary 信息的步数，保存模型参数的步数、本地缓存路径、运行步数等
def main():
    #获取或配置一些基本变量
    ...
    #参数：run_mode: TRAIN or EVALUATE
    def input_fn(run_mode, ** kwargs):
        #获取数据信息
        dataset = mox.get_dataset(...)
        image, label = dataset.get(['image', 'label'])
        #数据增强处理
        data_augmentation_fn = ...
        label -= labels_offset
        #返回处理后的图像和标签
```

```
    return image, label

# 参数: inputs: input_fn()的返回值
def model_fn(inputs, run_mode, ** kwargs):
    param_spec = kwargs['param_spec']
    # 获取模型函数
    model_fn = mox.get_model_fn(...)
    # 若存在'AuxLogits'层,则添加'AuxLogits'loss
    total_loss = 'AuxLogits'loss + 'logits'loss + 'regularization' loss
    # 返回模型信息
    return mox.ModelSpec(loss = total_loss, hooks = early_stopping_hook, ...)

# 返回一个优化函数
def optimizer_fn( ** kwargs):
    param_spec = kwargs['param_spec']
    # 配置学习率
    lr = config_lr()
    # 支持'sgd','momentum'
    opt = mox.get_optimizer_fn('sgd' or 'momentum')
    return opt

# 创建 param_spec,指定待搜索的超参数
param_spec = mox.auto.ParamSpec(weight_decay, momentum, learning_rate, ...)

# 创建 param_list_spec,指定待搜索的超参数的搜索范围
param_list_spec = mox.auto.ParamSpec(weight_decay = [xx, xx, xx], momentum = [xx, xx,
xx], ...)

# 使用 HyperSelector 自动选择超参
if FLAGS.hyper_selector:
    param_spec = mox.auto.search(
        input_fn = input_fn,
        batch_size = FLAGS.batch_size,
        model_fn = model_fn,
        optimizer_fn = optimizer_fn,
        auto_batch = FLAGS.auto_batch,
        select_by_eval = FLAGS.select_by_eval,
        total_steps = FLAGS.pre_train_epoch * num_train_epoch_steps,
        evaluation_total_steps = num_valid_epoch_steps,
        param_spec = param_spec,
        param_list_spec = param_list_spec)

    tf.logging.info("Best lr %f, Best weight_decay %f, Best momentum %f ",
                    param_spec.learning_rate,
                    param_spec.weight_decay,
```

```
                        param_spec.momentum)

    #运行模型
    mox.auto.run(input_fn = input_fn,
                 model_fn = model_fn,
                 optimizer_fn = optimizer_fn,
                 param_spec = param_spec,
                 batch_size = xxx,
                 log_dir = xxx,
                 run_mode = xxx,
                 ...)

if __name__ == '__main__':
    main()
```

6.4 自动搜索

前文主要介绍了典型的模型训练流程及加速策略,但是这对开发者有很高的要求。开发者必须选择合适的数据预处理方法,随后选择恰当的算法及优化策略。在做模型训练时,通常又需要做大量的超参数优化以获得期望的精度。训练完成后,有时还需要将模型进行二次优化(例如压缩模型大小)。开发者要通过这一套流程找到最终满意的模型参数,往往非常耗时、复杂,并且对开发者的技能和经验要求也非常高。为了进一步降低人工调参的成本与门槛,学术界很早之前就提出了 AutoML 的概念,并提出了如前文所述的 Bayesian Optimization 等经典的超参搜索算法。严格地说,现阶段的 AutoML 已经远远不止包括传统意义上的超参搜索,还包括整个训练过程的数据预处理和增强策略搜索、神经网络架构搜索(Neural Architecture Search,NAS)、模型优化策略搜索等。当然所有这些需要搜索的参数也可以看作广义的超参数。

AutoML 算法通常包含搜索和评估两个过程。搜索过程中算法使用搜索器在巨大的搜索空间(搜索空间指待搜索变量所组成的参数取值空间)下找出可能满足要求的次优解,常用的搜索器一般有演化算法、蒙特卡洛搜索树、贝叶斯搜索器、强化学习等。评估过程则负责根据搜索出的备选方案进行模型训练,获取对应的评估指标,这一步通常耗时巨大,也催生了例如共享权重、指标预测等加速技术。搜索与评估两个过程不断迭代，直到找到满足约束的解为止。

目前，AutoML已经在图像分类、目标检测等场景中取得了比较大的成功。如第5章所述，近期流行的高精度模型EfficientNet、EfficientDet就是通过AutoML的方法搜索出来的。

6.4.1 AutoSearch框架

虽然目前学术界AutoML领域百花齐放，各种研究成果层出不穷，但落到实际的业务场景上，却是困难重重。AutoML旨在代替算法专家，降低算法调优门槛与人力成本，但要在具体场景上应用起来会涉及搜索空间的设计与修改、业务代码对搜索空间的表达，以及AutoML算法针对搜索空间的重新定制，这反倒增加了AutoML技术使用者的开发成本，这也是目前很少有通用的AutoML开发框架的原因。

当把一项AutoML算法应用在业务场景上时，开发者需要识别哪些变量对于最终目标至关重要，并针对业务场景定制一套搜索空间，随后需要仔细阅读算法论文和源代码（大部分的AutoML算法甚至并没有开源），然后针对自己的搜索空间修改或实现搜索算法，并在自己的业务代码中对该搜索空间进行表达和解释。最后开发者还需要一个分布式任务调度框架，将搜索任务规模化自动执行来缩短搜索的总时间（一个常规的AutoML搜索算法耗时通常在几十到几千GPU×小时，甚至更多）。这一套流程冗长且门槛极高，这与AutoML的理念背道而驰。

为了解决这一问题，真正让AutoML技术普惠大众，ModelArts内置了自研的AutoSearch引擎，可以帮助开发者自动搜索数据增强策略、模型架构、优化器超参及模型压缩策略等，以最小的成本实现人工训练过程的自动化，如图6-14所示。在超参搜索方面，6.2.4节中提到的MoXing的HyperSelector搜索速度很快，但是依赖于MoXing框架，而AutoSearch中的超参搜索不限定开发者一定要基于MoXing框架开发，所以超参搜索更加灵活，搜索算法也可适用于更多类型的超参。

AutoSearch针对常用网络（例如ResNet、MobileNet）设计了一套有效的预置搜索空间。AutoSearch对搜索空间进行了抽象，可实现搜索算法与搜索空间的解耦，开发者无须写代码即可设计符合业务场景的搜索空间。例如，AutoSearch规定了搜索算法输出的网络结构编码中第一位代表网络总层数，那么开发者可以通过配置该位的取值范围，以控制搜索空间偏向于深层还是浅层网络；针对预置的搜索空间，AutoSearch也同时预置了可解释的API，允许用户最小化对自己业务代码的修改；此外，AutoSearch还支持自动搜索任务高度并行化执行及可视化展示等特性。

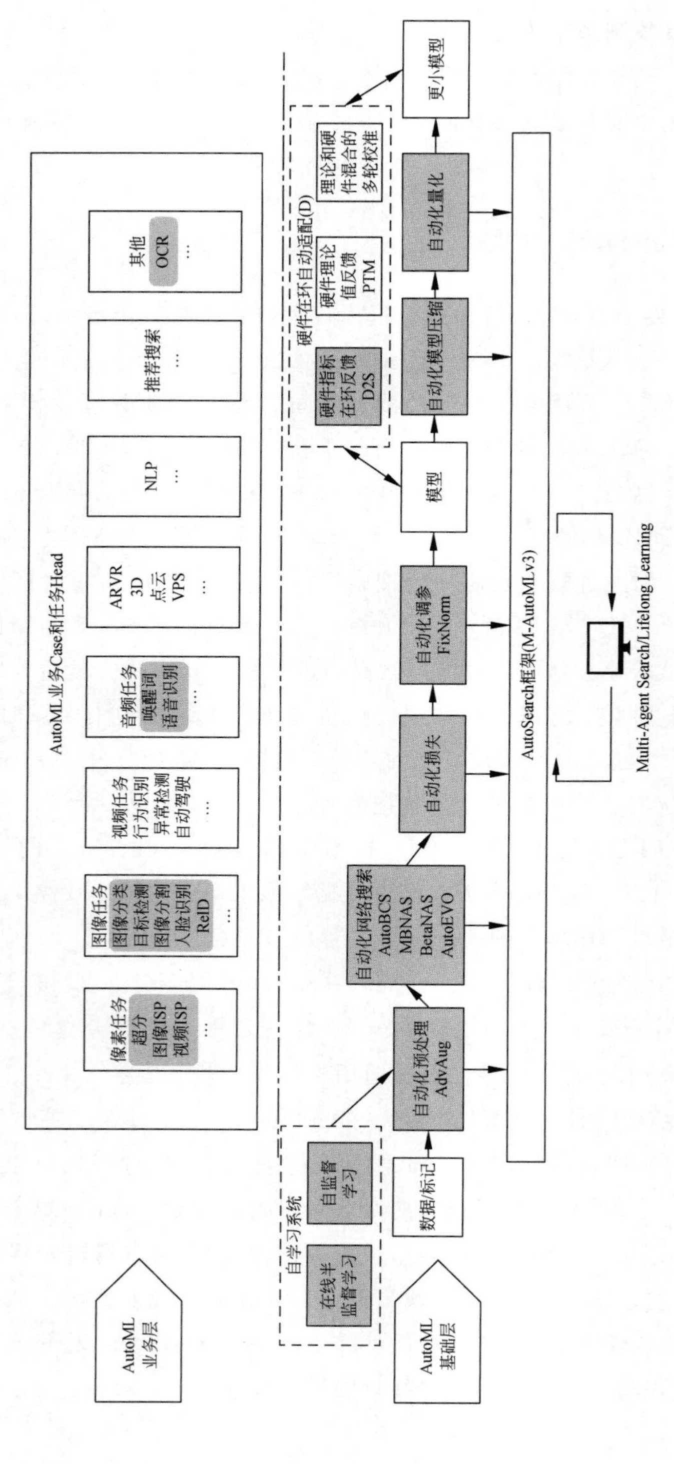

图 6-14 基于 AutoSearch 的 AutoML 开发流程

AutoSearch 引擎的主要特点是：

1）易用性

对于初学、进阶、专业等不同层级的开发者，AutoSearch 提供了不同的使用方式，每一种都尽可能地做到简单、易用，同时又具备足够的灵活性。在最理想的情况下，开发者甚至不需要进行业务代码的修改，就能够使用 AutoSearch 提供的自动搜索功能。

2）先进性

除去已有的各种开源经典 AutoML 算法，AutoSearch 内置了业界领先的自研 AutoML 算法，这些算法都在商业场景上得到过充分的验证，例如：

- AdvAug 自动数据增强算法，采用对抗训练的思想生成数据预处理策略，搜索效率大幅提升，并可使 ResNet50 在 ImageNet 数据上的 Top1 精度从 77.1% 提升至 80%。
- BetaNAS 模型搜索算法，基于超网采样与选择性剪枝的思想，在 ImageNet 数据上的 Top1 精度可达到 79%。
- MBNAS 模型搜索算法，基于精度和时延预测的思想，可以插件式地应用于不同的模型，低成本地在不同任务上迁移，高效搜索出最优模型。
- AutoBCS 模型搜索算法，用于对目标网络进行自动缩放，通过对网络结构进行微调以达到更快的速度和更高的精度，相比于其他同类的 NAS 算法，在搜索效率、泛化性、精度方面有全面优势。
- FixNorm 自动调参算法，针对深度学习的训练，通过数学变换融合了多元超参，只需要 6 倍的训练时间就可以准确搜索出超过人类精调的超参，比业内使用最广泛的经典 Bayesian Optimization 效率提升 4 倍以上。

多元搜索支持多维度（超参、神经网络结构、数据增强等）联合搜索能力，可以级联不同的搜索模块，通过自研的通用搜索加速调度器，解决级联下的超大搜索空间的高成本问题，快速达到极致搜索效果。

6.4.2 基于 AutoSearch 进行搜索

基于 AutoSearch 引擎，开发者可以提交自动搜索作业。可以采用以下几种方式：

1. 无须代码修改即可进行超参搜索

AutoSearch 会解析用户训练代码的 stdout（标准输出）、stderr（标准错误）流和 logging 以查找反映模型在数据集上表现的算法指标，例如 loss 或 accuracy。

例如通过以下配置，开发者可以指定以日志中的 accuracy 作为本次搜索所关注的核心指标。

```
general:
  gpu_per_instance: 1
search_space:
  - params:
    - type: Continuous_Param
      name : x
      start: 1
      stop: 4
      num: 2
    - type: Continuous_Param
      name : y
      start: 1
      stop: 4
      num: 2
search_algorithm:
  type: anneal_search
  max_concurrent: 2
  reward_attr: accuracy
  report_keys:
    - name: accuracy
      regex: (?<= accuracy = ). + (? = ;)
  save_model_count: 3
  num_samples: 6
  mode: max
scheduler:
type: FIFOScheduler
```

使用 AutoSearch 进行超参搜索，用户无须进行业务代码修改，不用维护多套代码，可以做到零成本迁移。目前已支持 FixNorm、TPE(Tree of Parzen Estimators)、Bayesian Optimization、AnnealOpt 等超参搜索算法，其中，FixNorm 通常在人工调优的基础上，还可以将精度提升 1%左右。

2. 修改 3 行代码即可提升性能

AutoSearch 针对经典网络与常用场景，提供了预置的搜索空间及对应编码的解释能力(例如将编码翻译成 TensorFlow 代码)，用户在使用时无须自己设计搜索空间及编写结构编码的解释代码，仅需在配置中选择预置的搜索空间，并在代码中调用 AutoSearch 的 API，就可以完成对业务代码的改造，快速拥有 AutoML 能力，以此提升模型性能。

假设开发者手头已经有了一个类似 ResNet50 的分类算法用于训练，可按照以下方式修改代码，用 AutoSearch 预置的 ResNet50 替换原有算法，代码如下：

```
import autosearch
from autosearch.client.nas.backbone.resnet import ResNet50
#自定义的预处理代码
logits = ResNet50(image_shaped_input, include_top = True, mode = "train")
#自定义的训练代码
```

随后选择预置的 ResNet50 搜索空间，其默认配置如下：

```
general:
  gpu_per_instance: 1
search_space:
  builtin: ResNet50Lite
search_algorithm:
  type: grid_search
  reward_attr: accuracy
  report_keys:
    - name: accuracy
      regex: (?< = accuracy:). + (? = .)
scheduler:
  type: FIFOScheduler
```

最终搜索结果如图 6-15 所示。

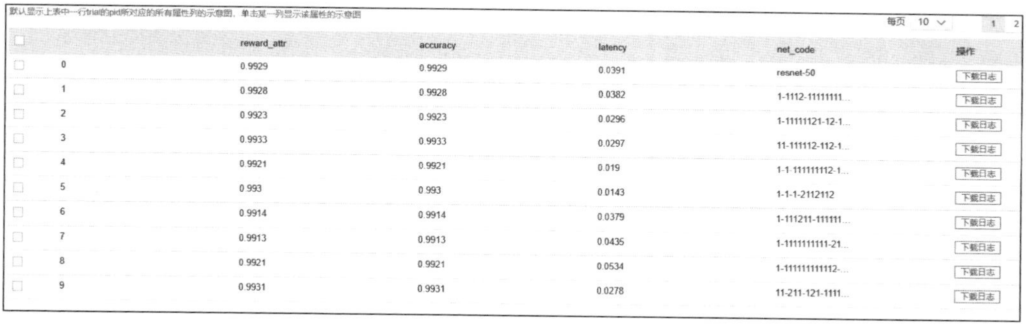

默认显示上表中一行trial的pid所对应的所有属性列的示意图，单击某一列显示该属性的示意图

每页 10　1　2

		reward_attr	accuracy	latency	net_code	操作
□	0	0.9929	0.9929	0.0391	resnet-50	下载日志
□	1	0.9928	0.9928	0.0382	1-1112-11111111...	下载日志
□	2	0.9923	0.9923	0.0296	1-11111121-12-1...	下载日志
□	3	0.9933	0.9933	0.0297	11-111112-112-1...	下载日志
□	4	0.9921	0.9921	0.019	1-1-111111112-1...	下载日志
□	5	0.993	0.993	0.0143	1-1-1-2112112	下载日志
□	6	0.9914	0.9914	0.0379	1-111211-111111...	下载日志
□	7	0.9913	0.9913	0.0435	1-1111111111-21...	下载日志
□	8	0.9921	0.9921	0.0534	1-111111111112-...	下载日志
□	9	0.9931	0.9931	0.0278	11-211-121-1111...	下载日志

图 6-15　基于 AutoSearch 预置的 ResNet50 的搜索结果展示

从图 6-14 可以看到相比于原版的 ResNet50，AutoSearch 搜索得到的最优模型可以在精度持平甚至略胜一点的情况下将其推理速度提升 1 倍以上。

3. 更灵活地使用 AutoML

对于追求极致精度与性能的开发者，需要针对业务场景与基准模型设计合适的搜索空间，这一步通常会涉及搜索算法本身的修改，因此门槛高、工作量大。但AutoSearch 对不同算法的搜索空间进行了抽象，让用户既可以灵活地针对业务需求修改搜索空间，又不会因为过多、过难的开发工作而望而却步。

以 BCS(Block Connection Style)算法为例，AutoSearch 提供了针对网络层数和每层通道数的搜索空间，开发者可以针对该搜索空间下每个值的取值范围和变化步长进行调整，从而达到灵活调整搜索空间的目的。

开发者可以灵活配置 BCS 搜索空间(以 ResNet 为基础架构)，配置如下：

```
general:
  gpu_per_instance: 8
search_space:
  - type: Discrete
    params:
    - name: coding_step
      values: [1, 1, 1, 1, 1, 1, 1, 1]
    - name: coding_min
      values: [0, 0, 1, 2, 1, 1, 1, 1]
    - name: coding_max
      values: [3, 5, 6, 6, 10, 10, 10, 10]
search_algorithm:
  type: Bcs_Generator
  reward_attr: acc
  batch_size: 10 #At least 4, no smaller than 8 is recommended.
  init_pkl_url: None
  history_record_url: None
  acc_threshold: -1
  sample_method: GP
  search_space_class: autosearch.examples.bcs.check_validation
  search_space_kwargs:
    max_flops: 620000000
    sample_num: 10000
    ascending_dims: [0, 1, 2, 3]
scheduler:
  type: FIFOScheduler
```

针对自定义的搜索空间，用户需要实现自己的搜索空间解释器，输入的是神经网络编码，而输出的是该神经网络编码对应的 PyTorch 或者 TensorFlow 模型，示例代码如下：

```
def resnetParser(
    coding = tuple([1, 2, 3, 4, 2, 2, 2, 2]), init_weight = True, num_classes = 1000,
    ):
    layers = tuple(coding[4:])
    channels = tuple([2 ** i * 32 for i in coding[:4]])
    model = ResNet(BasicBlock,
                layers = layers,
                channels = channels,
                init_weight = init_weight,
                num_classes = num_classes, )
    return model
```

目前 AutoSearch 中支持微调搜索空间能力的算法有 Adversarial-AutoAug、BCS、Evolution、MBNAS、FixNorm 等。

未来 AutoSearch 将与具体任务和领域进一步结合，利用领域任务的先验知识和基础算法的优化方法，进一步提升搜索效率，加快模型训练和产出。

6.5　弹性训练

如前文所述，训练的资源消耗会随着模型的加大而变多，并且每个模型在训练时或多或少都需要进行超参搜索或者其他维度（模型架构等）的自动搜索，因此模型训练的资源消耗和成本势必进一步增加。

在深度学习分布式训练不断发展的现状下，各类模型的训练对于计算设备数（GPU 卡数等）的需求越来越大。几十卡的训练作业司空见惯，成百上千卡的大型训练作业也经常出现。由于深度学习对于资源的巨大需求，各个云服务都提供了大量计算资源。但由于各种原因，训练作业的资源还没有被充分利用。造成资源浪费的原因非常多，主要包括以下几点：

（1）训练算法代码本身质量不高、资源利用率低。当开发者需要更灵活地开发算法时，就会自然地舍弃一些性能方面的优化，包括计算设备资源利用率的优化。这是业界一个非常普遍的现象。

（2）模型大小及超参数的设置不佳。模型大小和超参数的设置会显著地改变计算资源的利用率。例如当批大小的取值较小时，资源的利用率可能会下降。但当超参数和资源利用率的相关性并不十分明确时，就需要丰富的经验作为支撑，这也对开发者提出了较高的要求。

(3) 资源池整体利用率有波动。类似于“峰谷电”，训练作业的提交也有高峰期和低谷期。如果没有弹性的调度能力，就会造成很大的资源浪费。

为了提升整个集群的资源利用率，除了算法本身的优化之外，更重要的是要在云服务及计算引擎层面提供弹性能力，以便整体资源能够容纳更多的训练作业，进而降低训练成本，使开发者受益。

在弹性计算引擎方面，业界已有不少成果。例如 Elastic Horovod 支持 Horovod 在运行态中实时地扩容和缩容，而不需要停止和重新载入模型 Checkpoint；TorchElastic 是 PyTorch 框架对于弹性分布式训练的一种支持组件，具备容灾和弹性资源分配的能力。

在云服务方面，ModelArts 支持训练作业按照 3 种模式来运行：性能模式、经济模式和常规模式，如图 6-16 所示。当开发者选择性能模式时，ModelArts 会将尽可能多的资源分配给当前的训练作业，保证其以最高效率的方式进行；而当开发者选择经济模式时，ModelArts 会尽可能从性价比的角度做调度，使得训练作业最终成本最低。这两种模式都会涉及不同层面的弹性调度和计算。常规模式就是指开发者按需指定固定的资源数然后开始训练，训练过程中资源数量不会发生变化。

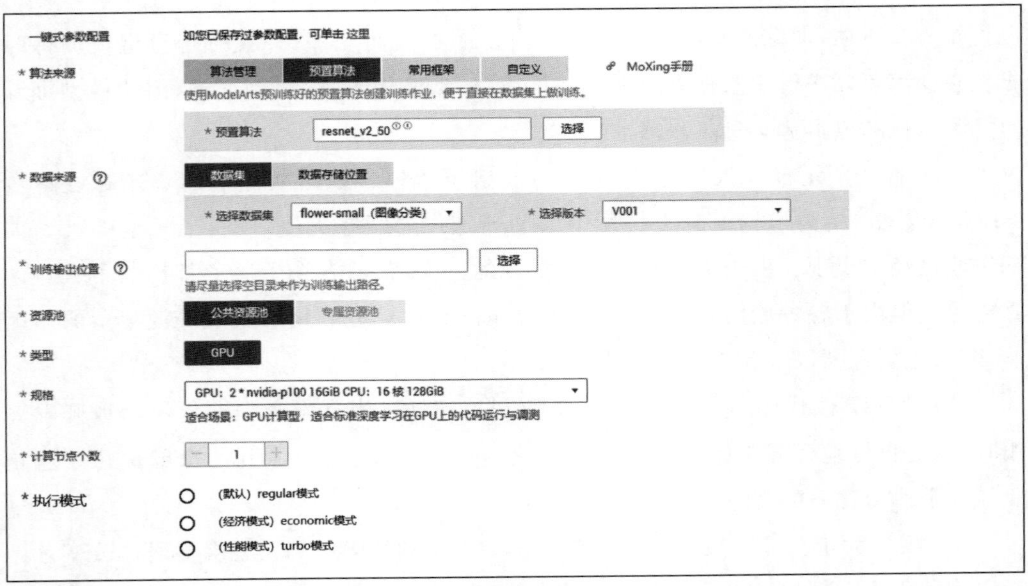

图 6-16　ModelArts 操作界面展示

在提升资源利用率、降低训练成本或者提升训练性能的同时，ModelArts弹性训练还解决了以下几个主要问题：

(1) 弹性扩缩容影响精度的问题。深度学习的训练对超参数非常敏感，分布式节点数也是超参数当中重要的一部分。因此弹性扩缩容带来的节点数变化，进而会影响训练的精度。如果不加任何处理单纯地扩缩容，会导致训练精度的下降，并且用户配置的超参数会失去对于结果的参考价值，使得调参也变得极其困难。ModelArts通过自适应参数调节策略来解决这个问题。

(2) 新增节点的初始化问题。在容器化部署的深度学习分布式训练中，每个容器都是独立运行的环境，因此需要一定的初始化过程，包括完成数据集的下载、训练进程的启动等。ModelArts通过一系列缓存技术及热启动技术可以有效提升节点初始化效率，从而避免已有训练节点的等待。

开发者在提交弹性训练作业的代码时，可参考如下示例：

```
import tensorflow as tf
import moxing.tensorflow as mox
import ...

#主函数里首先会获取或配置一些基本变量：worker节点的个数、元数据信息、保存summary
#信息的步数、保存模型参数的步数、本地缓存路径、运行步数等
def main():
    #获取或配置一些基本变量
    ...

    #参数：run_mode: TRAIN or EVAL
    def input_fn(run_mode, ** kwargs):
        return image, label

    #参数：inputs: input_fn()的返回值
    def model_fn(inputs, run_mode, ** kwargs):
        return mox.ModelSpec(...)

    #返回一个优化函数
    def optimizer_fn( ** kwargs):
        opt = mox.get_optimizer_fn(...)
        #如果需要使用批处理近似

        num_batches = elastic_global_batch_size / ops_adapter.size() / batch_size_per_gpu
        opt = BatchGradientsOptimizer(opt, int(num_batches),
                                      sync_on_apply = False,
                                      use_queue = False,
```

```
                                        elastic_batch = True)
        return opt

    #运行模型
    mox.run(input_fn = input_fn,
            model_fn = model_fn,
            optimizer_fn = optimizer_fn,
            log_dir = xxx,
            run_mode = xxx,
            ...)

if __name__ == '__main__':
    main()
```

需要配置的参数如下：

```
variable_update = elastic_ssgd
elastic = True
elastic_strategy = batch_gradient
elastic_global_batch_size = 512            #可根据实际情况修改
elastic_batch_size_per_device = 64         #可根据实际情况修改
```

6.6 联邦协同训练

联邦协同训练是指在保护数据隐私的同时，充分利用多用户、多作业、多计算资源的协同能力以增强训练效果的技术方法。狭义的联邦协同训练是指联邦训练本身，主要由训练管理完成；广义的联邦协同训练是指端到端的联邦人工智能应用开发，由数据管理、训练管理、模型管理、应用管理等多个模块联合完成。联邦协同的方式包括多用户之间协同、跨端-边-云多种资源之间的协同等多种协同方式。

联邦活动用于管理多个联邦的作业，并配置其联邦训练策略，即启动策略、运行策略、终止策略等。联邦训练本身受到了多项约束，包括数据评估、模型聚合、模型评估等，用以保障联邦训练的最终效果，这些能力都统一由MoXing框架承载。MoXing框架可在端、边、云不同的计算环境中执行训练，并且在保证数据隐私的同时，实现不同计算环境之间任务的交互。

ModelArts联邦协同训练总体架构如图6-17所示。

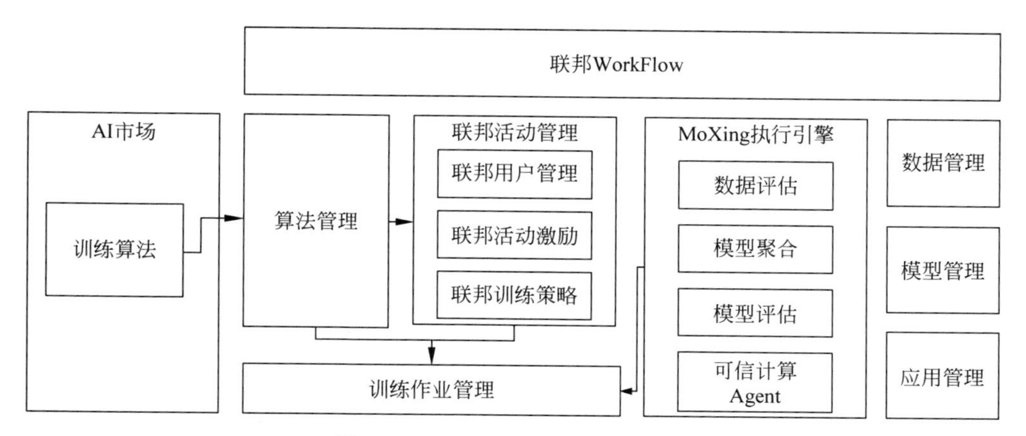

图 6-17 ModelArts 联邦训练架构

在数据隐私防护方面，ModelArts 联邦协同训练集成了可信计算插件，对于模型参数或梯度的传输、计算提供可信保障。值得注意的是，数据隐私安全只是联邦协同训练的基本能力，其更有吸引力的地方在于有类似场景的不同开发者之间可以互相收益，达到“众人拾柴火焰高”的效果。

第7章

模型评估和调优

模型训练后需要进入模型评估和调优阶段，以尽快发现模型的不足并进行优化。一般在学术界，模型评估主要是指对模型精度的评估，是从算法的角度考虑的。但在人工智能应用实际的开发过程中，虽然模型的精度非常重要，但是模型评估还要考虑其他指标的评估，包括性能、可解释性等。这些指标之间不是相互独立的，而是有一定的耦合关系。因此，模型评估和调优阶段，也需要做很多平衡。

下面先介绍几个常用的关键指标。

(1) 精度。指模型输出与预期结果的匹配程度，如第2章所述，可以是图像分类任务中的准确率、精确率、召回率、F1值等，也可以是目标检测任务中的mAP，或语义分割任务中的平均交并比等。对于一些半监督学习问题或者无监督学习问题，一般采用一致性指标或相似度指标来衡量模型输出是否符合预期。通常这些精度值越高，则模型的能力越强。

(2) 性能。主要指模型的推理时延、吞吐量，以及模型对资源的消耗(如AI设备利用率、显存占用、内存占用、存储占用等)。这些指标按照业务场景的不同具有不同的重要性，通常需要实时推理的场景对于时延指标更加关注，而离线分析的场景，则对吞吐量指标更加关注。

(3) 能耗。对于一些端侧设备或者IoT(Internet of Things)设备而言，计算资源和电源资源紧缺，所以能耗的评估非常重要。在底层软硬件相同的情况下，模型的复杂度是影响能耗的主要因素。

(4) 可解释性。可解释性可以帮助开发者更深入地理解并优化模型，在某些特定领域，例如医疗、自动驾驶等，如果模型不可解释，一旦出错就难以分析根因，使得系统变为一个黑盒。

当然，正如第1章所述，人工智能应用还有其他特点，例如公平性、鲁棒性等。由于人工智能应用的主要组成部分就是模型，因此大部分这些特点也可以看作模型的特点。总体看来，目前业界相对成熟的评估体系主要是针对精度和性能这两方面，其他维度的评估体系还有待完善。因此，本章也主要聚焦模型的精度和性能两个指标。

如果模型的指标达到期望的要求，则可以进入测试和部署阶段；如果模型的指标没有达到要求，则需进一步做根因分析并优化模型。然而这种根因分析非常复杂，可能涉及数据处理、模型结构设计、损失函数设计、超参调优等多方面原因，要求开发者有一定的问题定位和优化经验。为了降低模型调优的门槛，ModelArts 提供了模型评估与诊断服务，用以从多个方面对模型进行评估的同时，给出一系列不同方面的诊断建议，开发者可以根据建议不断迭代使模型达标。

简单来说，在 ModelArts 上使用模型评估功能，是在得到首次训练的模型之后。我们先将模型推理结果、原始图像和真实标签送入模型评估模块中，这个模块会从数据、模型两个方面对模型的综合能力（包括精度、性能、对抗性和可解释性）进行综合评估，最终针对可能存在的问题输出一些改进模型能力的诊断建议。开发者在这些建议的帮助下，使模型达标，并最终部署成能实际应用的推理服务。

此外，ModelArts 内置了 moxing. model_analysis 模块，包含了常用的评估指标计算接口、诊断建议接口。开发者还可以基于此模块自定义其他所需评估的指标。

7.1 模型评估

7.1.1 精度评估

精度指标的多样性和重要性是开发者比较容易忽略的问题。很多人认为模型的好坏可以通过准确率这一个指标来判断。但在不同的应用场景中，精度的要求是有侧重的。例如在图像内容审核任务中更加看重的是某些关键类别的召回率，那么在实际的模型优化中，需要更加关注召回率而非准确率。开发者通过调节各个精度指标之间的平衡点，可以更好地满足业务的需求。因此本节将系统地梳理几个经典任务的精度评估指标，便于根据具体业务进行细粒度分析。

1. 精度评估指标计算

下面以图像分类、目标检测等常见的视觉任务为例，介绍精度评估指标的计算方法。

1）图像分类模型的精度指标计算

与其他分类模型一样，图像分类模型的精度评估指标包括混淆矩阵、准确率、召回率、精确率、F1 值、ROC 曲线、*P-R* 曲线等。

（1）混淆矩阵。混淆矩阵是所有分类算法模型评估的基础，它展示了模型的推理结果和真实值的对应关系。例如，某 4 分类模型的混淆矩阵如表 7-1 所示，其中每一行表示推理结果为某类别的真实类别分布，每一列表示某真实类别的推理类别分布。以 A 类为例，推理结果为 A 的样本有 72 个（按行将 4 个数 56、5、11、0 相加），真实类别为 A 的样本有 71 个（按列将 4 个数 56、5、9、1 相加）。

表 7-1 混淆矩阵示例

推理类别/真实类别	A	B	C	D
A	56	5	11	0
B	5	83	0	26
C	9	0	28	2
D	1	3	6	47

另外还需要定义几个核心概念：TP（True Positives，真阳性样本数）、FP（False Positives，假阳性样本数）、FN（False Negatives，假阴性样本数）、TN（True Negatives，真阴性样本数），具体定义如表 7-2 所示。在上述示例中，以 A 类为例（如果将其看作正类，将其他 3 个类别看作负类），TP 为 56，FP 为 16（即混淆矩阵第一行 5、11、0 的和），FN 为 15（即混淆矩阵第一列 5、9、1 的和），TN 为 195（即混淆矩阵中除了第一行、第一列之外其他值的和）。这 4 个值都是与某个类别强相关的，在多分类问题中，每个类别的这几个值都不一样。

表 7-2 TP、FP、FN、TN 的定义

名　称	定　义
TP	被正确地推理为正类别的样本个数
FP	被错误地推理为正类别的样本个数
FN	被错误地推理为负类别的样本个数
TN	被正确地推理为负类别的样本个数

（2）准确率（Accuracy，ACC）。最常用、最经典的评估指标之一，表示对于某一类别（将该类别看作正类，将其他类别看作负类）而言，推理结果正确的样本所占的比例，计算公式为

$$\mathrm{ACC}=\frac{\mathrm{TP}+\mathrm{TN}}{\mathrm{TP}+\mathrm{TN}+\mathrm{FP}+\mathrm{FN}}$$

(3) 错误率(Error Rate,ERR)。与准确率定义相反,表示对于某一类别而言,分类错误的样本所占的比例,计算公式为

$$\mathrm{ERR}=\frac{\mathrm{FP}+\mathrm{FN}}{\mathrm{TP}+\mathrm{TN}+\mathrm{FP}+\mathrm{FN}}=1-\mathrm{ACC}$$

(4) 精确率(Precision,P)。对于某一类别而言,被推理为正类别的样本中确实为正类别的样本的比例,计算公式为

$$P=\frac{\mathrm{TP}}{\mathrm{TP}+\mathrm{FP}}$$

(5) 召回率(Recall,R)。对于某一类别而言,在所有的正样本中,被推理为正样本的比例,计算公式为

$$R=\frac{\mathrm{TP}}{\mathrm{TP}+\mathrm{FN}}$$

当出现一些异常情况(如分类样本严重不均衡)时,需要分别分析每个类别的每个指标,而不能看单一指标。例如对于某个三分类任务,假设共有10000个样本,其中A样本9800个,B样本100个,C样本100个。在极端情况下,即便分类模型将所有样本预测为A,也会得到98%的准确率。在这种情况下,分类的精确率、召回率就会比准确率更有价值。要全面评估模型的性能,必须同时检查精确率和召回率。遗憾的是,精确率和召回率往往是此消彼长的。通常使用F1值(F1-Score)作为指标,评价精确率和召回率的综合效果,其计算公式为

$$\mathrm{F1}=\frac{2\cdot P\cdot R}{P+R}$$

综合评价精确率和召回率的另一种方法是ROC(Receiver Operating Characteristic Curve,受试者工作特征曲线),又称为感受性曲线(Sensitivity Curve)。ROC反映了在不同阈值(例如模型的分类置信度等)下某类别的召回率随着该类别下FPR(False Positive Rate,假阳性率,用以表示假阳性样本量占整个负样本个数的比例)指标变化的关系。ROC越接近左上角,表示该分类器的性能越好。通常可以计算ROC下的面积(Area Under Curve,AUC)来评价模型的优劣,当AUC值为1时,分类器性能达到最理想状态。

与ROC类似,对于某一类别,P-R 曲线是指不同阈值下Precision值随Recall值变化的曲线,如图7-1所示。分类器的优劣,通常可以根据曲线下方的面积大小来进行判断,但更常用的是平衡点或者F1值。平衡点是当 $P=R$ 时该曲线上对应的点,平衡

点处对应的 P 或 R 越大，则说明分类器的性能越好。同样，F1 值越大，也可以认为该分类器的精度越高。

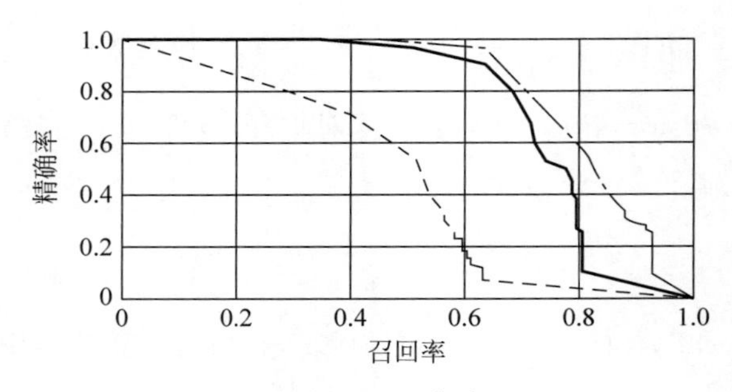

图 7-1　P-R 曲线

以上指标都是针对每个类别单独计算的，即每个类别都有对应的准确率、精确率、召回率，要对模型做出总体评价，需要算出所有类别综合之后的总体指标。求总体指标的方法有两种：宏平均(Macro Average)和微平均(Micro Average)。宏平均通过计算各个类对应的指标的算术平均获得；而微平均先综合每个类别的 TP、FP、TN、FN 的值，然后再重新计算以上各个指标。

前面介绍的评估指标均可以通过 MoXing 提供的接口直接调用计算。

```
import moxing.model_analysis as ma
# 准确率
acc_metric = ma.api.MODEL_ANALYSIS_MANAGER.get_op_by_name('image_classification')('acc')
# 传入推理结果和标签值进行计算，以 acc 为例，其他指标类似
pred_list = [
    [0.1, 0.8, 0.1, 0.0],
    [0.1, 0.05, 0.8, 0.05],
    [0.7, 0.1, 0.1, 0.1],
    [0.2, 0.15, 0.05, 0.6]
]
label_list = [1, 3, 0, 2]
acc = acc_metric(pred_list, label_list)
print(acc['zh-cn']['value'])
# 打印 {'准确率': 0.5}
```

2）目标检测模型的精度指标计算

目标检测模型需要对每一个输出目标框的位置和类别做出综合的评价，精确率、召回率、P-R 曲线等在分类中提到的指标这里也同样会用到，不再赘述。目标检测任务中最经典的评估方法就是计算平均精度均值(mean Average Precision，mAP)，mAP

的定义经常出现在 PASCAL Visual Objects Classes(VOC)等各类竞赛中,其定义为所有类别的平均精确率(Average Precision,AP)的均值。在计算 mAP 之前,必须先计算每一目标类别的 AP。如图 7-2 所示,通过计算预测目标框与真值目标框之间的交并比(Intersection over Union,IoU)是否大于既定的阈值,可以确定真实目标框是否被检测出来。常用的指标 AP_{50} 是指 IoU 阈值为 0.5 时的 AP,AP_{75} 是指 IoU 阈值为 0.75 时的 AP。

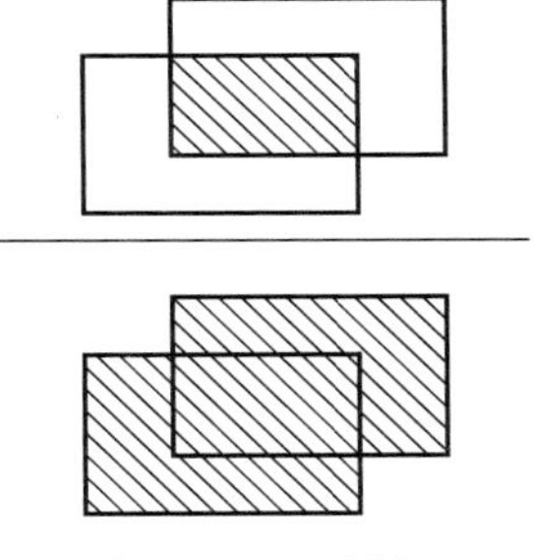

图 7-2　IoU 图解

如果某一预测的目标框偏离真实目标框太远,则说明真实目标框没有被检测出来。通过 IoU 阈值的选择和对预测目标框的判定,以及预测目标框分类情况的判定,开发者可以计算出每个类别相应的 TP、TN、FP、FN,进而计算出 Precision 和 Recall,然后进行 AP 的计算。

对于每个类别的 AP 计算,VOC 竞赛组在 2007 年时提出采用如下算法。对于每个类别先规定 11 个 Recall 阈值:0,0.1,0.2,…,0.9,1,在每个 Recall 阈值下都可以得到一个最大的 Precision 值,每个类的 AP 即为这 11 个 Precision 值的平均值。2010 年之后,VOC 竞赛组采用一种自适应性更好的计算方法:假设每个类别的 N 个被检测出来的样本中有 M 个正例,那么会得到 M 个 Recall 阈值($1/M,2/M,\cdots,M/M$),对于每个阈值,可以计算出当 Recall 大于该阈值时的最大 Precision,然后对这 M 个 Precision 值取平均即得到最后的 AP 值。在某水果目标检测示例中,ModelArts 模型评估对 mAP 和 AP 的计算结果如图 7-3 所示。

平均精度均值 ?

类别标签	apple	banana	orange
平均精度	0.7325	0.4409	0.8122

名称	值
平均精度均值	0.6619

图 7-3　某水果目标检测示例中每个类的 AP 及所有类的 mAP 指标展示图

在分类任务中,混淆矩阵描述了模型推理结果与标签的对应关系,开发者通过混淆矩阵就可以评价模型的精度表现。但是在目标检测任务中,模型的精度不仅包含类别标签的准确性,还包括了目标框位置的准确性,只有当目标框位置和分类类别都正确的时候,才认为模型做出了准确的预测。在 ModelArts 模型评估页面,会自动将错误的预测结果展示出来，并详细展示出 3 类错误原因：①位置误差（位置偏差），表示类别检测是正确的，但预测目标框和真值目标框之间的 IoU 值小于既定阈值，或者同一目标被检测出了两次（例如一个目标的整体和局部同时被检测出来）；②类别误检，预测目标框准确，但分类错误，例如将猫识别成了狗；③背景误检，将背景误检成目标。在某安全帽目标检测场景中，同时出现了这 3 种错误，如图 7-4 所示。

(a) 背景误检和类别误检示意图

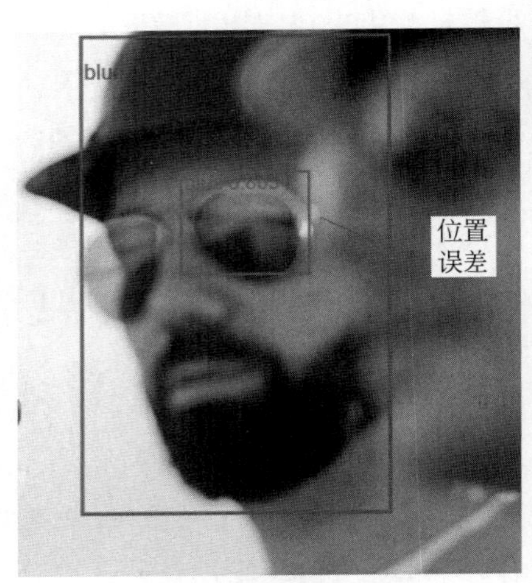

(b) 位置误差示意图

图 7-4　某安全帽检测场景下的 3 类错误示意图

ModelArts 模型评估支持将相同错误类型的个数统计出来，绘制成饼图。以上述安全帽检测为例，其 3 类错误的统计结果如图 7-5 所示，对于蓝色安全帽（类别为“blue”），类别误检占大多数；而对于黄色安全帽（类别为“yellow”），背景误检占大多数。针对每种错误类型，可以深入分析原因并找到优化方法，具体诊断和优化可以参考 7.2 节。

MoXing 中提供的上述两个评估指标的接口如下：

```
import moxing.model_analysis as ma
#平均精度均值
ma.api.MODEL_ANALYSIS_MANAGER.get_op_by_name('image_object_detection')('map')
#误检分析
ma.api.MODEL_ANALYSIS_MANAGER.get_op_by_name('image_object_detection')('fp_analyse')
```

此外，MoXing 还提供其他任务（如图像分割、文本分类等）的一键式模型精度指标计算，在此不一一展开。

blue

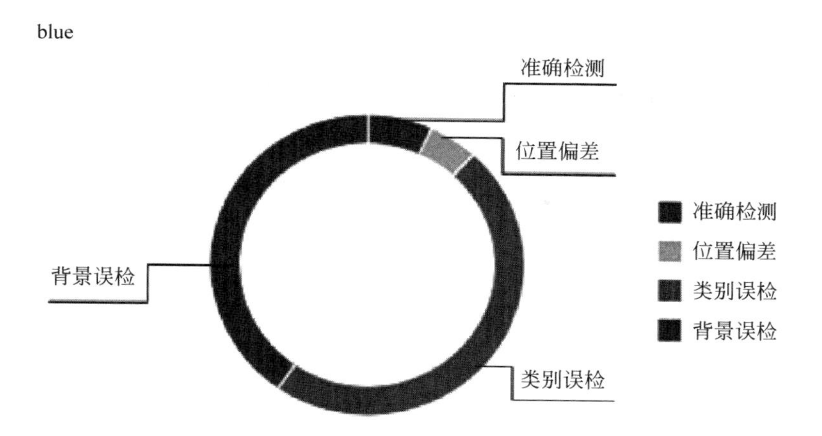

red

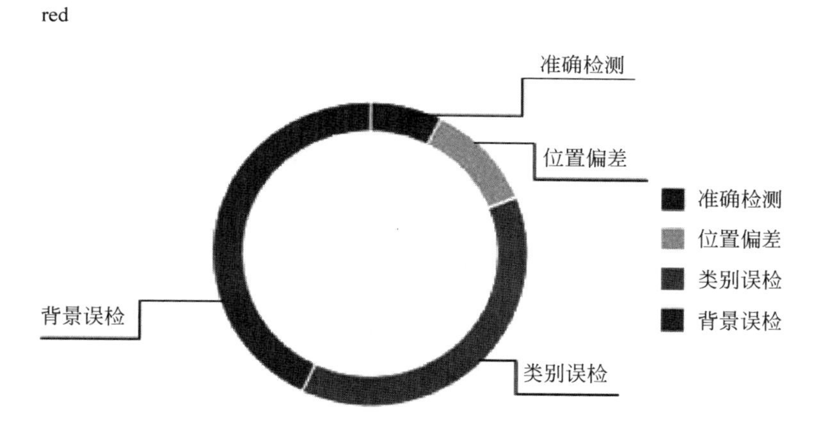

yellow

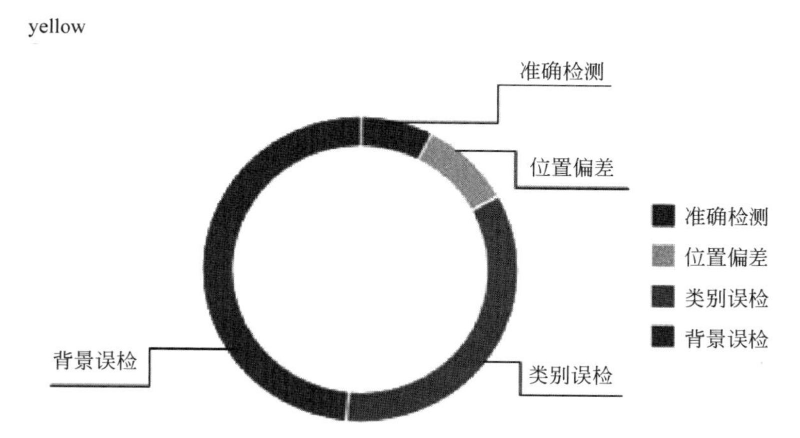

图 7-5　不同错误类型的细粒度分析视图

2. 基于敏感度分析的模型评估

常用的模型评估方法基于上述各类指标做计算和统计。如果要做到更细粒度的评估，就需要根据一定策略将用于模型评估的数据集拆分为子数据集，然后在子数据集上做模型评估，从而发现模型评估的指标受哪些因素影响较大，这种模型评估方法也叫作基于敏感度分析的模型评估。

如第 4 章所述，针对图像等常见的数据类型，有很多特征可以被用作统计分析。因此，可以根据这些特征将用于评估的数据集拆分为不同的子集。

以图像的亮度特征为例，将亮度最低的 0%～20%，偏低的 20%～40%，中等的 40%～60%，偏高的 60%～80%，最高的 80%～100%的图像分别筛选出来，就可以组成 5 个数据子集，如图 7-6 所示。然后在这 5 个子集上进行评估指标的计算，例如在目标检测任务中，可以计算每个子集中每个类的 F1 值，再计算每个类在不同特征子集下的评估指标标准差，从而确定这个特征对哪个类的识别影响较大。如图 7-7 所示，亮度对“red”类别的识别影响最大，因此可以考虑将该类别的数据在亮度方向上做一定的数据增强，以增加模型对于“red”类别的数据亮度变化的鲁棒性。此外还可以看出，在一定程度上随着亮度的增加，识别效果越来越好，但过高的亮度同样会对识别带来负作用。

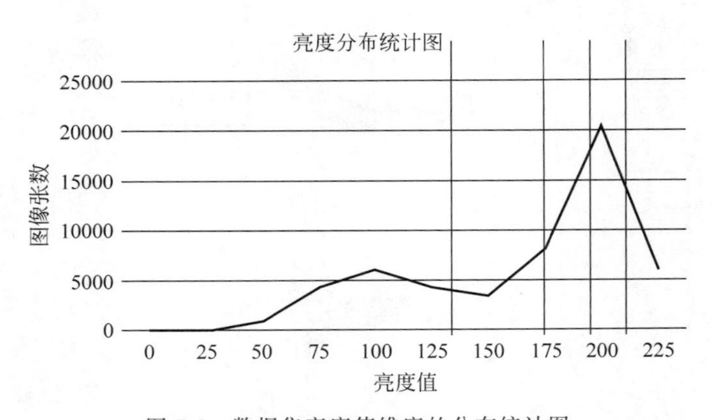

图 7-6 数据集亮度值维度的分布统计图

除了分析图像原有的特征，还可以分析基于标注的特征，例如在目标检测任务中，标注框的面积、标注框内物体被覆盖的程度、标注框的宽高比、标注框内的图像饱和度等。

图像亮度敏感度分析					
特征值分布	blue	none	red	white	yellow
0% - 20%	0.6178	0.4125	0.1874	0.3169	0.515
20% - 40%	0.6123	0.5348	0.7331	0.569	0.5684
40% - 60%	0.6442	0.3861	0.3415	0.4027	0.5443
60% - 80%	0.5708	0.4461	0.5843	0.6	0.6154
80% - 100%	0.7446	0.523	0.6797	0.7207	0.7327
标准差	0.0583	0.0591	0.2081	0.1443	0.0762

图 7-7　基于图像亮度的敏感度分析图

7.1.2　性能评估

在实际场景中除了模型的精度指标，还有一项非常重要的指标——性能。模型在实际部署中需要考虑的因素非常复杂，包括资源限制、推理速度要求等。因此要在开发阶段提前识别和评估，在保证模型精度的前提下，尽可能提升模型的性能指标。

1. 性能评估指标计算

常用的模型性能指标有 FPS(Frames Per Second)、资源消耗、FLOPs。

(1) FPS。即模型每秒能处理的数据量。FPS 是对模型推理速度的直接反映。一些开发者通常会认为模型参数量越大计算的 FPS 就应该越小，其实模型参数量的大小和 FPS 之间并没有必然的因果关系。例如，对于卷积层而言，虽然其参数量小于全连接层，但是其计算量却更大。FPS 受模型计算时算子的性能、算子种类和个数等方面的影响较大。

(2) 资源消耗。即占用的内存、显存或其他计算、网络、存储等方面的资源。如果部署时采用 GPU 做计算，则必须考虑模型对显存的占用。由于部署应用后需要长期占用内存或显存，因此要保证资源足够并同时保证其他方面的需求，例如数据的临时存储及模型计算过程中的中间结果的存储。

(3) FLOPs。每秒浮点运算次数。用于描述模型所需的浮点数处理次数，是衡量模型复杂度的一个主要指标。

2. 性能评估方法

ModelArts 集成了适用于 TensorFlow 等常用引擎对应模型的性能评估功能，可以统计模型中各个算子的耗时、参数量等信息，开发者可以依据评估结果分析性能瓶颈，从而采取针对性的优化措施。

MoXing 中提供了两个接口来完成计算性能的分析，分别是 get_computational_performance_info 用于记录模型运行时的信息，默认存储在当前目录中；get_profile_info_from_file 用于精炼和汇总运行时记录的信息，生成一个包含性能指标信息的字典。以 TensorFlow 训练的 ResNet50 模型为例，调用 MoXing 提供的接口快速生成性能指标的代码如下：

```
import json
import os

import matplotlib.pyplot as plt
import numpy as np

import tensorflow as tf
from moxing.model_analysis.profiler.tensorflow.profiler_api import (
    get_profile_info_from_file,
    get_computational_performance_info)

MODEL_TMP_PATH = '../tf_cls_model'
IMG_SHAPE = (1, 224, 224, 3)

def TFProfileGenerate():
    config = tf.ConfigProto()
    config.gpu_options.allow_growth = True
    config.gpu_options.visible_device_list = '0'
    img_list = [np.random.rand( * IMG_SHAPE) for _ in range(10)]
    with tf.Session(graph = tf.Graph(), config = config) as sess:
        meta_graph_def = tf.saved_model.loader.load(
            sess, [tf.saved_model.tag_constants.SERVING], MODEL_TMP_PATH)
        signature = meta_graph_def.signature_def
        signature_key = 'predict_object'
        input_key = 'images'
        output_key = 'logits'
        x_tensor_name = signature[signature_key].inputs[input_key].name
        y_tensor_name = signature[signature_key].outputs[output_key].name
        get_computational_performance_info(img_list, sess, x_tensor_name, y_tensor_name)
    res = get_profile_info_from_file(file_path = './)
    return res

profile_res = TFProfileGenerate()
```

开发者可以通过解析性能指标字典，并使用 Matplotlib 库进行可视化展示，如图 7-8 所示。

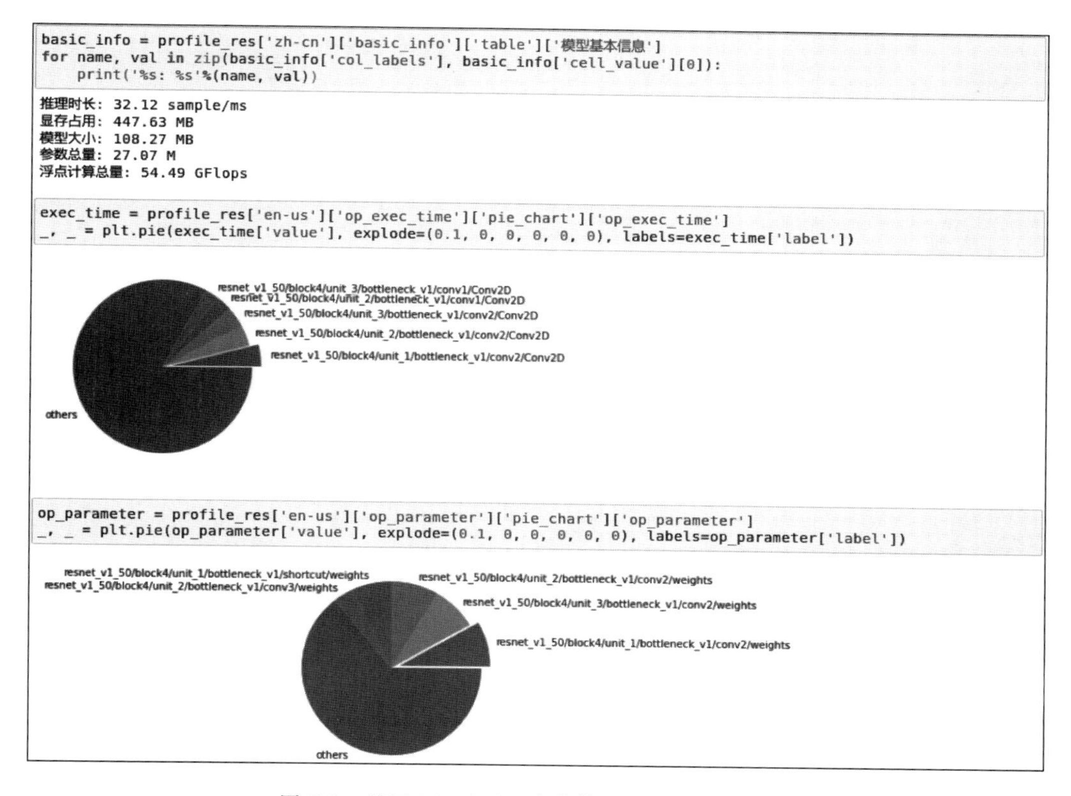

图 7-8　基于 Matplotlib 库的模型性能可视化展示

7.1.3　其他维度的评估

1. 对抗性评估

模型的对抗性评估使用对抗样本作为模型输入，评价模型输出是否产生巨大变化。对抗样本就是向原始样本中添加一些难以察觉的噪声。添加这些噪声后不会影响人类的识别，但是很容易欺骗机器学习模型，使其做出与正确结果完全不同的判定。对抗样本的存在导致模型的脆弱性，成为模型在许多关键的安全环境中的主要风险之一。以图像为例，生成对抗样本的方法总结如表 7-3 所示。

表 7-3　生成对抗样本(图像类)的方法总结

大类别	类别	方法	描　述
生成样本	伪造样本	假阴性	生成一个正例,但被攻击模型误分类为反例
		假阳性	生成一个反例,但被攻击模型误分类为正例
	信息量	白盒	生成对抗样本时,可以完全访问正在攻击的模型的结构和参数,包括训练数据、模型结构、超参数情况、激活函数、模型权重等
		黑盒	生成对抗样本时,不能访问模型,只能访问被攻击模型的输出(标签和置信度)
	攻击目标	有目标	生成的对抗样本被模型误分类为某个指定类别
		无目标	生成的对抗样本识别结果和原标注无关,即只要攻击成功就好
	攻击频率	单步	只需一次优化即可生成对抗样本
		迭代	需要多次迭代优化生成对抗样本
添加扰动	扰动范围	普适性	对整个数据集训练一个通用的扰动
		个体性	对于每个输入的原始数据添加不同的扰动
	扰动约束	优化扰动	通过优化,尽可能获得最小扰动
		约束扰动	添加扰动满足约束条件
		无约束扰动	无任何约束添加扰动
	扰动尺寸	逐像素	对每个像素添加扰动
		区域	对局部像素添加扰动

常见的具体方法有：①FGSM(Fast Gradient Sign Method),使用反向传播算法计算噪声,将噪声和原始样本合成为对抗样本；②BIM(Basic Iterative Method),小步迭代的攻击方法,在每一次迭代中对原始图像进行很小的改变,经过多次迭代后获得对抗样本。如果模型在对抗评估中表现较差,而且模型将用于安全性要求较高的环境下,那么开发者就需要考虑在训练时加入防御对抗样本的方法。

MoXing 提供了针对待评估模型的对抗样本生成接口,并可直接计算出模型鲁棒性、图像质量相关指标,如图 7-9 所示。其中,PSNR 值代表对抗样本的信噪比,SSIM 值表示对抗样本与原图的结构相似性。

2. 可解释性评估

在机器学习的众多算法中,有些模型是比较容易解释的,例如线性回归、决策树。线性回归拟合了输入样本与输出目标的线性关系,解释起来很简单,输入的某个特征出现一定的变化,都可线性反映在输出结果中。决策树明确给出了模型预测时所依赖

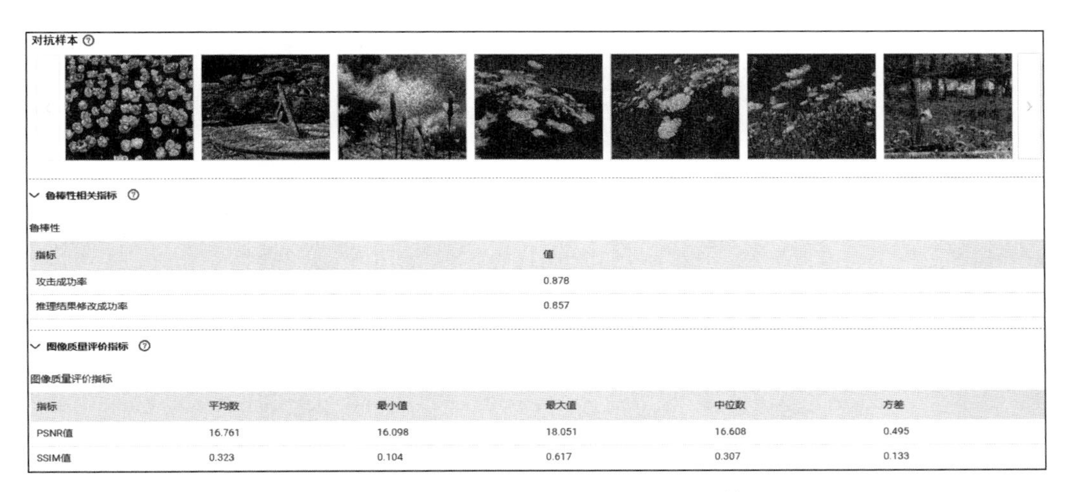

指标	值
攻击成功率	0.878
推理结果修改成功率	0.857

指标	平均数	最小值	最大值	中位数	方差
PSNR值	16.761	16.098	18.051	16.608	0.495
SSIM值	0.323	0.104	0.617	0.307	0.133

图 7-9 ModelArts 的对抗样本生成和对抗性评估展示页面

树中每个节点所对应的特征，这使得解释决策树如何预测非常简单。但是很多深度学习模型就很难解释，例如深度神经网络。深度神经网络内部连接关系的权重完全依赖数据驱动，没有完备的理论依据，可解释性差。当前研究的主要焦点是预测输出值与输入数据的关联性，根据关联关系找出一些解释性结论。

1）类激活热力图

以卷积神经网络为例，卷积层输出的特征映射其实和原图是存在一定的空间对应关系的。把最后一层卷积输出的特征图经过简单处理并映射到原始图像上，就得到了类激活热力图，如图 7-10 所示，有助于让开发者了解图像的哪一部分让卷积神经网络做出了最终的分类决策，特别是在分类错误的情况下可以辅助开发者分析错误原因。这种方法可以定位图像中的特定目标。生成热力图的常用算法有 CAM（Class Activate Map）、Grad-CAM（Gradient-Class Activate Map）和 Grad-CAM++。

CAM 指的是经过模型参数加权的特征图集重叠而成的一个特征图。这种方法计算简单，易于实现，但是不适用于没有全局平均池化层的网络。Grad-CAM 使用进入最后梯度信息来度量神经元对最终决策输出的重要性，这个方法非常通用，能够被用来对深度神经网络任意层的输出特征进行可视化。Grad-CAM++ 在此基础上做了进一步优化，主要的变动是在对应于某个分类的特征映射的敏感度表示中加入了 ReLU 和权重梯度。

MoXing 提供了基于 TensorFlow 引擎的 Grad-CAM++ 接口 moxing. model_analysis. heat_map. gradcam_plus. heat_map。使用该接口在某花卉分类数据集上生

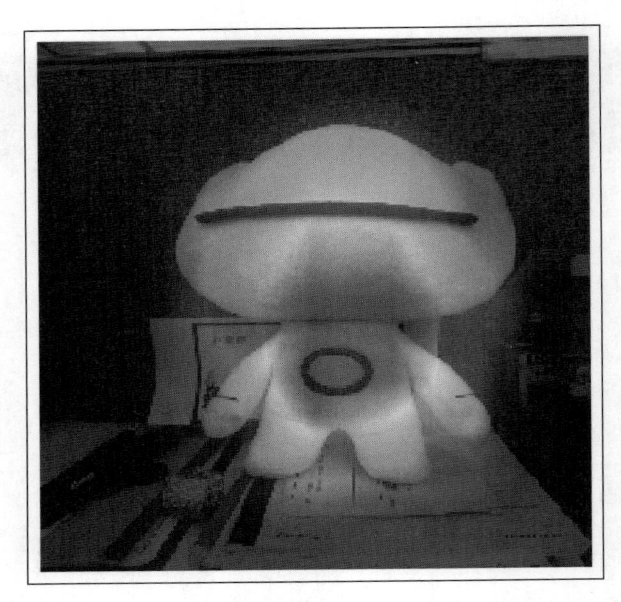

图 7-10　类激活热力图展示

成热力图,如图 7-11 所示。从图中可以看出,模型确实学到了不同类型的花的核心特点,主要集中在花蕊部分,但如果图像中花蕊部分较小,模型容易出错(如第 2 行第 3 列的热力图所示)。

2)"模型解释"工具 SHAP

SHAP(Shapley Additive Explanation)是一个开源的模型解释工具。此工具通过计算 SHAP 值来解释每个特征对结果的影响。特征的 SHAP 值是该特征在所有特征序列中的平均边际贡献(可以有正负贡献)。该方法有两大特性:①收益一致性,特征作用越大,重要度越高,与模型变化无关;②收益可加性,特征重要性和模型预测值可以通过特征贡献线性组合或叠加。

在该工具中,评估模型可解释的方法与模型本身解耦。模型预测与 SHAP 值解释是两个并行的流程,如图 7-12 所示。SHAP 工具的优点是解释的方式直观、易于理解,可以适用于绝大多数机器学习模型,但缺点是计算速度慢。

7.1.4　基于 ModelArts 的模型评估

ModelArts 模型评估可以针对不同类型任务,自动计算相应的评估指标,并且支持敏感度分析并给出优化建议,使得开发者可以全面了解模型对不同数据特征的适应

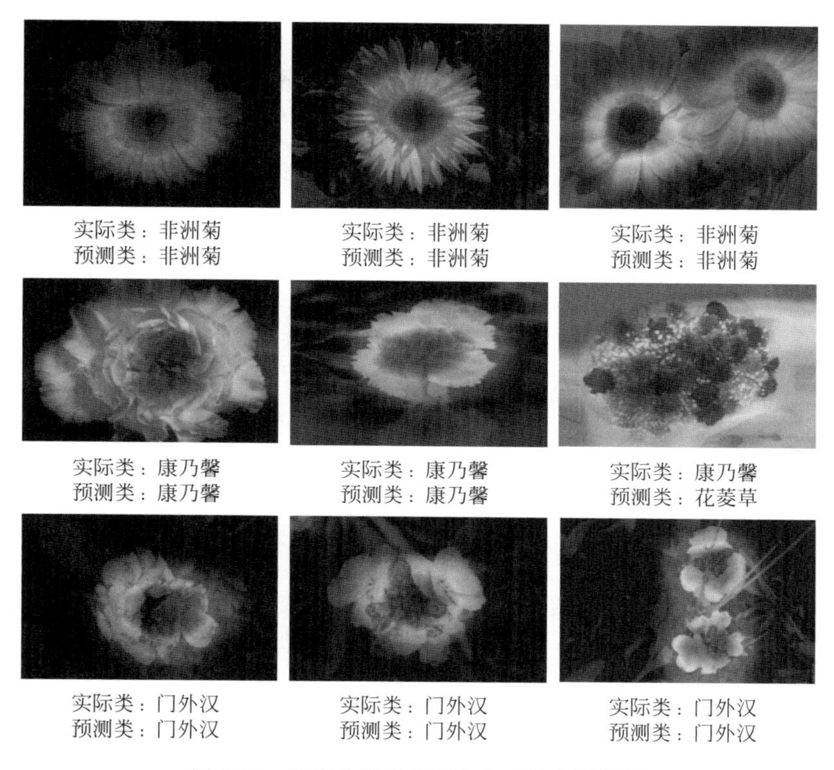

图 7-11　花卉分类数据集上生成热力图展示

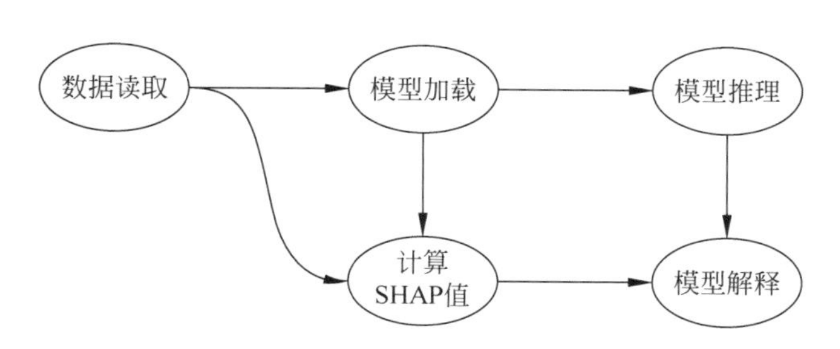

图 7-12　SHAP 工具使用流程图

性，对模型调优做到有的放矢。

创建模型评估作业的页面如图 7-13 所示。在这个页面中，开发者需要选择待评估的模型、数据及评估代码。评估代码的功能是实现批量推理逻辑，生成推理结果，并调用 MoXing 提供的存储接口 tmp_save 将推理结果存储下来。如果模型是通过第 5 章提到的预置算法生成的，评估代码会自动生成；如果是自定义的训练算法，那么需要开

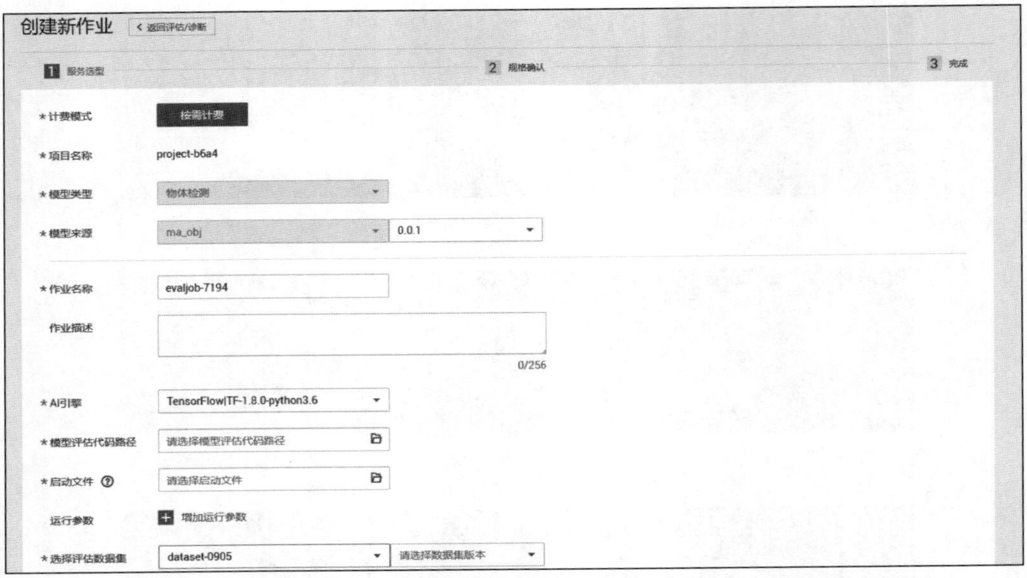

图 7-13　ModelArts 创建模型评估作业的页面

发者开发评估代码，可参考以下样例代码：

```
from moxing.model_analysis.api import tmp_save
def evaluation():
    #读取数据，获取图像、标签和存储位置列表，以及标签序号、名称映射字典
    file_name_list = …
    img_list = …
    label_list = …
    label_map_dict = …

    #数据预处理
    img_list = pre_process(img_list)

    #模型加载并推理
    model.load_pretrained()
    output = model.run(img_list)

    #后处理并整理推理结果
    pred_list = post_process(output)
    #按格式要求调用 tmp_save 接口保存推理输出数据
    task_type = 'image_classification'
    tmp_save(task_type = task_type,
             pred_list = pred_list,
             label_list = label_list,
```

```
            name_list = file_name_list,
            label_map_dict = json.dumps(label_map_dict))

if __name__ == "__main__":
    evaluation()
```

tmp_save 接口的参数 pred_list 与 label_list 有一定的格式要求，对于图像分类任务，pred_list 中每个元素的格式如下：

- 类型：一维 NumPy Ndarray 对象，长度为分类类别个数，每个值用浮点数表示。
- 含义：该图像在各个类别上的置信度。

label_list 中每个元素的格式如下：

- 类型：整型数值。
- 含义：该图像的标签分类。

如果有 2 张图像和 3 个待分类类别，那么 pred_list 典型样例是[[0.87, 0.11, 0.02], [0.1, 0.7, 0.2]]，label_list 的典型样例是[0, 2]。

对于目标检测任务，pred_list 中每个元素的格式如下：

- 类型：包含 3 个元素的 Python List，每个元素均为 NumPy 的 Ndarray 对象，形状分别为(num, 4)、(num,)、(num,)，其中 num 为某张图像中预测目标框的个数。
- 含义：[预测目标框的坐标，预测目标框类别，预测目标框对应的类别置信度]。

label_list 中每个元素的格式如下：

- 类型：包含两个元素的 Python List，每个元素均为 NumPy 的 Ndarray 对象，形状分别为(num, 4)、(num,)，其中 num 为某张图像中真实目标框的个数。
- 含义：[真实目标框的坐标，真实目标框的类别]。

如果有 2 张图像，且每张图像分别被预测出 1 个和 2 个目标框，则 pred_list 的样例是[[[[142, 172, 182, 206]],[1],[0.8]],[[[184, 100, 231, 147], [43, 252,84, 290]],[3, 3],[0.8, 0.7]]]。label_list 与 pred_list 的典型样例类似，只是不需要目标框的类别置信度信息。

每个评估作业在运行结束后将产生一个评估结果。以安全帽检测的模型评估为例，如图 7-14 所示，评估结果包含了错误结果的列表、数据集的样本类别统计、常规的目标检测指标 mAP、*P*-*R* 曲线、不同参数阈值下的指标变化。另外，在高级评估结果中还包含假阳性分析、假阴性分析、数据特征敏感度分析，以及相应的优化建议，由于内容较多，在此不做详细展示。

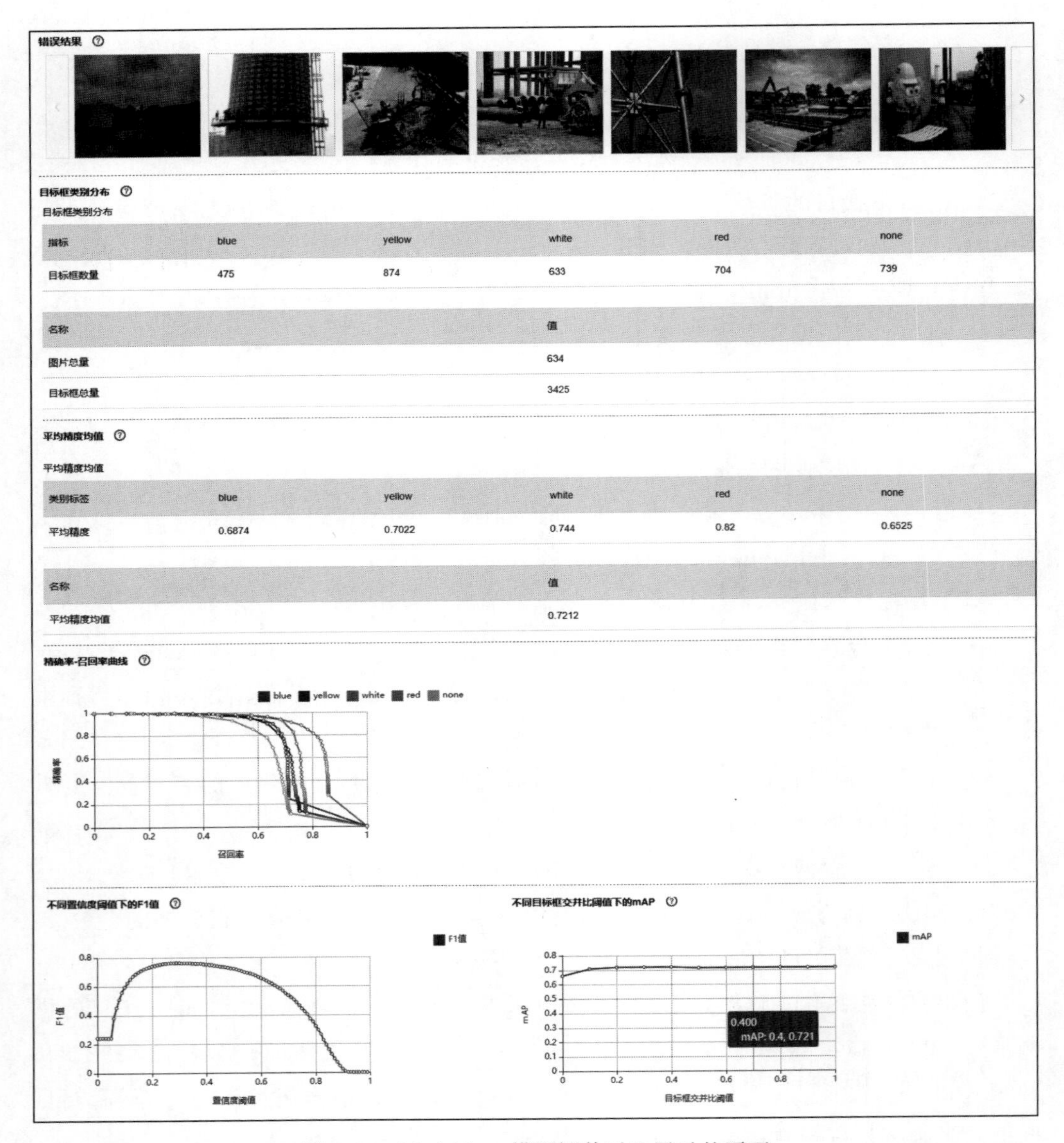

图 7-14　ModelArts 模型评估对比展示的页面

除了单个模型评估指标的计算和展示功能之外，ModelArts 还提供了多个模型对比、不同特征数据子集评估与对比的功能。如图 7-15 所示，开发者可以在“评估对比”页面中选择需要对比的多个评估作业，并且可以通过数据集特征值选择某个特征子集的图像进行评估，结果在右侧展示。开发者可以通过复选框勾选需要对比的指标。

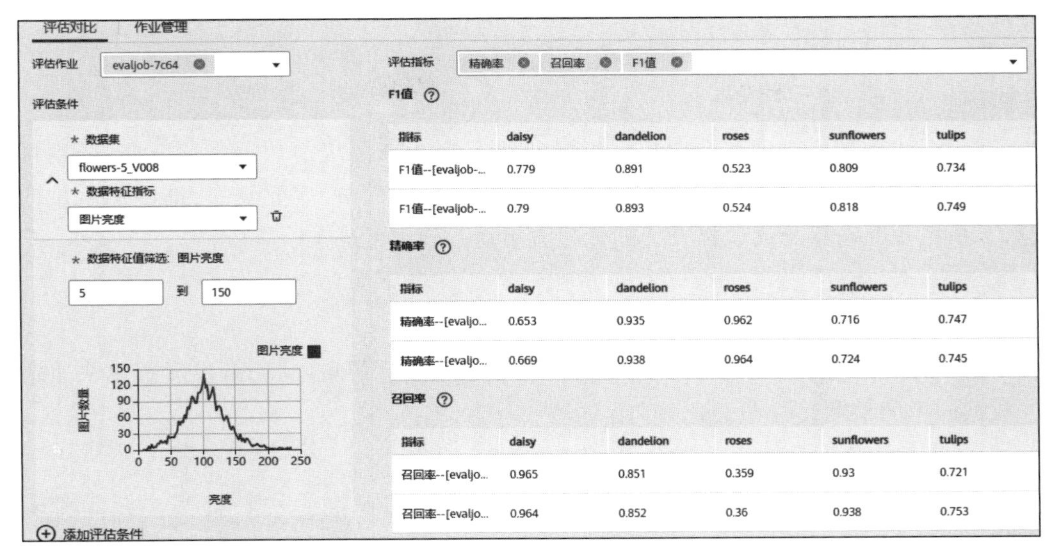

图 7-15　ModelArts 多个模型评估作业对比的页面

7.2　模型诊断优化

在模型训练或推理过程中，经常会遇到各种问题。例如模型精度低，无法在真实场景中正常识别物体；训练好的模型由于计算量太大以至于无法部署在移动设备上。所以开发者通常会重点从精度、性能两个方面优化模型。针对这些问题，ModelArts从不同方面提供了诊断信息和优化建议，以帮助开发者快速调优模型。

7.2.1　精度诊断优化

常见的精度问题有欠拟合、过拟合。欠拟合发生的原因一般为模型复杂度过低，表达能力不强，用于训练的数据特征过少，解决的方法主要是增加模型复杂度；过拟合通常发生在模型较为复杂、数据较为简单的场景中，解决过拟合的方法有数据增强、在模型中添加正则项、降低模型复杂度等。

然而在模型训练的过程中还会遇到千变万化的问题，不同的任务类型、不同的模型结构、不同的数据都会带来各种不同的问题，针对同一个大问题，又存在适应不同场景的优化方案。

常规优化的方案有：①针对数据方面的优化，如第 4 章提到的各种数据处理方法；②针对模型参数调节方面的优化，如第 6 章提到的超参数调节方法；③针对模型设计方面的优化，例如修改模型结构或损失函数等。接下来会从这 3 个优化方向，分别挑选一些典型案例进行说明。在真实的模型精度调优过程中，需要及时、准确地定位问题，并根据实际场景灵活选择合适的优化方案。

1. 针对数据的诊断优化

数据方面的优化是最直接的。下面将从敏感度分析的角度，为开发者提供快速定位数据问题的诊断建议和优化方向。

1）基于敏感度分析的重训练

增加数据是提升模型泛化能力的常用手段，但在大多数任务中，面临着数据难采集、标注成本高等难题。针对这些问题，开发者通常利用图像的语义不变性，在图像的某些特征上做一些变换，自动扩增数据集。那么在哪些特征上做何种程度的增强是一个核心问题。如 7.1.1 节所述，可以采用基于数据特征的敏感度分析方法来识别这个问题，在确定数据增强的方向之后，启动重训练来优化模型。

以某 5 分类的食物分类问题为例，在 ModelArts 上对训练后的模型进行评估，基于亮度特征的敏感度分析结果如图 7-16 所示。

图像亮度敏感度分析

特征值分布	0	1	2	3	4
0% - 20%	0.8246	0.7732	0.8475	0.8489	0.8378
20% - 40%	0.8506	0.8798	0.8548	0.8263	0.8734
40% - 60%	0.8856	0.9027	0.8378	0.8669	0.8479
60% - 80%	0.8579	0.8832	0.8735	0.8604	0.8545
80% - 100%	0.8635	0.8934	0.8571	0.8795	0.8643
标准差	0.0197	0.0473	0.0118	0.018	0.0124

图 7-16　对某 5 分类的食物分类数据集的亮度敏感度分析结果

从敏感度分析结果中可以看到，图像本身的亮度变化对图像预测的准确率有较大影响，例如 1 类的 0%～20%和 40%～60%两个亮度范围的 F1 值（0.7732、0.9027）相差 10%以上。整体来看，对于每一类而言，由于输入图像亮度的不同，模型的 F1 值都有较大波动。所以在此场景中，模型对于亮度不同的图像较为敏感。为缓解不同亮度对模型带来的影响，建议在训练中添加和亮度相关的增强方法（增强方法可参考第 4 章）来降低模型对亮度变化的敏感度。根据 ModelArts 推荐的亮度对比度增强的方法来优化数据，优化后再进行模型训练，然后再进行亮度敏感度分析，结果如图 7-17 所示。

图像亮度敏感度分析

特征值分布	0	1	2	3	4
0% - 20%	0.8282	0.7692	0.8587	0.8475	0.854
20% - 40%	0.8709	0.8451	0.8647	0.8231	0.8723
40% - 60%	0.9177	0.8982	0.8693	0.865	0.8793
60% - 80%	0.8768	0.8972	0.883	0.8598	0.9065
80% - 100%	0.8613	0.9221	0.8853	0.8231	0.8645
标准差	0.0288	0.0547	0.0104	0.0177	0.0177

图 7-17　按照诊断建议优化后的食物分类模型的亮度敏感度分析结果

可以看到，很多不同亮度分布区间的精度有明显提升，如 0 类 20%～40%亮度区间下的 F1 值提升了 2%左右。当然也会有一些地方出现下降，这是由于训练集只有 500 张图像，增强的随机性对某特征值范围的图像会有无法估计的影响。经过进一步的综合评估之后发现，优化后的模型准确率从原始的 86.031%提升到 86.933%，有接近 1%的提升。

2）基于敏感度分析的预处理选择

基于敏感度分析不仅可以为模型重训练提供优化建议，还可以为推理时的预处理提供诊断建议。通常在推理态，需要在推理请求的输入接入后做一定的前处理（详见第 8 章），例如数据增强等。在推理计算前加入数据增强有两种常用的方式。

（1）直接对输入图像做一定的增强操作，如 Flip（翻转），然后直接进行推理计算并得到推理结果，如图 7-18(a)所示。

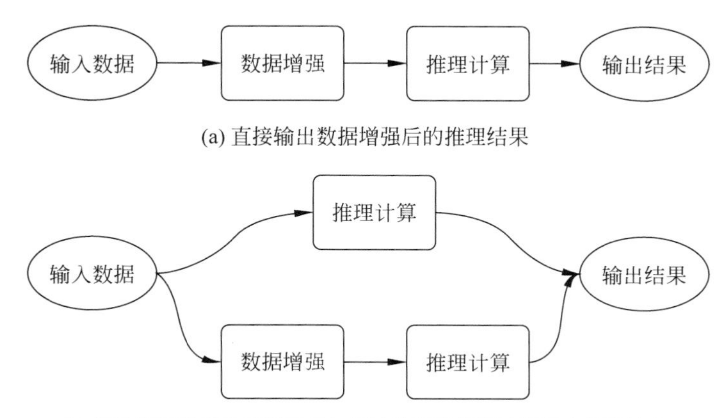

(a) 直接输出数据增强后的推理结果

(b) 将数据增强后的推理结果与原始数据的推理结果融合后再输出

图 7-18　推理态两种不同的数据增强方式

（2）将图像做增强，并将增强后的数据和原始数据分别做推理计算，之后再将两个结果按不同的权重进行融合（也可以采用集成学习的方式），如图 7-18(b)所示。

以某焊点图像分类为例，待分类的类别有正常点、异常点这两种，在案例中召回率是一个核心指标。使用敏感度分析得出需要引入的数据增强策略（模糊度增强），按照图 7-18(b)所示的方式得到推理结果，如表 7-4 所示，可以看出正常点、异常点的召回率都有提升。

表 7-4 在某焊点图像分类场景中，推理时数据增强前后召回率的变化对比

评估指标	原始数据	0.4×原始数据＋0.6×模糊增强
正常点召回率	0.770	0.786
异常点召回率	0.905	0.928

类似地，可以选择亮度特征进行敏感度分析。通过对比标准差发现，相比于模糊度该模型对于亮度更加敏感。因此在推理时，发现添加亮度增强后，精度的提升要优于添加模糊度增强，在提升正常点召回率 4％的基础上可保证异常点召回率不下降。此处的亮度增强方法是对图像中每个像素添加一个偏置值，如果对每一张推理图像都做精细的亮度变换，将其亮度调整到敏感度分析结果中 F1 值最高的亮度区间，则可以获得更高的召回率，提升约 7％。

2. 针对超参的诊断优化

开发者通过超参调优可以提升模型训练精度，训练时常用的超参数有很多，例如学习率、批大小等，这些通用的参数出现在各类人工智能算法的绝大多数领域中，通用的超参调优方法可参考第 6 章。下面以目标检测为例，介绍几个关键的超参数诊断和优化建议。

1）算法预置的超参优化

有很多超参是与算法原理强相关的，例如在目标检测任务中，Anchor 是预定义的目标参考框，在大部分 Anchor-based 目标检测模型训练前，需要设定 Anchor 的长宽比和大小的范围，依次生成大量候选的目标参考框。如果针对数据统计信息自动生成最优的 Anchor 超参，则会对最终的训练精度带来较大的提升。使用聚类方法获得初始 Anchor 是业界常用的方法之一。特别地，针对小目标检测场景、目标框长宽比不均衡等场景，使用 Ahchor 聚类可以有效降低背景误检和类别误检。

ModelArts 预置算法已经内置了 Anchor 的聚类 API，开发者也可参考以下方式进行使用：

```
def _generate_anchor_configs(instances, feat_sizes, min_level,
                             max_level, num_scales, aspect_ratios):
    ...
    #instances表示含有目标框的数据集,input_size表示输入的图像大小
    #feat_sizes表示feature map的分辨率,为一个list
    anchor_aspect_ratios = kmeans_anchors_ratios(instances, input_size,
                                                 feat_sizes, iou_threshold)
    #num_scales表示缩放的比例倍数,例如[2^0, 2^0.5],分别表示维持原尺寸和缩小为1/2
    for scale_octave in range(num_scales):
      for aspect in aspect_ratios:
        ...
```

2）损失函数的权重优化

在目标检测中，分类部分的损失函数值(Class-Loss)和目标框位置对应的损失函数值(Bbox-Loss)之间存在严重的不均衡，有时会相差2个数量级。如果只是简单相加，很容易忽略某个损失值，从而影响模型收敛。

合理地选择不同损失函数的权重可以实现模型精度的提升。一般来说，不同数据集的Class-Loss和Bbox-Loss的比值不一样，开发者在设置这个权重的时候，建议参考式(7-1)：

$$0.8\times\frac{|\text{Class-Loss}|}{|\text{Bbox-Loss}|}\leqslant \text{weight}_{\text{Bbox-Loss}}\leqslant 1.2\times\frac{|\text{Class-Loss}|}{|\text{Bbox-Loss}|} \tag{7-1}$$

参考代码如下：

```
def model_fn(inputs, mode):
    ...
    #params为检测算法超参数配置,修改box_loss_weight的值即可
    #cls loss表示类别loss,box_loss表示目标框的loss
    total_loss = cls_loss + params['box_loss_weight'] * box_loss
```

3）最优阈值的选择优化

如前文所述，模型的各类精度指标不仅与类别有关，而且与一些阈值有关，例如置信度阈值、IoU阈值等。在模型评估时需要找到精度指标最高时所对应的阈值，作为推理阶段阈值设置时的参考。

在某目标检测任务中，如图7-19所示，可以看出当IoU阈值取0.5时，模型可以获得最高的mAP值；如图7-20所示，当分类置信度阈值取0.19时，模型可以获得最

高的平均 F1 值。另外，从图 7-20 中还可以看出在较高的分类置信度阈值下，F1 值都是 0，这表明模型对目标框分类的整体置信度不高，产生这种情况的原因可能是模型训练不充分，或者验证集与训练集数据特征分布相差太远，模型的泛化性较差。

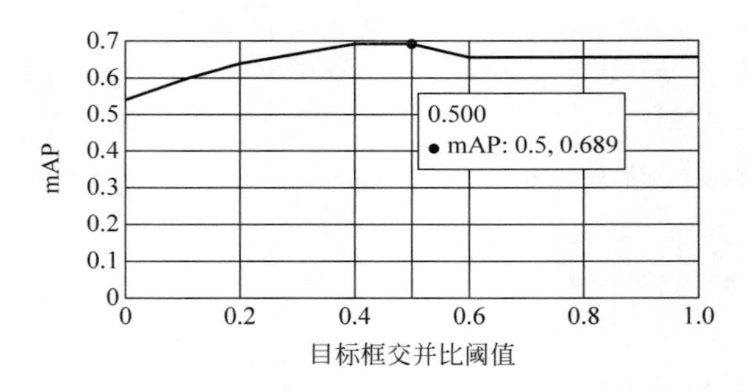

图 7-19　不同 IoU 阈值下的 mAP 变化曲线

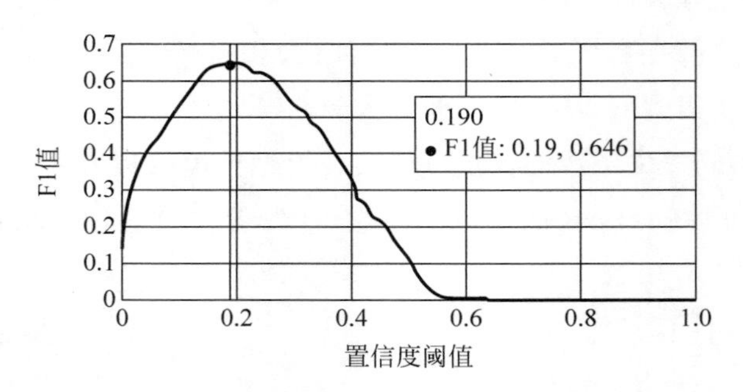

图 7-20　不同分类置信度阈值下的 F1 变化曲线

3. 针对模型的诊断优化

随着深度学习技术在各个人工智能技术领域的渗透，模型结构越复杂，可调节的部分就越多。模型结构涉及损失函数的设计、针对尺度数据的多特征图融合设计、后处理算子的设计等方面。如第 6 章所述，这些模型结构的设计可以通过 AutoML 来完成，但即便是 AutoML 也需要依赖人工定义的搜索空间。这个搜索空间的定义需要与具体领域和具体任务相结合。下面以目标检测为例，对常见问题和诊断优化建议进行介绍。

1）正负类不均衡的优化

在目标检测算法中会产生大量的候选框，但是真实的目标框往往是比较少的，背景样本（假的目标框）要远远多于前景样本（真实的目标框）。这种不均衡会导致前景样本所对应的损失值很容易被淹没，模型无法学到前景样本的信息。针对这一问题，业界通常采用 FL(Focal-Loss)损失函数自适应调节样本的权重，这样既能缓解前景样本不均衡的问题，又能控制难易分类样本的权重，使得模型训练的针对性更强。FL 在交叉熵损失函数的基础上添加了系数 a 来控制前景样本和背景样本对损失函数的影响，并添加了调制系数 r 来扩大难识别的样本对损失函数的贡献。其计算公式为

$$\mathrm{FL} = -a(1-p)^r \ln(p) \tag{7-2}$$

其中，p 是模型预测结果的置信度。当预测正确时，p 值越高，$(1-p)^r$ 的值越小，产生的损失函数值越小；当预测错误时，则正好相反。因此预测错误的样本对于模型的优化起到更大的作用。

FL 除了可以用在目标检测任务，还可以用于常规的分类任务。下面以某工业质检场景为例，介绍 FL 对模型带来的提升效果。对于一般的工业流水线而言，良品率是非常高的，这就造成需要被检测出来的次品样本数远少于合格的样本数。

如果出现样本极度不均衡场景，在不换算法的情况下使用 FL 后测试结果如表 7-5 所示。可以看出，所有指标均有提升。此外还有其他针对样本(目标框)不均衡的优化方法，例如 DR-Loss(Distributional Ranking Loss)、Balanced-L1-Loss 等。

表 7-5　添加 FL 前后训练结果的对比

模　　型	损 失 函 数	整体准确率	合格样本召回率	次品样本召回率
ResNet18	添加 FL 之前	91.7%	93.89%	96.22%
ResNet18	添加 FL 之后	96.36%	98.97%	96.47%

2）多尺度问题的优化

在目标检测任务中，由于被拍摄目标离摄像头等设备的距离远近不一，所以一张图像上可能存在不同尺寸的目标。在基于深度神经网络的目标检测算法中，如果目标本身尺寸很小，其特征可能在神经网络不断抽取特征的过程(伴随着不断地下采样)中逐步消失。为了解决这个问题，一个简单的做法是扩大输入图像的分辨率，使小目标的特征最终能呈现在提取的特征中，但是这种方法会浪费计算和存储资源。FPN(Feature Pyramid Networks)通过网络结构的优化，可以有效缓解这个问题。

FPN 的模型结构如图 7-21 所示，将左侧自底向上的神经网络的每一层特征图都经过横向连接，然后再与相邻的低分辨率特征图(经上采样之后)相融合。

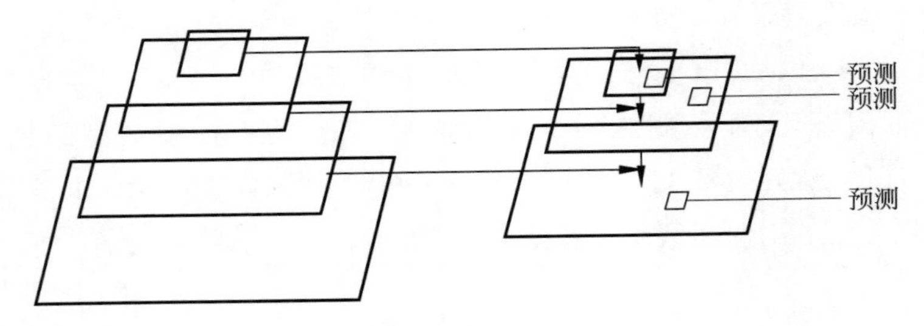

图 7-21 FPN 模型结构示意图

FPN 方法虽然做到了多级别特征提取，但是特征的上采样增加了计算量。2018 年出现的 STDN(Scale-Transferrable Object Detection)模型可以在取得较高准确率的同时降低计算量，其网络结构如图 7-22 所示。

当出现多尺度问题时，ModelArts 会建议使用对多尺度问题处理较好的算法进行重新训练。

3) 损失函数的优化

在目标检测任务中经常会遇到这样一个问题，目标框的回归损失值虽然很小，但是预测出的目标框与真实框的偏差依旧很大(即 IoU 很小)，这是因为目标框位置回归损失值(例如 L1-Loss)的优化和 IoU 的优化不是完全等价的，同一个损失值可能对应不同的 IoU 值，如图 7-23 所示。

如果使用 1-IoU 值作为损失函数(即 IoU-Loss)来优化模型，需要解决两个问题：①当预测目标框与真实目标框没有重叠时，IoU 值始终为 0 且无法优化；②对于同一 IoU 值而言，预测目标框和真实目标框之间重叠的情况可能多种多样。GIoU (Generalized IoU)引入了包含预测目标框和真实目标框的最小闭包概念，如图 7-24 中的矩形 C 是刚好包含 A(预测目标框)和 B(真实目标框)的最小闭包。

GIoU 及其损失函数 GIoU-Loss 的计算方法为

$$\mathrm{GIoU}=\frac{\mathrm{A}\cap \mathrm{B}}{\mathrm{A}\cup \mathrm{B}}-\frac{\mathrm{C}-\mathrm{A}\cup \mathrm{B}}{\mathrm{C}} \tag{7-3}$$

$$\text{GIoU-Loss}=1-\mathrm{GIoU} \tag{7-4}$$

GIoU-Loss 在保留了 IoU 原始性质的同时还能解决上述两个问题。此外，还有很多其他的目标回归损失函数计算方法，例如 DIoU 将目标框与 Anchor 之间的距离、重叠率、尺度都整合在一起，使得检测模型在训练的时候，目标回归变得更加稳定。

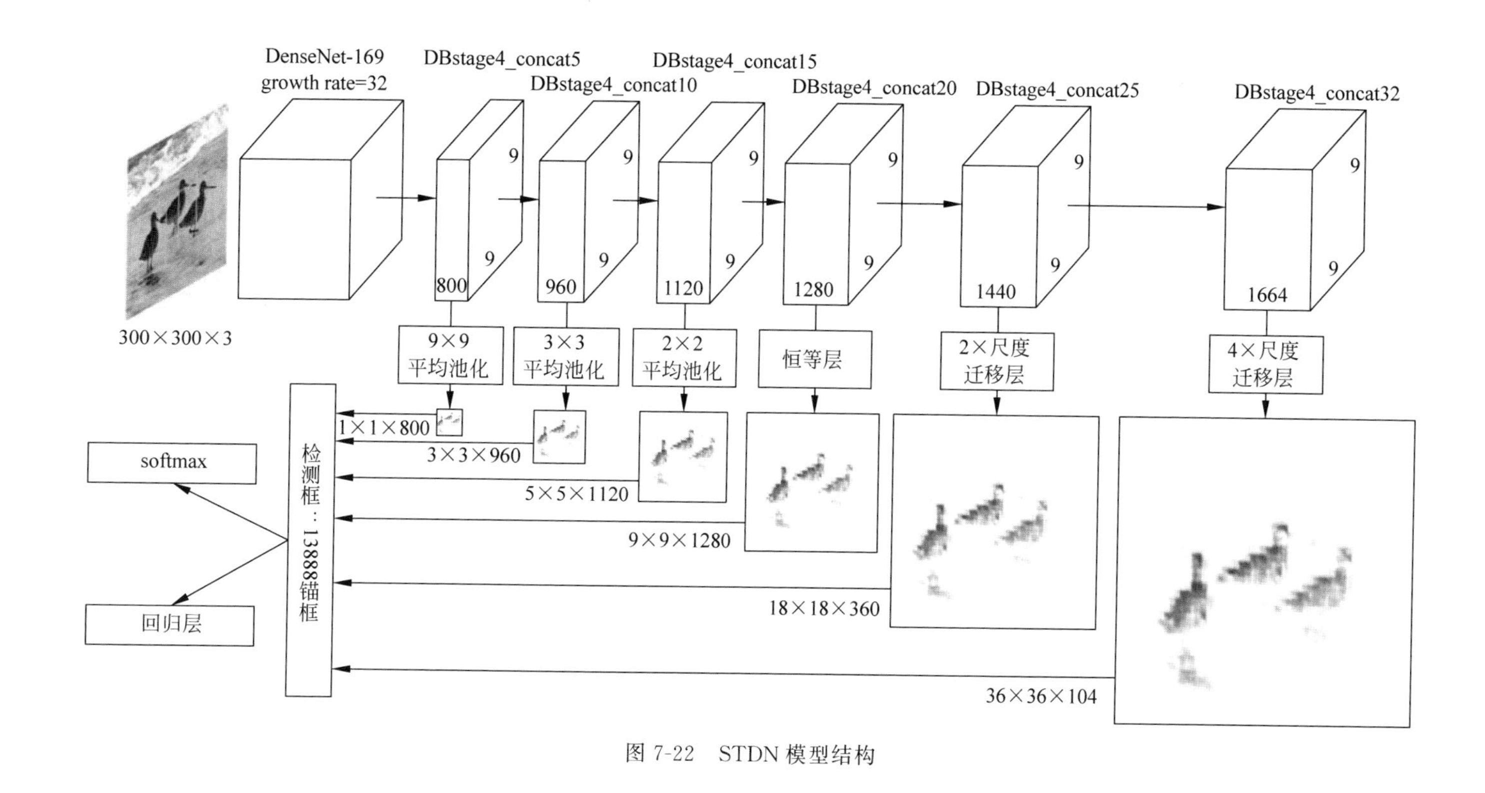

图 7-22　STDN 模型结构

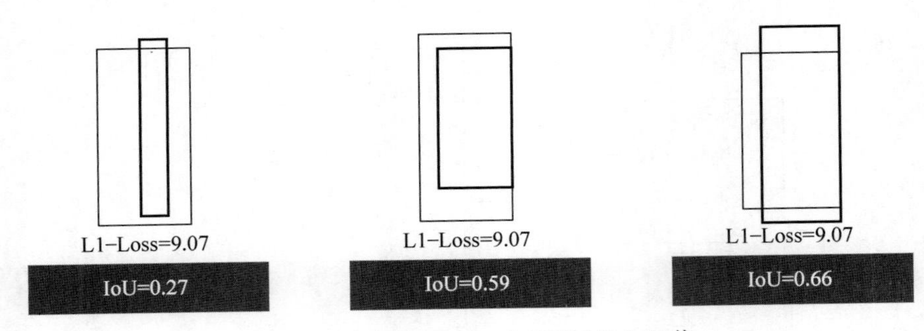

图 7-23　相同 L1-Loss 对应不同的 IoU 值

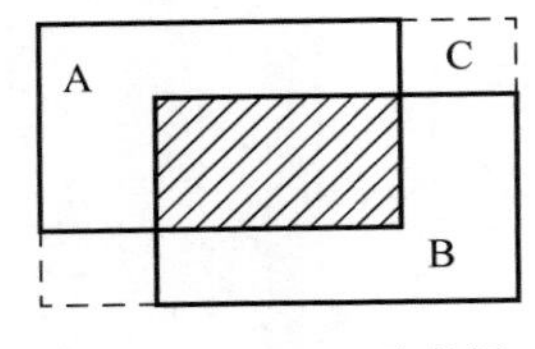

图 7-24　GIoU 示意图

ModelArts 预置算法已经内置了各类 IoU 损失函数的计算，开发者可按以下方式调用：

```
def model_fn(inputs, mode, iou_type):
    ...
    #inputs 为检测算法输入，包括 images 和标注的 box，iou_type 表示 IoU loss 的种类
    images,target_boxes = inputs
    pre_boxes = Detection_models(images)
    if iou_type == "iou":
       box_loss = iou_loss(pre_boxes, target_boxes)
    elif iou_type == "giou":
       box_loss = giou_loss (pre_boxes, target_boxes)
    elif iou_type == "diou":
       box_loss = diou_loss (pre_boxes, target_boxes)
    total_loss = cls_loss + box_loss
```

4）后处理的优化

在目标检测任务中，通常对于每个真实目标框，目标检测模型都会预测出很多个目标框，这些目标框之间的 IoU 值往往非常大，因此需要过滤并选择分类置信度最高的目标框作为最后的检测结果。非极大值抑制(Non Maximum Suppression，NMS)就是为了解决上述问题的一种后处理操作，其处理流程如下，其中，B 表示模型预测出的候选框及其置信度。

```
输入: B = {(Bi, Si)}_(i = 1 to N), 其中 Si 是 Bi 的得分; D = ∅
Step 1      B 中选择最大得分框 M
Step 2      将 M 及得分添加到 D 中,同时在 B 中删掉 M 及其得分
Step 3      for Bi in B:
               if IoU(M, Bi) >= NMS_threshold
                   在 B 中去掉 Bi 及其得分
               end if
            end for
Step 4 重复 Step 1～3,直至 B = ∅
输出: D
```

但是,如果在图像中,天然存在很多有重叠的真实目标(例如密集人群中行人相互遮挡的情况)时,这种传统的 NMS 算法会将正确的检测结果也过滤掉,造成很多漏检。最近出现的一些算法如 DIoU-NMS 等可以有效缓解这个问题。

DIoU-NMS 算法基于 DIoU 来进行候选目标框的筛选。DIoU-NMS 最大的优点在于从几何角度出发,将预测框中心点的位置关系考虑进来,这样对于一些具有遮挡的目标框可以有效地做出判断。此外,还有一些其他 NMS 后处理算子可用于缓解目标框重叠问题,例如 Soft-NMS 等。ModelArts 预置算法已经内置了 Soft-NMS 和 DIoU-NMS,当出现目标框重叠问题时,开发者根据 ModelArts 诊断建议直接进行模型优化。如果开发者需要自定义算法,则可以参考以下方式进行相应的 NMS 算子调用。

```
def generate_detections(cls_outputs, box_outputs, num_classes, nms_type):
    ...
    #对每个类进行相关的 NMS,cls_outputs 表示模型推理的类别输出
    #box_outputs 表示模型推理的目标框输出
    #num_classes 表示总的类别数
    #nms_type 表示 NMS 类型
    scores = sigmoid(cls_outputs)
    for c in range(num_classes):
        ...
        boxes_cls = boxes[c, :]
        scores_cls = scores[c]
        if nms_type == 'diou_nms':
            top_detections_cls = diou_nms (boxes_cls, scores_cls)
        elif nms_type == 'soft_nms':
            top_detections_cls = soft_nms (boxes_cls, scores_cls)
```

7.2.2 性能诊断优化

如第 6 章所述,随着深度学习的发展,模型变得越来越大,而且计算量、复杂度都

在不断增加。因此在推理阶段，如果推理态的推理时延要求较高，则需要进行推理时延优化。推理时延的优化（或推理加速）是一个复杂工程，可以通过 AI 计算引擎来优化，例如通过图编译技术、算子加速、算子融合、算子替换、流水线并行等技术进行系统层加速；也可以采用模型压缩的方式将模型计算量需求降低，从而实现加速。当然还有其他层面的优化，例如当一个人工智能应用涉及多个模型时需要进行编排优化等（详情见第 8 章）。

在模型评估和调优子流程中，将更侧重于模型层面的优化，例如模型压缩等。值得注意的是，由于模型压缩虽然会降低计算复杂度，但有时也会导致模型精度下降。所以需要结合具体业务需求，在精度和性能之间找到一个可接受的平衡点。模型压缩技术主要有模型剪枝、模型量化、模型蒸馏，下面将分别展开介绍。

1. 模型剪枝

以 CNN 为例，模型剪枝可以分为神经元剪枝、卷积核剪枝、通道剪枝 3 种常用方法。卷积核剪枝和通道剪枝都属于模型参数剪枝。

神经元剪枝是最简单的剪枝方案，裁剪的对象是贡献小的神经元。由于深度神经网络模型由多层神经元相互连接组成，各个神经元的权重不同，一些权重很小的神经元对整个模型网络的贡献很小，可以忽略。神经元剪枝就是把这些对模型精度影响不大的神经元裁剪掉，一方面减少了权重数量，降低了存储空间；另一方面也减少了神经元，降低了计算复杂度。需要衡量的是剪枝的力度及其对模型精度的影响。

卷积核剪枝是对贡献小的卷积核进行裁剪。常用的卷积核贡献评价指标是卷积核内参数的 L1-Norm，L1-Norm 越小说明卷积核的影响越小。卷积核剪枝时会设定一个阈值，如果当前层贡献度小于阈值的卷积核会被裁剪掉。类似地，通道剪枝是对贡献度小的通道进行裁剪。以上剪枝方法可以与重训练相结合，进一步保证剪枝后的模型精度。

2. 模型量化

模型量化是指将模型中原始的浮点数（一般是 32bit）用更低位数（例如 8bit）表达、存储和计算的技术。对于常用卷积神经网络，如果将模型的计算都用 8bit 完成，则计算效率会有很大提升。某些 GPU（例如 V100）中的 TensorCore（张量核）可以支持 8bit 计算。另外一种极端的量化就是二值化，将模型的权重量化为 0 和 1。但是一般二值化之后的模型精度会有较大下降，而且一些主流的推理计算引擎还不支持这种类型的计算。

对于常用的深度学习模型,8bit 量化是最为常用的方式,也有成熟的软硬件配套支持。对于模型中每个算子的计算,在计算前后都需要插入量化和反量化算子。这些算子都是标准的向量操作,可使用 SIMD(Single Instruction Multiple Data,单指令多数据流)进行加速。另外,在量化过程中,不需要将所有的算子都进行量化,如果有些算子量化后会对精度造成重大影响,则可以不量化。

根据量化与训练所处阶段的不同,还可以将量化分为训练时量化和训练后量化。训练时量化是指在训练过程中边量化、边训练,这种训练方式可以及时调整模型参数,模型精度更有保障。训练后量化则不需要增加额外的训练耗时,但是由于模型参数分布的变化可能会导致模型精度的下降。从大量经验数据来看,至少在基于卷积神经网络的图像分类等任务中,训练后的 8bit 量化可以基本保持精度不变,甚至有时还会提升,具体如表 7-6 所示。

表 7-6　在 P4 型号的 GPU 下采用 8bit 量化后推理精度和性能的对比

模　　型	原始精度	原始推理速度	量化后精度	量化后速度
ResNetV2_50	92.88%	8.95ms	92.8%	1.57ms
ResNetV2_18	89.38%	4.48ms	89.55%	0.82ms

8bit 量化的核心在于如何将原始模型中每层参数的分布、输入数据的分布从 32bit 转换为 8bit,并在转换的过程中保证二者的分布比较相似。通常在统计学中,采用 KL 散度(Kullback-Leibler Divergence,KLD)等指标来评价两个分布之间的差异。在量化的过程中,需要采用验证集的一部分(校准集)进行推理计算,根据特征图等信息辅助最佳的量化后参数分布的选择。TensorRT、MindSpore 等 AI 推理态计算引擎都配备了校准这个功能,根据这个范围对模型进行量化,保证不会产生过大的精度损失。

ModelArts 支持训练后量化的能力,支持将 TensorFlow、Caffe 等常用计算框架训练后的模型自动量化为 TensorRT、MindSpore、TFLite 所需的量化模型。

3. 模型蒸馏

模型蒸馏旨在利用精度更好的大模型输出的监督信息来训练模型,以提升模型的精度。从精度和速度的平衡角度看,如果原始模型的精度通过蒸馏的方式有所提升,那么就可以尝试用更小的模型参与蒸馏,使得其精度与原始模型相同的情况下,推理速度更快。因此模型蒸馏不是特别针对模型性能优化而提出来的,但是可以利用其对精度的提升能力来间接地实现对模型性能的提升。

在模型蒸馏的过程中，主要有两个角色：教师模型和学生模型(待优化的模型)。教师模型输出的监督信息(特征图、标签预测值等)都可以用来训练小模型。有时候教师模型和学生模型也可以是同一个模型。这种模型蒸馏方式也称为自蒸馏。

模型蒸馏的核心是蒸馏损失函数的计算。对于图像分类任务，模型蒸馏较为简单，教师模型输出的监督信息就是其对于输入图像的预测值，对于学生模型而言，仅需在损失函数计算时将真实标签替换为教师模型的输出标签即可，这种损失函数计算也叫作蒸馏损失函数计算。而目标检测的模型蒸馏较为复杂，ModelArts 预置的蒸馏损失函数计算包括 3 个方面：类别相关的蒸馏损失函数计算、目标框位置相关的蒸馏损失函数计算、目标框特征值相关的蒸馏损失函数计算，具体计算过程分别如图 7-25(a)、(b)、(c)所示。

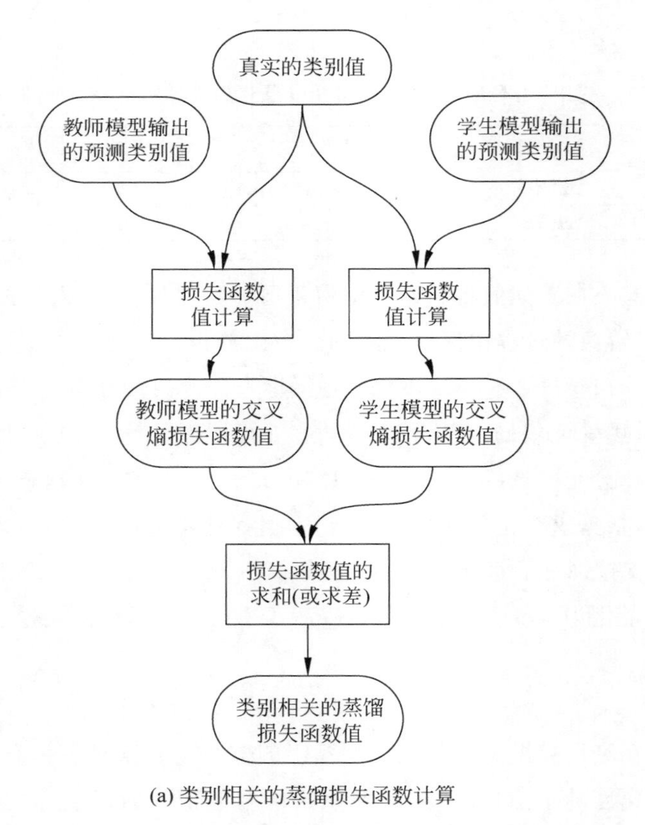

(a) 类别相关的蒸馏损失函数计算

图 7-25 面向目标检测的蒸馏损失函数计算流程

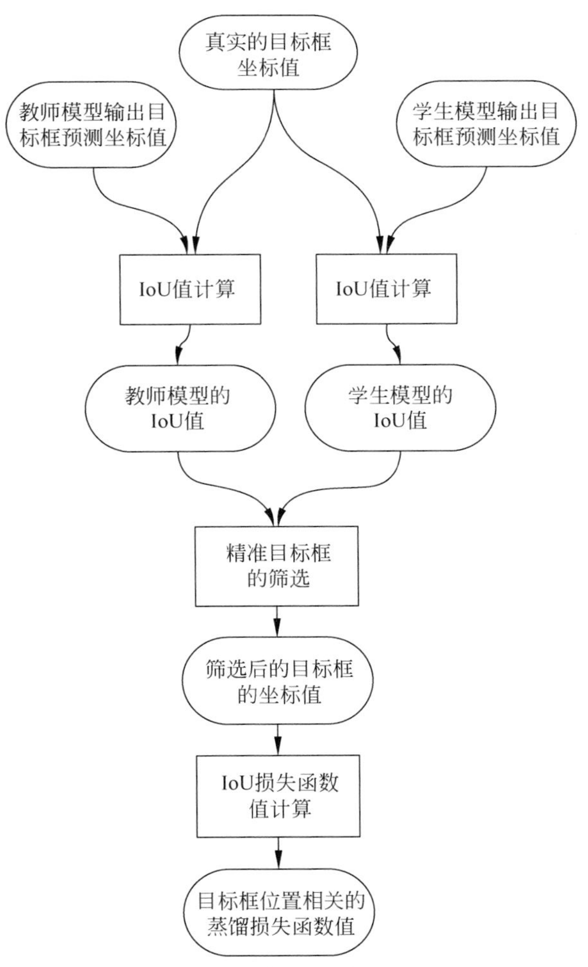

(b) 目标框位置相关的蒸馏损失函数(IoU-Loss)计算

图 7-25 （续）

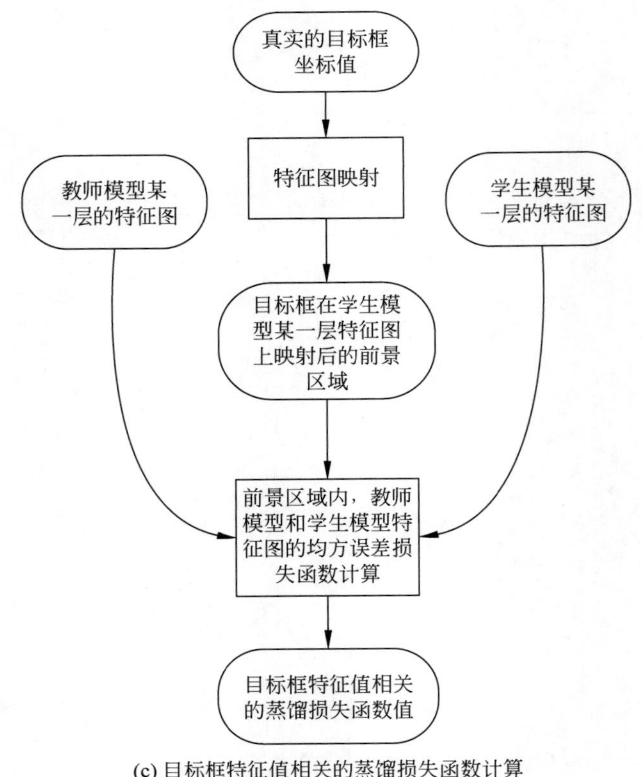

(c) 目标框特征值相关的蒸馏损失函数计算

图 7-25 （续）

ModelArts 中大部分与目标检测相关的预置算法已经内置了上述知识蒸馏模块。如果开发者需要自定义算法，也可按照以下方式直接调用蒸馏模块的接口，代码如下：

```
def model_fn(features, labels, mode):
    ...
    # feature 表示输入的图像数据集的特征，label 表示标注图像
    # cls_output_t、box_outputs_t 和 fpn_feats_t 分别表示 teacher 模型的类别输出、
    # BBOX 输出和 FPN 的 feature map 输出
    # cls_output、box_outputs 和 fpn_feats 分别表示 student 模型的类别输出、BBOX 输出
    # 和 FPN 的 feature map 输出
    cls_outputs_t, box_outputs_t, fpn_feats_t = load_pb(features, teacher_path)
    # 调用 API 接口计算 teacher 和 student 的 class los, box loss 及 fpn_loss
    loss_soft_cls = cls_loss_distillation(cls_outputs_stu = cls_outputs,
                                          cls_outputs_sup = cls_outputs_t,
                                          labels = labels)
    loss_soft_box = box_loss_distillation(box_outputs_stu = box_outputs,
```

```
                                           box_outputs_sup = box_outputs_t,
                                           labels = labels)
    loss_soft_fpn = fpn_loss_distillation(fpn_feats_stu = fpn_feats,
                                           fpn_feats_sup = fpn_feats_t,
                                           labels = labels)
    #然后把所有的 loss 加到一起进行梯度更新
    total_loss += loss_soft_cls + loss_soft_box + loss_soft_fpn
```

除了计算机视觉领域之外，在很多其他领域同样可以使用模型蒸馏。虽然以BERT为代表的预训练语言模型显著提升了诸多自然语言处理任务的效果，但是预训练语言模型的参数量巨大，推理时间长，难以在资源受限的终端设备上进行部署。华为诺亚方舟实验室提出了一种针对BERT模型的蒸馏算法，包含通用性蒸馏和任务相关性蒸馏两个阶段，分别对应预训练学习阶段和下游任务学习阶段。使用此算法压缩得到的小模型TinyBERT在只有原始BERT模型13%参数量的情况下，推理速度提升9倍。ModelArts预置算法已经可以支持基于TinyBERT的模型蒸馏。

相比剪枝而言，模型蒸馏和量化是目前应用更广且实际效果最好的性能提升方式。这3种技术中，模型蒸馏的应用更加普遍，可以适用于很多不同类型的模型。

第8章

应用生成、评估和发布

模型评估和诊断优化之后，就可以进入应用生成、评估和发布子流程了。首先，应用需要能够被方便地生成；其次，与模型评估一样，人工智能应用也需要评估，以确保端到端的推理效果；最后，根据业务需求选择合适的部署方式，发布人工智能应用。部署形态与业务方的场景需求强相关。例如，业务方可能希望的是一个及时响应的在线服务；也可能是一个对时延敏感度不高、需要长时间运行、一次可以处理一批数据的异步批量服务；甚至有可能希望是一个能嵌入到其他数据平台中进行使用的服务，例如以 UDF(User Defined Function，用户自定义函数)的方式嵌入到大数据处理的全流程之中，在数据处理过程中就对相关数据执行推理操作。另外，在部署和发布时，还需要根据底层硬件资源的实际情况考虑合适的部署形态。

从运维的角度看，将人工智能应用部署在云上可以节省大量的运维开支及运维工作，从而让企业可以将工作重点放在业务本身。虽然云上部署是一种常见的形态，但是由于业务方有其他方面(例如安全、性能等方面)的诉求，有时需要根据具体业务诉求将应用部署在端侧和边缘等不同的环境中，并实现远程运维。在人工智能领域，数据和场景变化非常快，因此应用的迭代升级也非常频繁，如何快速地将应用部署起来而又不影响当前推理服务的可用性，是支撑业务稳定运行的基础能力。应用的部署需要能够支持滚动升级、灰度发布等多种功能。

8.1 应用管理

通常模型的一些元信息包括模型的输入输出规范、推理引擎类型等参数，以及推理计算软件库(可选)等，都没有包含在模型文件中。因此，单一的模型无法被直接部署，而是需要将模型文件和元信息组织为一个应用才可以被直接管理和部署，这就是

ModelArts 的应用管理所提供的主要功能。此外，应用管理中还提供了应用版本管理能力，对历史上的应用进行增、删、改、查，保存了应用名称、版本号、状态、模型来源、创建时间、描述等元信息。

8.1.1　模型格式转换

如第 5 章所述，当前业界的人工智能计算引擎或开发库非常多，而且这些引擎之间是无法直接兼容的，不同的引擎训练出来的模型，部署成推理服务时还需要绑定特定的推理引擎，这就使开发者很难在多引擎之间直接共享模型。同时，业界主流的 AI 计算设备提供厂商也试图提供硬件特定的优化方案，例如英伟达的 TensorRT、华为的 Ascend 推理引擎。但是目前这些方案都对模型有一套特定的约束和规范，为了能根据业务需求灵活地选择计算引擎和硬件，需要相应的工具进行模型格式的转换。

在转换之前，开发者需要考虑几个因素：①所需部署的芯片类型；②被转换的模型类型和目标模型类型；③是否在转换过程中采用模型量化做压缩。ModelArts 支持的模型转换如图 8-1 所示。对于 TensorRT、MindSpore、TFLite 推理引擎，还支持基于 8bit 量化的模型压缩。

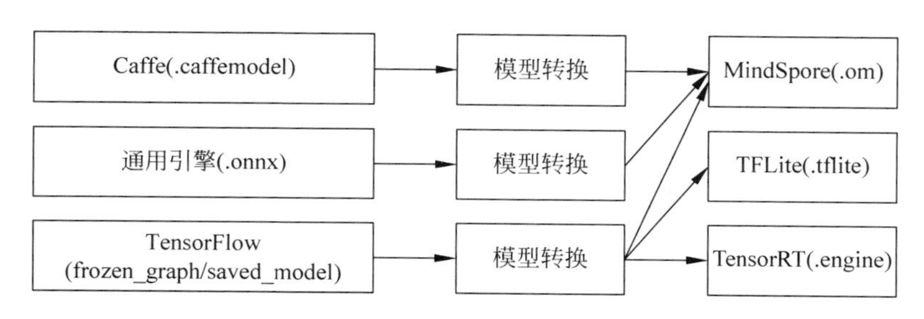

图 8-1　ModelArts 模型转换种类

不同的转换需求需要开发者输入不同的转换参数，为了简化模型转换的使用，ModelArt 提供了大量模型转换模板，该模板预置了一些常用的参数，方便开发者一键式转换模型格式。

8.1.2　简单应用生成

经过模型的格式转换之后，就可以开始导入模型并生成应用。对于单模型应用而言，应用的生成较为简单，仅需提供满足一定规范的模型包即可。开发者需要将训练产出或格式转换之后的模型文件、推理脚本和配置文件以一个约定的形式放在模型包目录下，一次性地导入到应用管理中即可生成应用。以 TensorFlow 为例，模型包结构的示例如下：

```
OBS 桶/目录名
—— ocr
    ├—— model
    |     ├—— <<自定义 Python 包>>
    |     ├—— saved_model.pb
    |     ├—— variables
    |     |     ├—— variables.index
    |     |     ├—— variables.data - 00000 - of - 00001
    |     ├——config.json
    |     ├——customize_service.py
```

在该示例中，model 目录下的文件比较容易理解，saved_model. pb 和 variables 目录是利用 TensorFlow 引擎训练后保存的模型；config. json 是应用管理中要用到的模型配置文件，该文件描述模型用途、推理计算引擎、模型精度、推理代码依赖包及模型对外接口；customize_service. py 则用来定义前后处理逻辑的自定义脚本。对模型包下面文件更详细的解释如表 8-1 所示。

表 8-1　模型文件说明

文 件 名 称	描　　述
model	必选：固定子目录名称，用于放置模型相关文件
<<自定义 Python 包>>	可选：用户自有的 Python 包，在模型推理代码中可以直接引用
saved_model. pb	必选：protocol buffer 格式文件，包含该模型的图描述
variables	对 *. pb 模型主文件而言必选；固定子目录名称，包含模型的权重偏差等信息
variables. index	必选
variables. data-00000-of-00001	必选
config. json	必选：模型配置文件，文件名称固定为 config. json，只允许放置一个
customize_service. py	可选：模型推理代码，文件名称固定为 customize_service. py，只允许放置一个

下面对其中较为特殊的模型配置文件 config. json 和自定义脚本 customize_service. py 展开介绍。

1. 模型配置文件

ModelArts 目前的配置文件 config.json 包含的内容如表 8-2 所示。用户将模型训练完之后，仅需要修改该文件，就可以快速地在 ModelArts 上针对不同引擎、不同模型算法场景来部署推理服务。

表 8-2 推理配置文件 config.json 的内容描述

名 称	描 述
模型算法类型	模型算法(model type)，表明该模型的用途，由模型开发者填写，以便使用者理解该模型的用途，可选 image_classification(图像分类)、object_detection(物体检测)、predict_analysis(预测分析)及开发者自定义的算法
推理引擎类型	模型 AI 引擎，表明模型使用的计算框架，可选的框架有 TensorFlow、MXNet、Spark_MLlib、Caffe、Scikit_Learn、XGBoost、Image、PyTorch 等
运行环境	模型运行时环境 runtime，可选值与模型算法类型(model type)相关
模型文件位置	华为云容器镜像服务(SoftWare Repository for Container，SWR)镜像模板地址。当使用“从 OBS 中选择”的导入方式导入自定义镜像模型(Image 类型)时，swr_location 必填，swr_location 为 docker 镜像在 SWR 上的模板地址，表示直接使用 SWR 的 docker 镜像发布模型。对于 Image 类型的模型建议使用“从容器镜像中选择”的导入方式导入
模型精度描述	模型的精度信息，包括平均数、召回率、精确率、准确率等
对外 API 信息	描述模型部署成服务后，可对外提供的 API 描述
依赖的包	推理代码及模型依赖的包，模型开发者需要提供包名、安装方式、版本约束。客户自定义镜像模型一般不支持安装依赖包
健康探针信息	推理服务的健康接口配置信息

编写模型配置文件 config.json 需要一定的理解成本和调试成本。对于常见的推理配置，ModelArts 提供了模型的导入模板。使用模型的导入模板可以更方便、快捷地导入模型，而不需要手工编写 config.json 配置文件。简单来说，导入模板就是将 AI 计算引擎(推理态)及模型配置模板化，每种模板对应一种具体的 AI 计算引擎和一种推理模式。开发者借助模板可以快速导入模型。

ModelArts 提供了大量的模板用于模型导入。例如，使用通用模板导入时，用户需要根据模型功能或业务场景重新选择合适的输入输出模式，如预置图像处理模式、预置物体检测模式、预置预测分析模式、未定义模式等，如图 8-2 所示。例如，对于预置物体检测模式，要求用户通过 HTTP(HyperText Transfer Protocol，超文本传输协议)发送 POST 请求,采用 multipart/form-data 内容类型,以 key 为 images,type 为 file 的格式输入待处理图像,推理结果则会以 JSON 格式返回,具体字段如表 8-3 所示。

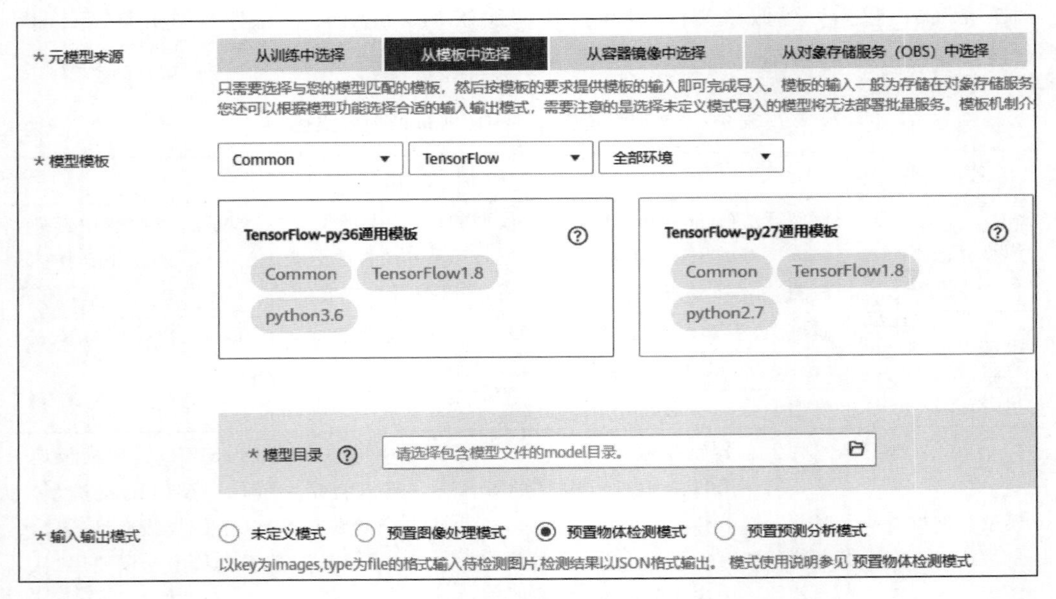

图 8-2　基于通用模板进行模型导入

表 8-3　推理结果字段说明

字 段 名	类　型	描　述
detection_classes	字符串数组	输出物体的检测类别列表,如["yunbao","cat"]
detection_boxes	数组,元素为浮点数数组	输出物体的检测框坐标列表,坐标表示为[,,,]
detection_scores	浮点数数组	输出每种检测列表的置信度,用来衡量识别的准确度

2. 自定义脚本

在推理态,真正进入模型计算之前,通常需要经过数据预处理(例如图像预处理等),模型计算完成之后,也需要将模型输出的数据(通常为张量表示)转换为所需要返回给调用方的结果,因此还需要进行后处理计算。这些前后处理相关的脚本称为 customize_service. py,该脚本需要满足一些约束条件。如果开发者需要自定义,则自定义的 Python 代码必须继承自 BaseService 类,不同 AI 计算引擎所对应的 BaseService 及导入语句都各不相同,具体如表 8-4 所示。

表 8-4 不同类型的 AI 计算引擎对应的 BaseService 类及导入语句

模型类型	父类	导入语句
TensorFlow	TfServingBaseService	from model_service.tfserving_model_service import TfServingBaseService
MXNet	MXNetBaseService	from mms.model_service.mxnet_model_service import MXNetBaseService
PyTorch	PTServingBaseService	from model_service.pytorch_model_service import PTServingBaseService
Pyspark	SparkServingBaseService	from model_service.spark_model_service import SparkServingBaseService
Caffe	CaffeBaseService	from model_service.caffe_model_service import CaffeBaseService
XGBoost	XgSklServingBaseService	from model_service.python_model_service import XgSklServingBaseService

开发者可以重写的方法如表 8-5 所示。通常,开发者可以选择重写_preprocess 和_postprocess 方法,分别实现自定义的预处理和后处理。

表 8-5 重写方法说明

方法名	说明
__init__(self, model_name, model_path)	初始化方法,该方法内加载模型及标签等(PyTorch 和 Caffe 类型模型必须重写,以实现模型加载逻辑)
_preprocess(self, data)	预处理方法,在模型推理计算前调用,用于将原始推理请求的数据转换为模型期望的输入数据
_inference(self, data)	实际推理请求方法(不建议重写,重写后会覆盖 ModelArts 内置的推理过程,运行自定义的推理逻辑)
_postprocess(self, data)	后处理方法,在模型推理计算完之后调用,用于将模型输出转换为推理请求的输出

以基于 TensorFlow 计算引擎的目标检测应用为例,其自定义脚本样例如下:

```
import numpy as np
from PIL import Image
from model_service.tfserving_model_service import TfServingBaseService
class ObjectDetectionService(TfServingBaseService):
    def _preprocess(self, data):
        # 预处理中处理用户 HTTPS 接口输入匹配模型输入
        # 对应上述训练部分的模型输入为{"images": <array>}
        preprocessed_data = {}
        # 对输入格式进行迭代
```

```
        for k, v in data.items():
            for file_name, file_content in v.items():
                image = Image.open(file_content)
                image = np.asarray(image, dtype = np.float32)
                #对传入数据进行 batch 处理,返回 numpy.array
                image = image[np.newaxis, :, :, :]
                preprocessed_data[k] = image
        return preprocessed_data

        #inference 调用父类处理接口
        #对应检测模型输出为{"detection_classes": <array>,
        #"detection_scores": <array>, "detection_boxes": <array>}
        #后处理中处理模型输出为 HTTPS 的接口输出
    def _postprocess(self, data):
        detection_classes = data['detection_classes'][0]
        detection_scores = data['detection_scores'][0]
        detection_boxes = data['detection_boxes'][0]
        picked_classes,picked_boxes,picked_score = nms(detection_classes,
                                                       detection_scores,
                                                       detection_boxes)
        result_return['detection_classes'] = picked_classes
        result_return['detection_boxes'] = picked_boxes
        result_return['detection_scores'] = picked_score
        return result_return
```

8.1.3 基于编排的应用生成

在实际业务场景中,一个人工智能应用可能会包含多个模型,这些模型需要相互配合才能共同完成推理。这就需要基于多模型编排来生成应用。多模型的编排和组合也有不同的分类和实现方式,从编排复杂度上可以分为基于线性流水线(Pipeline)的编排和基于有向无环图(Directed Acyclic Graph,DAG)的编排,分别如图 8-3(a)和(b)所示。广义的编排对象不仅包括模型,还包括其他第三方服务、前后处理脚本等。

1. AIFlow 框架

AIFlow 是 ModelArts 内置的支持推理态应用快速编排和开发的框架,它提供了简化的多模型推理编排接口,开发者通过使用 ModelArts 的 AI 市场中基本的推理单元,能完成推理态应用的快速开发,并通过资源调度和任务调度功能确保 AI 应用在推理时能充分利用硬件资源,并且支持 GPU、Ascend 等多样性算力的加速。AIFlow 框架具有以下主要特点:

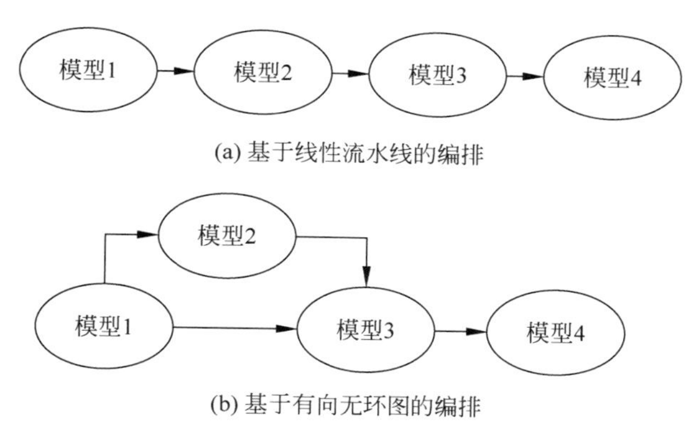

图 8-3 推理态多模型编排流程

1）高性能

计算机系统常用的流水线并行可使数据读写、预处理、模型计算充分并行，并支持多算子级别的并行执行；在资源调度方面实现精细化管理，统一管理显存、内存、线程等资源，实现数据零复制、线程动态调节；深度融合 AI 计算引擎，支持异构 AI 计算设备(GPU、Ascend)与主机 CPU 协同计算，充分利用多元算力；此外，还支持多算子、多模型的融合，以及高性能预处理算子。

2）全场景

支持端-边-云协同的分布式部署，以及统一的总线连接和数据无缝交换；支持图像、视频、语音、文本等各类型人工智能应用；并且框架本身可以轻量化部署，根据部署环境动态裁剪依赖库。

3）全自动

实现面向端-边-云全流程的推理性能监控，以及应用、计算图、算子的全栈性能监控；支持性能瓶颈分析和自动优化，以及端-边-云负载自动均衡；支持性能跟踪，跟踪推理各个步骤的耗时，并提供优化方向。

4）易开发

开发效率高，具备丰富的算子库，支持应用编排式开发及图形化编排开发接口，简化业务的开发流程；支持多种业务场景、模型类型，并支持 Python、C++、Java 接口。

5）可扩展

支持自定义新硬件和新的计算引擎，支持自定义算子插件。

2. 基于 AIFlow 的编排

AIFlow 内部的图结构采用的是 Graphviz 格式的图描述语言，使用 Graphviz 的语言可以很容易描述推理的流程。Graphviz 采用 DOT 语法，专门用于描述图的绘制和关系。下面是 Graphviz 图的一个简单示例。

```
digraph G {
    Hello -> World
}
```

对应的输出图像如图 8-4 所示。

AIFlow 的图结构包含顶点(Node)和边(Edge)。AIFlow 的每个执行模块用顶点表示，例如 HTTP Server(HTTP 服务器)是一个顶点，对于每个顶点，可以配置该顶点的功能和执行的设备；AIFlow 顶点之间的数据流向用边表示，例如 A→B 表示将顶点 A 的数据输出给顶点 B。

使用 AIFlow 来描述图 8-5 所示的业务图关系，代码如下：

```
digraph demo {
    httpserver [type = flowunit, name = httpserver];        //定义顶点
    json[type = flowunit, name = json];                     //定义顶点
    httpserver -> json;                                     //描述数据关系
}
```

其中，关键参数如下：

(1) type。表示模块类型，flowunit 表示执行单元，对应的还有 input、output、condition 类模块。

(2) name。表示模块名称，表示执行此功能的模块组件，例如 HTTP Server、JSON。

(3) device。表示执行设备类型，如 CPU、GPU、Ascend。

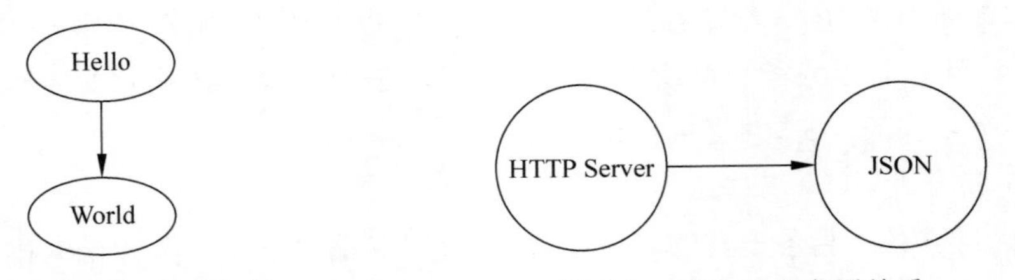

图 8-4　Graphviz 输出图像　　图 8-5　AIFlow 业务图关系

3. 基于 AIFlow 的 OCR 业务编排

下面以 OCR 业务为例，介绍 AIFlow 的使用流程，如图 8-6 所示。开发者在训练完一个 OCR 模型之后，在客户端使用 HTTP 请求调用 OCR 推理服务，推理过程主要

包括以下几个步骤：

（1）接收请求。服务端接收到RESTful请求，对JSON进行解析，并获取需要推理的图像。

（2）预处理。对原始图像进行预处理，调整图像大小，进行四点定位和文字块裁剪。

（3）文字推理。对预处理的图像进行OCR模型计算。

（4）返回结果。推理后将结果进行JSON编码，并使用HTTP响应。

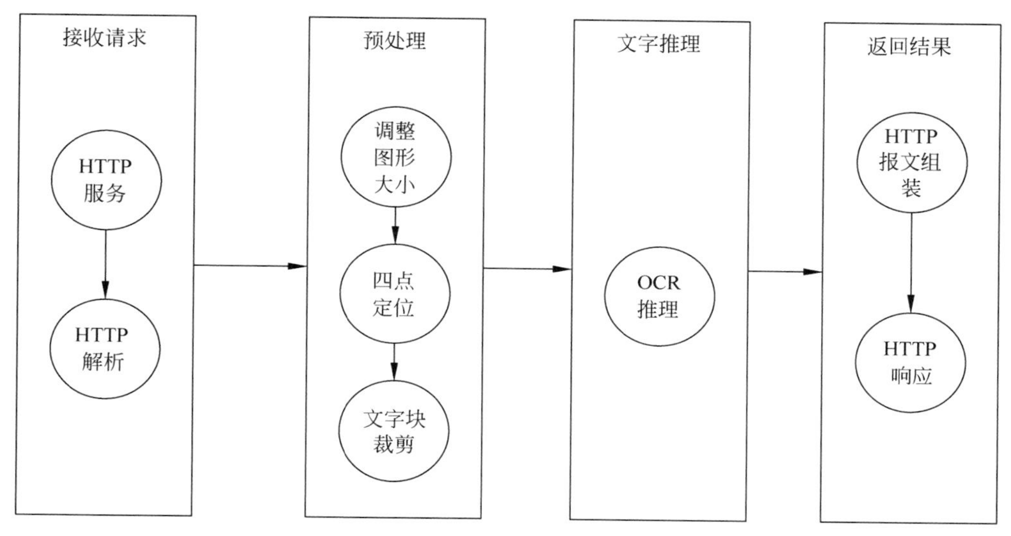

图8-6　AIFlow在OCR业务上的推理流程

首先，从AIFlow提供的功能流单元中找到满足业务要求的功能组件，如表8-6所示。

表8-6　功能组件介绍

名　称	介　绍
HttpServer	流单元，用于请求接收模块
Resize	流单元，用于resize图像
ImageRect	用于对图像进行剪切
FourPointer	四点定位推理模块，模型市场中的一个模型，输出图像位置信息
OCR	OCR识别推理模块，模型市场中的一个模型
HttpResponse	流单元，HTTP回应模块

然后按照业务需求，结合AIFlow的处理模块和推理模块画出数据流程图，如图8-7所示。

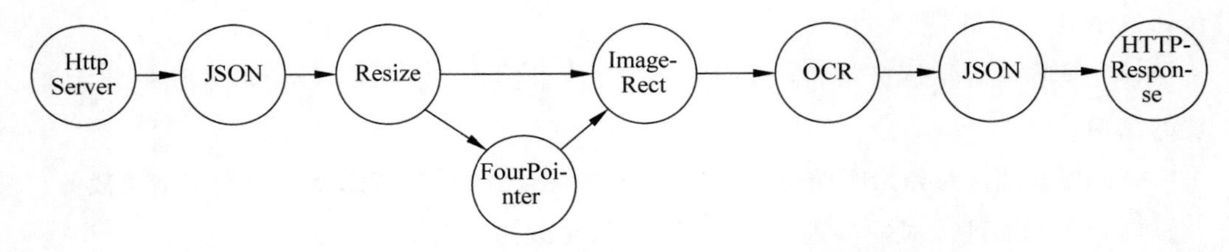

图 8-7 基于 AIFlow 的 OCR 推理业务数据流程图

使用 AIFlow 的编排语法进行编排，其编排逻辑的定义如下：

```
digraph OCR {
    //定义处理顶点及其功能
    httpserver[type = flowunit, flowunit = httpserver, device = cpu, listen = 0.0.0.0:80]
    json_parser[type = flowunit, flowunit = json, device = cpu]
    image_resize[type = flowunit, flowunit = resize, device = cpu]
    image_rect[type = flowunit, flowunit = ImageRect, device = cpu]
    four_point[type = flowunit, flowunit = FourPointer, device = GPU]
    ocr[type = flowunit, flowunit = ocr, device = GPU]
    json_construct[type = flowunit, flowunit = json, device = cpu]
    httpresponse[type = flowunit, flowunit = HttpResponse, device = cpu]
    //配置图关系
    httpserver -> json_parser -> image_resize
    image_resize -> four_point -> image_rect
    image_resize -> image_rect
    image_rect -> OCR -> json_construct -> httpresponse
}
```

完成上述业务编排后，将上述文件写入 AIFlow 服务进程的配置文件中，服务重启后即可生效。由此可以看出开发者仅需通过简单的配置即可描述业务逻辑，无须关注底层编排实现，使用更加简便。

8.1.4 应用评估

如前文所述，一个人工智能应用需要经过配置和简单的开发之后，才可以将模型、算子或脚本、配置文件等内容打包生成一个人工智能应用。在正式部署和发布该应用之前，仍然需要评估和诊断，以确保应用的各类指标（精度、性能等）能够达到业务方的期望。如果没有达到期望，则需要进一步返回到数据准备、算法选择和开发、模型训练、模型评估和调优等子流程中，进行进一步迭代优化；如果已经达到期望，则可以进入应用部署和发布环节。

8.2　应用部署和发布

应用部署时需要考虑部署服务的调用形态，按照调用形态的不同，可以分为在线服务、异步服务和批量服务等；按照部署资源的位置不同，又可分为云上服务、边缘服务及离线 SDK；按照部署资源的需求不同，可以将应用部署在不同规格的硬件集群上，下面将重点介绍其中一些主要的部署形态。

8.2.1　部署类型

1. 在线推理服务

在线推理服务能够同步地、实时地响应客户端请求，并将推理结果返回客户端，如图 8-8 所示。在线推理服务通常会启动一个或者多个常驻实例，等待被调用，开发者可根据流量来控制实例个数及其所占资源规格。通常在线服务的响应时间很短，非常适合于需要实时响应的人工智能应用形态。

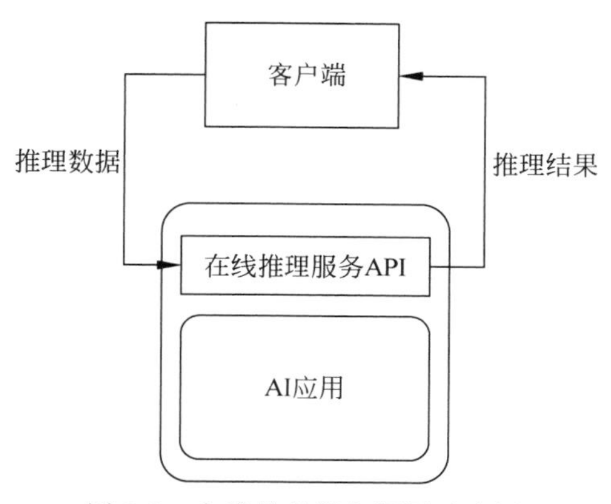

图 8-8　在线推理服务调用示意图

2. 异步推理服务

异步推理服务通常以异步调用的方式将推理结果返回客户端。在接收到推理请求之后，推理服务立即返回客户端，说明请求是否接收成功，并继续执行该推理任务的计算。客户端和推理服务端都可以无阻塞地去执行其他操作。当推理任务计算完成之后，推理服务端会将该任务的执行结果记录下来。客户端可以以轮询的方式来获取推理结果，也可以注册回调函数，让服务端完成推理任务之后及时为客户端返回结果。

3. 批量推理服务

在线推理服务适合于快速单次调用的场景，而有时候需要推理的数据规模比较大、推理时间长，在线推理服务很难在很短的时间内完成，在这种情况下就需要采用批量推理服务。批量推理服务类似启动一个或多个后台任务，该任务对输入的一批数据进行推理，并将结果输出到约定的存储空间中。

由于批量任务需要处理的数据量大，所以会对输入数据进行拆分，并启动多个实例分别处理这些已拆分的任务，从而提高推理执行的并发度。

批量推理服务的输入可拆分成很多小的调用，拆分方法有多种，平台可以根据输入数据的不同进行推理输入数据的拆分，并根据拆分的数量及启动批量服务时约定的最大实例数来启动合适的实例，并将这些拆分后的数据发送给不同的实例，从而完成批量数据的推理，如图 8-9 所示。

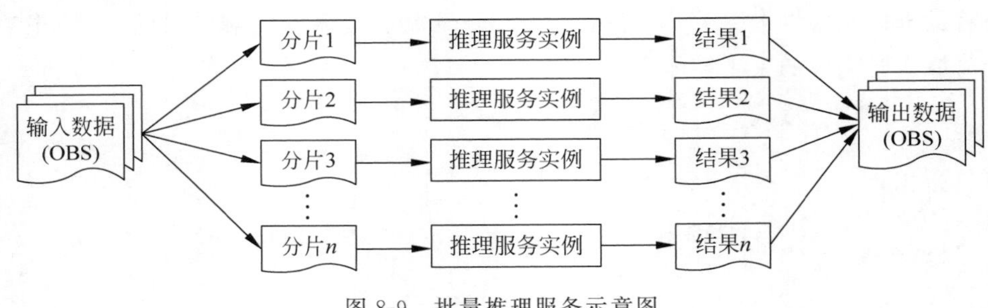

图 8-9　批量推理服务示意图

4. 边缘推理服务

边缘推理服务是将推理服务部署在边缘的硬件上(包含客户数据中心节点上，或者边缘的专属硬件上)。上述的在线推理服务、异步推理服务、批量推理服务都可以在云端或者边缘进行部署。由于边缘硬件的类型及运算能力差别很大，所以对部署到边缘的模型服务需要更加丰富的硬件适配能力。为了适配，通常需要有更丰富的模型转换、模型压缩等能力，以及与不同硬件、操作系统集成的能力。

为了将模型运行在边缘节点上，可以选用由网络直接下发或者离线下载的方式。使用网络直接下发可以在云上进行集中运维、管理，能保证推理服务及时升级。而离线下载的方式通常适用于网络连接受限的场景。

在大量的视频监控场景下，用户基于网络带宽成本、硬件成本及推理性能等方面的考虑，倾向于使用边缘推理服务。边缘推理服务的应用前景广泛，并且可以与公有云协同进行推理，适用于更加复杂的解决方案。

8.2.2　部署管理

为了保证推理服务的可靠性、可扩展性等系统能力，通常需要在应用实例的基础管理能力之上，增加高级的管理能力，下面将介绍几个关键能力。

1. 集群部署

采用集群化多实例部署，不仅可以同时响应更多的推理请求，而且还可以在一定程度上保证推理服务高可用。集群部署需要有流量分发的功能，将用户推理的客户端请求分发给每一个推理服务的实例。

但是人工智能应用推理服务与传统软件应用服务不同。传统软件应用服务通常处理高并发、低时延的小负载，例如页面的请求。在这种场景下，将不同用户的请求或者同一用户的不同请求分流到各个实例即可。而人工智能应用推理服务通常都是重负载，而且有特殊硬件(AI 计算设备)方面的限制。在这种场景下，需要对每一个推理请求进行跟踪和排队。但不同请求(例如图像大小或者其他因素)的处理时长不同，如果推理请求过多，则后端的推理服务实例很容易超时，或者造成大量请求排队。因此，需要在任务调度、资源调度、队列管理、负载分摊机制方面做大量优化，如图 8-10 所示。

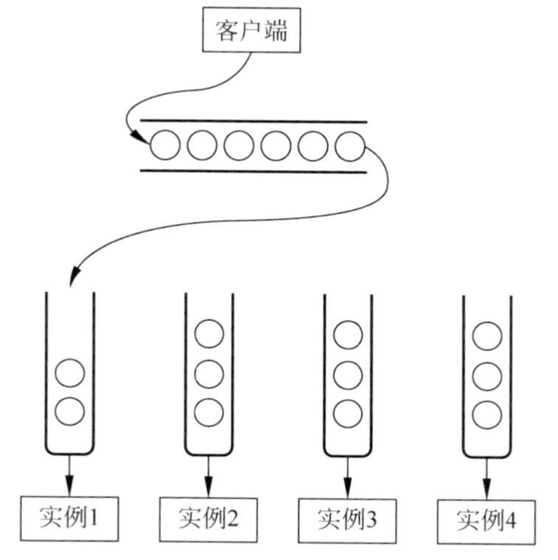

图 8-10　不同推理服务实例之间的负载策略示意图

如果针对不同的推理服务都采用不同的队列来管理推理请求，那么这些队列之间需要保证互相隔离，避免服务本身的问题导致别的服务的调用异常，整体架构如图 8-11 所示。

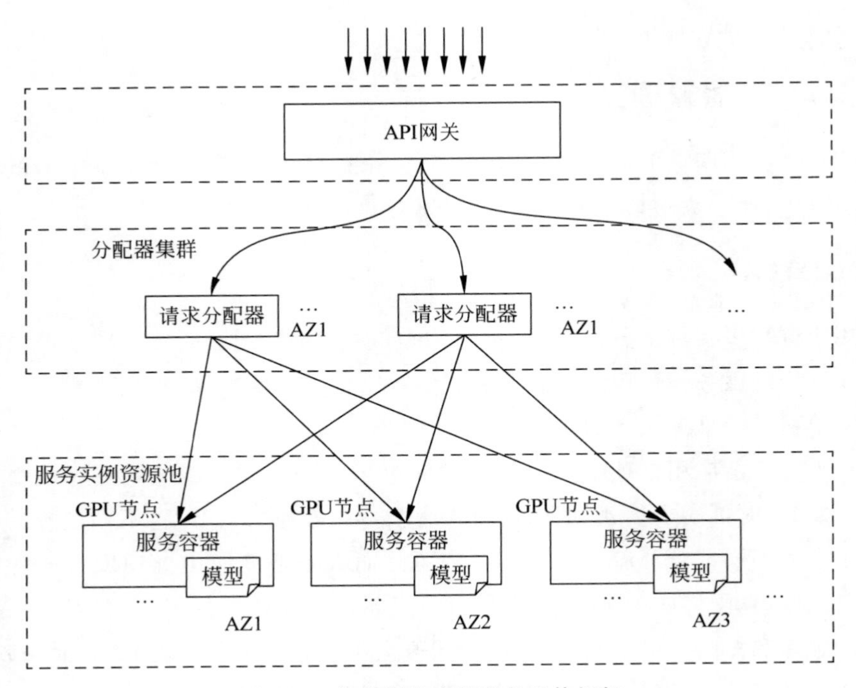

图 8-11　推理服务实例负载整体框架

其中，请求分配器负责完成用户推理请求的流量分发，具体的推理服务流量分配策略在此组件内实现。请求分配器通常通过微服务的发现机制来发现服务的具体地址，将推理服务的注册机制内置到平台中。这种机制要求每个推理服务的实例都提供一个 PING（探测）接口，如果这个接口的调用结果为正常（通常使用 HTTP 200 返回码），则 ModelArts 认为该推理服务已经可用，就会将用户推理请求流量分发到该推理服务实例上。按照这种机制，一个推理服务启动的过程如图 8-12 所示。

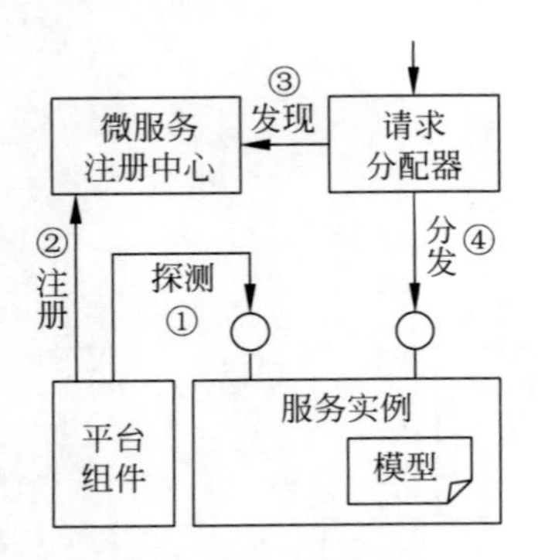

图 8-12　推理服务启动过程示意图

ModelArts 平台组件会不断地探测该推理服务的实例是否已经启动完毕，如果该实例已经启动成功，则注册到推理微服务注册中心；如果该实例在约定的时间内未启动成功，则进入异常处理环节。由于不同推理服务实例的启动时间不同，所以探测时间间隔是可以独立配置的，如果不配置则取默认值。当请求分配器监听到所有的注册成功推理微服务实例的信息后，可以获取推理服务的调用地址。当请求分配器接收到推理请求后，按照分发策略将流量分配到后端可用推理服务实例上。上述启动过程需确保如果某个推理服务的实例没有启动完毕，则不会有推理服务请求发送到该实例。

2. 滚动升级

当应用的版本发生变化后，就需要对当前生产环境内运行的推理服务进行升级。为了保证升级期间推理服务的连续性，通常采用滚动的方式来进行。每次选取一个或者一批节点，在这些节点上将新版应用启动起来，然后将流量切换到新版应用所对应的节点上。一直持续这个过程，逐步地将旧版应用全部升级为新版本。在这种滚动升级方案过程中，总是有可以提供服务的实例存在，所以对于用户的推理业务来说没有影响。过程如图 8-13 所示。

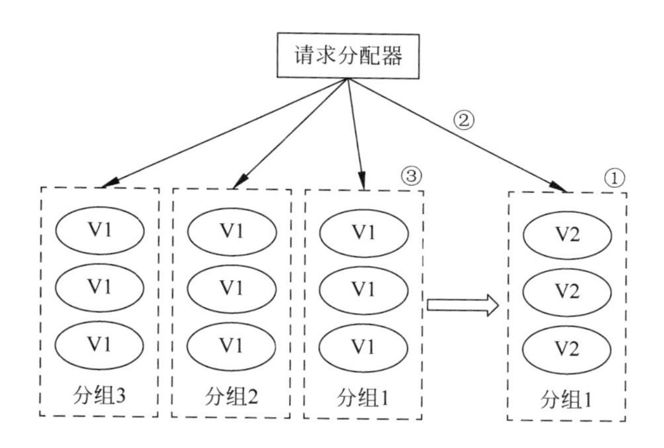

图 8-13 推理服务的滚动升级过程示意图

需要注意的是，在新旧版本的切换过程中，平台要在保证新版本的推理应用可用时，再将流量导入。在停止旧版应用所在实例时，要确保流量能在服务停止过程中平滑地切换，不能将请求发送给已经停止的实例，同时又要保证正在处理过程中的请求不要出现意外强行终止的情况。

滚动升级的过程是自动化的过程，对于用户来说是不感知的，每次选取响应的升级参数后，系统会自动一批批地执行升级过程直到全部升级完毕。滚动过程中如果出现错误，对应的处理方式有多种，例如自动回滚、保持错误状态告警并等待人工处理等。另外，滚动过程中系统是处于中间状态的，请求可能是新版本处理，也可能是旧版本处理，因此需要注意不同应用的版本兼容性。

滚动升级过程中没有对流量进行精确的控制，由系统根据版本推理服务实例数量进行流量分发。滚动升级一旦启动就会一直滚动到结束，非常适合快速升级上线的场景。如果需要进一步的流控，需要采用灰度发布功能。

3. 灰度发布

灰度发布可以让开发者对于流量及推理服务版本达到精确的控制。开发者在部署推理服务时可以同时部署多个不同的版本，并且保证每个版本的推理服务的实例数都不同。推理服务请求分发器按照不同的比例将分发请求发送到不同版本的应用上，如图 8-14 所示。

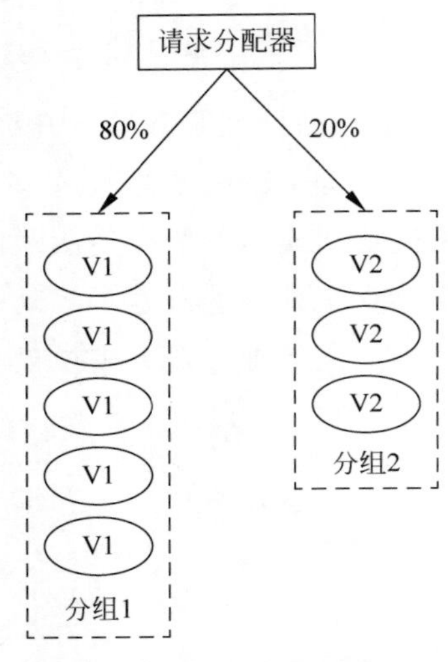

图 8-14　灰度发布时请求分配器的流控示意图

这种方法通常适合用户将推理的新版本首次发布到生产环境中，完成充分验证后，再进行全部的版本升级。首先部署一个新版本的推理服务，验证完成后，拨出少量流量到新版本进行实际测试，经过一段时间运行，确保没有风险之后，再将剩余实例的推理服务也逐步升级为新版本。灰度发布的过程大体可分为 3 个阶段：验证、试运行、全量升级。对于用户来说，这 3 个阶段都可设置卡点条件，满足条件才可进入下一个阶段，所以风险较低。如果在进行推理服务的灰度发布时，新版本和旧版本的资源规模保持一致，验证完成后一次性进行流量切换的特殊灰度发布形式也称为蓝绿发布。这种发布形式的特点是资源消耗大，切换逻辑清晰简单。在灰度发布的第 3 个阶段，确定新版本为主版本后，可以使用滚动升级的方式自动全部将旧版本的人工智能推理服务实例升级为新版本，过程与上述滚动升级过程类似。

推理服务进行灰度发布的特点是过程可控、流量比例可控、发布升级过程可逐步进行，因此可确保整体的风险可控，但是相对于滚动升级，其操作更加复杂。

4. A/B 测试

A/B 测试是按照推理流量进行精准分配，从而对不同的推理服务版本进行测试的一种发布形式，属于灰度发布的一种常用形式。将流量分配到不同版本的人工智能推理服务后，经过一段时间，对推理请求的执行情况及推理结果进行进一步的统计和分析，再进行推理服务版本的最终选择。

A/B 测试强调的是测试，即对推理结果的统计和分析。首先需要对请求的数据进行分组（分桶），并针对每一种分组进行详细的数据统计，然后按照分组进行请求数据及统计结果，如图 8-15 所示。最后对这些分组的统计结果进行比较，为版本选择提供可量化的依据。

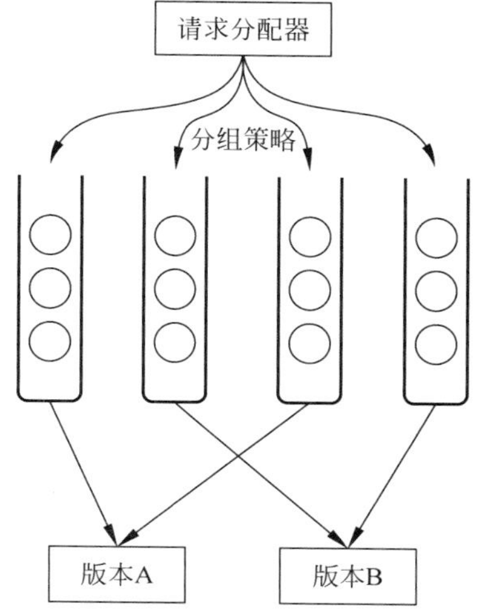

图 8-15　推理服务 A/B 测试中的数据分组示意图

5. 弹性推理

所部署推理服务实例的数量需要动态适配请求的流量大小，这样才能确保在流量大时推理请求能够被及时响应，而在流量小时又不浪费资源。ModelArts 允许开发者提前定义弹性伸缩策略，根据采集到的推理业务指标和技术指标等数据，对推理服务的实例数量及资源进行及时动态调整。

弹性推理服务的闭环流程如图 8-16 所示，包括以下几个步骤：

（1）部署弹性推理服务，并设置伸缩策略；该伸缩策略会下发给请求分配器。

（2）请求分配器会分发请求流量到推理服务实例；推理实例所在的节点上的平台组件也收到指标收集策略。

（3）请求分配器和节点上的组件会收集需要的伸缩指标，主动上报给指标收集组件；指标收集器收集到请求指标、硬件的使用指标等，并将这些指标汇总后主动报给弹性伸缩引擎及业务预测引擎。

（4）弹性伸缩引擎会根据实际汇总指标进行伸缩策略的匹配，并结合用户推理业务预测的指令数据进行弹性伸缩条件的判断和指令发放。

（5）推理服务实例调整模块动态伸缩推理服务的实例数量。

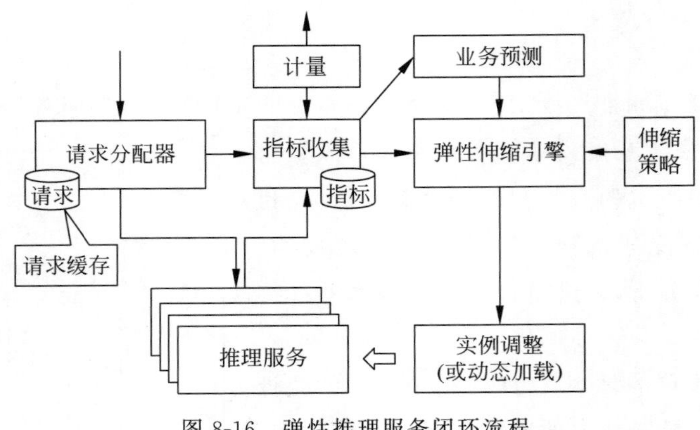

图 8-16　弹性推理服务闭环流程

6. 动态加载

当推理服务加载的应用长时间没有被用户请求调用时,会被标记为低优先级。当高优先级的应用需要加载而计算资源紧张时,会卸载低优先级的模型,并保证高优先级模型能够被加载。卸载的模型只会从内存中卸载,下次加载时如果本地容器中已经存在模型,则直接加载。本地容器的模型也会按照最近、最少使用原则进行存储空间的定期清理。

如果所有动态加载服务的资源都很紧张,则会进入弹性过程,扩展新的服务实例和资源,以适应用户业务的增长。

7. 服务监控

推理服务启动运行后,需要对其运行状况进行监控,以便及时地了解推理业务的运行情况、推理服务的健康情况、资源的消耗情况及其他指标(例如推理精度等)。这些监控数据可以用图表的方式进行展示,并可将历史数据统计后输出成报告供业务运行状态分析使用。服务监控也是应用维护阶段所依赖的关键环节。

8.2.3　应用测试和使用

开发者成功部署推理服务之后,需要进行测试或试用。无论是在线服务、批量服务还是边缘服务,开发者主要通过 API 接口的方式对推理服务进行调用,为了方便开发者编写客户端代码,可以屏蔽服务调用的细节,还可以基于 SDK 的方式使用服务。

如果开发者只是进行简单测试，也可以使用前台页面。

应用测试的主要目的是：①功能测试，判断所部署的服务是否正常，推理流程是否正常；②性能测试，对所部署的推理服务进行一些性能(吞吐量和时延等)测试，并得到不同负载情况下的性能指标，这些指标可用于部署参数的选择、弹性伸缩的策略指导；③精度测试，用以评价应用在真实场景下的效果，并反馈给开发者。

进行性能测试时，ModelArts 提供灵活的负载加压策略、并发策略等配置参数，系统可按照这些参数进行连续的压力调整，并且连续的测试结果会保存到一次测试结论中。该结论可以自定义命名以便快速检索。此外，测试结论也可以输出成报表。

开发者在对推理服务进行充分测试后，就可以将应用投入实际生产中使用。推理服务使用的方式与发布或部署方式密切相关。如果应用被发布为云服务或者边缘服务，则可以通过 RESTful、RPC(Remote Procedure Call)等方式进行调用；如果应用被发布为 SDK，则客户端需要将其嵌入到合适的应用中，也可以在客户侧作为一个独立的应用层进程运行，让客户端通过 RPC 方式调用或者直接使用，如图 8-17 所示。

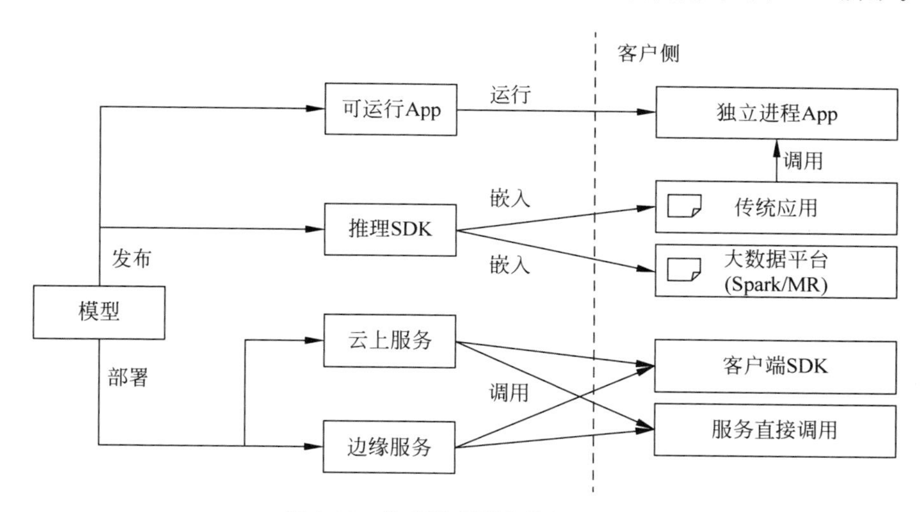

图 8-17 推理模型服务的调用流程

第9章

应用维护

在软件工程中，软件维护是一个非常重要的环节，在整个软件的生命周期中的作用很大。维护除了要不断满足用户对于新功能和性能等方面的要求之外，还需要能够及时地适应外部环境（如第三方依赖等）的变化。与传统软件类应用相比，人工智能应用的维护就更加复杂。

如第3章所说，由于目前的人工智能应用大多数基于概率统计，部署后随着推理数据特征分布的变化，人工智能应用推理的精度就会发生变化。在机器学习中，这种现象也称为“概念漂移”。因此，人工智能应用的维护需要更加及时，并根据数据的变化不断更迭模型和应用，才能保证应用推理效果。应用维护的基本流程如图9-1所示。

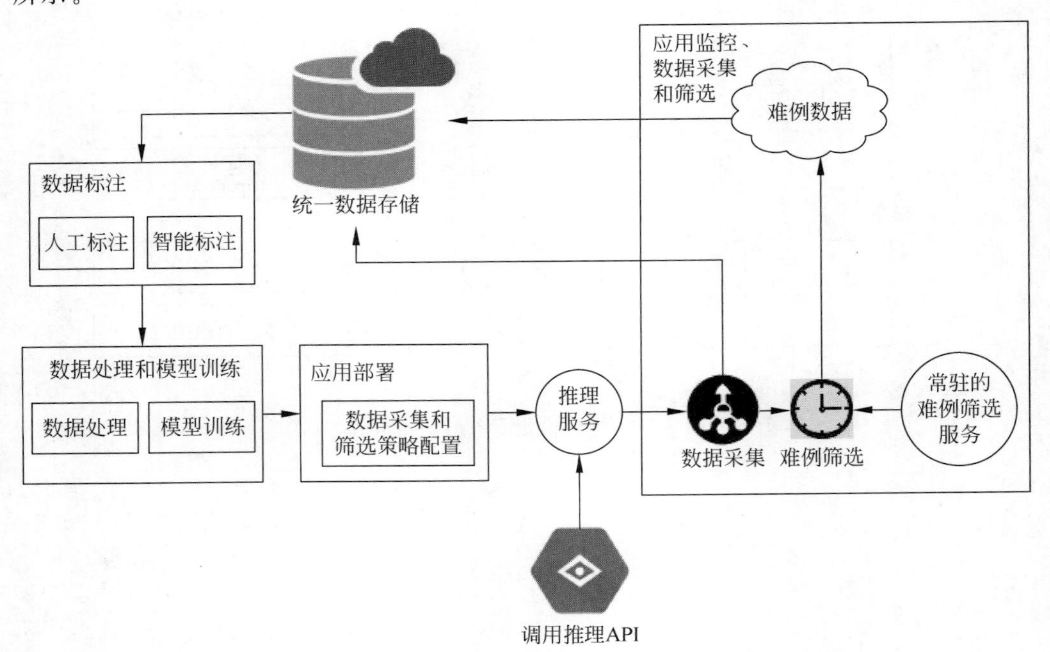

图9-1　人工智能应用维护的基本流程

人工智能应用维护是连接开发态和运行态的重要环节。ModelArts应用维护主要体现在如下两个方面。

1）数据采集和筛选

在用户授权的情况下，ModelArts可以对推理结果进行监控，同时对推理数据及其结果进行采集，并可以按照一定策略（如定期）执行数据采集作业。为防止数据采集过多，引起后续应用迭代的耗时过多，可以在数据采集之后进一步筛选。根据筛选结果再重新进行应用迭代时，仅需关注少量有用的数据即可。

2）应用迭代

应用迭代是基于推理采集和筛选之后的数据，重新启动二次开发的一个过程。下面分别介绍几个关键步骤。

（1）数据更新和标注。数据更新是应用维护流程的重要环节，当采集的数据量较小时，可以将数据采集后直接导入数据集中；当采集的数据量较多时，为了更快地实现应用迭代，可以将采集并筛选后的数据导入数据集中，并重新处理和标注。

（2）模型再训练。相比于开发流程中的训练，维护阶段的模型训练可以获取更多的数据信息，比如上一个应用在某个数据集下的推理效果，这些信息给模型训练精度的调优提供了更多的启发，可以利用这些信息来制定策略、优化模型。例如，对于推理错误较多的某个类别，应适当增加该类别的数据，或者深入分析以发现其他可能的原因，让模型能够更好地对该类别做出预测。

（3）应用评估和更新。将新训练后的模型打包为一个新的应用，如果在测试之后效果比之前的版本更好，则可以申请上线。另外，如第8章所述，对于云上推理服务，ModelArts支持灰度发布。这种部署方式可以同时监控新老应用的表现，通过新老版本的表现来进行流量切换。

下面主要围绕以上两个方面介绍应用维护的过程。

9.1 数据采集和筛选

数据采集比较简单，只需要按照指定的策略将推理态数据自动采集即可。但是有时数据量会很多，尤其在自动驾驶等场景中，每天都有大量的图像和视频数据产生。这时就需要进一步筛选出关键数据。这些关键数据大多也是推理效果较差的数据，所以也称为“难例”(如第 3 章所述)。因此,数据筛选服务也叫作难例筛选(或难例挖掘)服务。难例数据有可能是新增类别的数据,也可能是属于已有类别但推理效果不好的数据,也可能是通过其他方式可提升模型迭代效果的数据。

ModelArts 内置了难例筛选框架,集成了很多难例筛选相关的算法,例如聚类、降维、异常检测等算法,并且支持多算法融合编排。一般情况下,难例筛选无须人工参与,ModelArts 预置的难例筛选算法都可以实现自动化训练和超参调整。

1. 自动难例筛选

难例筛选算法跟模型的任务强相关。本章重点围绕计算视觉中的常用任务(图像分类、目标检测等)介绍难例筛选算法。难例筛选分为两种形态——在线难例筛选和离线难例筛选。第 6 章描述的 OHEM 就是一种在线难例筛选算法,将难例筛选过程与模型训练过程绑定。在线难例筛选有两个缺点:①仅能在模型训练过程中生成难例,并且由于其与训练过程耦合,如果训练算法代码是自定义的,则需要开发者自行添加 OHEM 等模块,才能使用在线难例筛选;②仅通过训练过程中训练数据的损失值来判断是否为难例,评判维度单一。与在线难例筛选相比,离线难例筛选的方法更加多变,常用方法如下。

1) 基于时序一致性的难例筛选算法

当所采集的数据为连续数据(例如视频)时,可利用连续数据之间的相似性进行难例筛选。例如,对于视频数据,若连续多帧的推理结果也是连续的,则证明推理结果是正确的;若连续多帧的推理结果不相同,则证明有一些推理结果是错误的。因此需要对数据的连续性进行自动判断,以获取数据中的连续性片段,然后采用上述原则获取难例。这种难例筛选算法称为基于时序一致性的难例筛选算法。

该难例筛选算法需要保证输入数据是连续的。对于视频流数据,可以采用经典的光流估计算法用来估计视频帧之间的差别大小,进而判断抽帧之后的图像之间是否具有连续性。对于目标检测场景,还可以进行更细粒度的优化(例如判断每张图像中关键目标的连续性),并且能够追踪到每一个漏检和误检的目标框。对于视频的连续帧数据,常常还需要引入运动估计,以避免将所有帧都判断为非连续。对于视频数据中突然出现或突然消失的目标需要重点关注。

以基于视频流的人车目标检测场景的难例筛选为例,如图 9-2 所示,在第 k 帧图像中,右侧突然出现一个被错误标记为“person”类别的目标框,基于时序一致性算法可自动判定其为误检目标框;如图 9-3 所示,在第 k 帧图像中,右侧有一个真实类别为

“car”的目标没有检测出来，基于时序一致性算法可自动判定其为漏检目标框[1]。

(a) 第k−1帧

(b) 第k帧

(c) 第k+1帧

图 9-2　某人车检测场景下的误检目标框的自动发现

(a) 第k−1帧

(b) 第k帧

(c) 第k+1帧

图 9-3　某人车检测场景下的漏检目标框的自动发现

2）基于置信度的难例筛选算法

对于分类问题，很多机器学习和深度学习模型都会对于每个类别输出一个置信度。可以根据置信度大小来判断当前数据成为难例的可能性。若置信度低于某一阈值，则可判定为难例。另外，可以将类别之间置信度值的差异来作为难例筛选的标准，模型对于多个类别输出的置信度差别不大，说明该模型容易将该数据在多个类别之间混淆。

基于置信度的难例筛选方法比较简单，计算复杂度低，适合于快速发现难例。以目标检测场景为例，该难例筛选方法通常可以发现误检的目标框，但是无法直接发现漏检的目标框。

如图 9-4 所示，左侧门店旁边挂的衣服也被误检为行人，并且置信度偏低，因此可将该图像标记为难例。但是基于置信度的难例算法在复杂场景下的精度一般，如图 9-4 左下角所示，仍有一些被误检为行人的目标框的置信度非常高。

3）基于数据特征统计分布的难例筛选算法

正如第 4 章所述，数据集的特征统计分布是用于加深开发者对数据理解的有效工具。在模型训练和评估阶段，需要尽可能保证训练集、验证集的统计分布一致，以确保训练后的模型在验证集上也具有很好的效果。因此，对于推理态的数据集，也需要对

① 由于篇幅所限，本图并未清晰显示“person”（人类）和“car”（汽车）目标。

图 9-4　基于置信度的难例筛选算法在行人识别中的应用

其特征的统计分布进行分析，将与训练集特征统计分布差别较大的数据筛选出来作为难例。另外，将不同特征用于难例筛选时，权重也可以不同，可以基于人工反馈的结果进行学习调整。

以某蛋糕识别场景为例，如图 9-5 所示，该难例筛选算法分为 3 个步骤：①在某个维度下对待筛选数据进行特征（以亮度为例）值的计算；②将该特征值与训练数据集的特征统计分布做对比，观察其是否与大多数数据的特征一致；③如果不一致则判断其为难例，如果一致则不做筛选。

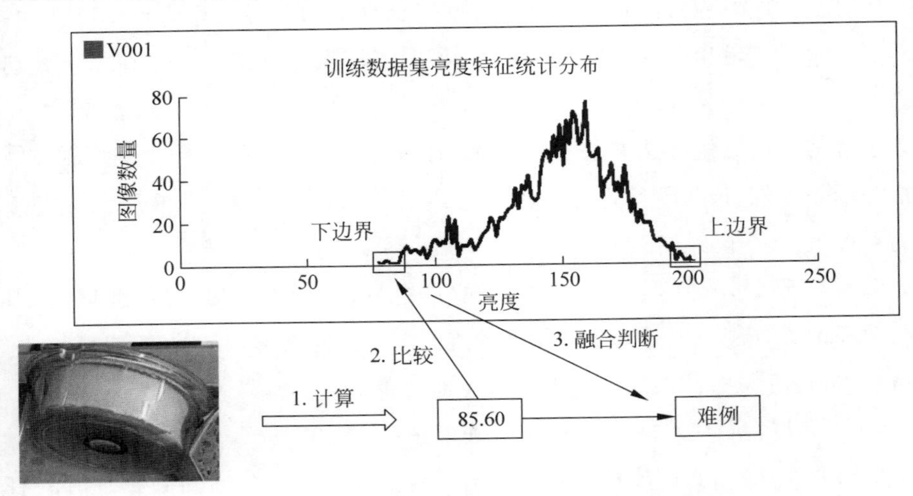

图 9-5　基于数据特征统计分布的难例筛选算法

4）基于异常检测的难例筛选算法

如第 5 章所述，异常检测算法是机器学习领域一类特殊的算法（如 OneClassSVM、LOF 等），用于发现数据中离群点或者新奇点。以上基于数据特征统计分布的难例筛选算法需要一个前置条件,即能够对数据进行抽象特征的提取。这种算法也可以看作是一种简单的异常检测算法。但是当抽象特征提取较难或者提取的特征很难解释并且维度较高(例如用预训练好的CNN模型提取的图像特征)时,基于数据特征统计分布的难例筛选算法就不适用。因此,就需要通过异常检测算法从非抽象的特征空间中自动挖掘出异常数据(即难例)。

5)基于图像相似度的难例筛选算法

与图像检索和排序类似,该算法直接利用推理数据和训练数据的相似性来简单判断该推理结果是否正确,进而发现难例。图像相似度的计算方法有很多,例如基于预训练好的CNN模型提取特征,然后根据预置的一些距离(如马氏距离、欧式距离等)计算方法来判断图像相似度。与训练数据越不相似的数据,成为难例的可能性就越大。

2. 人工难例反馈

由于难例筛选算法通常是无监督或者弱监督的,所以全自动化的难例筛选难度很高。因此,对于一些推理不准确的数据,可以通过人工反馈直接进行收集。可以在调用推理服务的同时,人工将当前数据的难例情况实时反馈到云上,也可以先本地积累然后批量上传并重新训练。

某些场景下,人工反馈难例是间接完成的。例如,在自动驾驶场景中,司机在大多数情况下不需要干预自动驾驶系统,但当自动驾驶系统出错时需要及时进行纠正。例如当系统对某些路段的车道线识别不准时,可能引起不正确的变道操作,这时司机就会通过调整方向盘使其按照正确路线行驶。司机的这种干预可以作为对自动驾驶系统的反馈。自动驾驶系统会自动记录下当前路况的数据,并将这些数据作为难例数据回传到开发态进行进一步迭代。在这种系统中,司机其实并未直接进行难例反馈,难例筛选和反馈是由系统自动完成的。

9.2 应用迭代

应用迭代优化主要包含以下两个方面。

1)从数据上提升应用迭代效果

当推理态数据经过采集、筛选之后,可以进一步做处理和分析。如第4章所述,

ModelArts 支持针对难例数据的推荐和数据增强，最终对用户的数据集进行补充，从而进一步提升模型精度。

2）从算法和模型角度提升应用迭代效果

如第 6、7 章所述，模型训练过程和评估调优过程涉及的内容非常多，可以根据实际场景从模型迁移（修正模型、扩展模型）、模型替换、多模型集成等多个角度综合提升模型性能，最终将模型打包为应用以增强迭代后的效果。

9.2.1 基于数据的应用迭代优化

最简单的模型维护方式是添加数据，或者在此基础上做进一步数据增强（可参考第 4 章的离线数据增强和第 6 章的在线数据增强），以进一步提升模型迭代的精度。

基于数据的应用迭代优化流程如图 9-6 所示。为了避免模型在新数据上发生拟合，通常都需要将新老数据合并一起做增量训练。

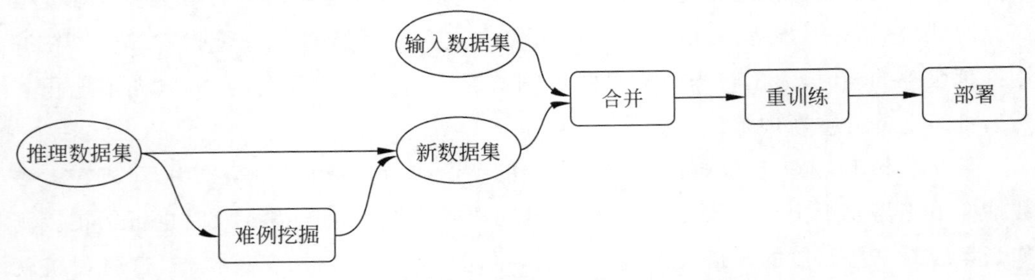

图 9-6 基于数据的应用迭代优化流程图

1. 简单重训练

在实际业务场景中，应用维护是一个长期的过程，伴随着不断的数据采集和模型重训练。例如，按照每周、每个月进行重训练，或者累计数据至一定量时进行定期的重训练。另外，针对一些对时间比较敏感的场景，可以对新数据做一些加权。例如，对于时序预测场景，近期数据对模型影响比较大，在训练时可以加大这些数据所占的权重，这样对模型迭代更有益。同理，基于难例的重训练也可以采用数据加权的方式。

2. 难例增强

为了进一步提升应用迭代的效果，需要在数据采集和难例筛选的基础上做进一步的难例数据增强。第 4 章已经介绍了数据特征分析方法。开发者可以利用数据特征统计分析工具对难例数据和训练数据做出统计对比,从而在某些特征维度上使得训练数据的特征统计分布向难例数据靠近。另外,还可以采用细粒度数据诊断和优化方法,ModelArts 可以对每个数据进行难例判定的同时给出相应的诊断建议,开发者可以根据该建议进行进一步的数据增强,以提升模型精度。

此外,筛选出的难例数据需要经过人工确认才可以被认为是真正的难例。在此过程中,人工确认就是一种对难例筛选系统的反馈动作。后台难例筛选算法会根据反馈信号进行自动学习,并使得后续的难例筛选越来越准。

9.2.2 基于算法和模型的应用迭代优化

除了在数据部分做优化之外,还可以在模型方面做出改进。根据改进工作量的大小,可以分为三个层次。

1. 模型迁移

迁移学习是人工智能界研究多年的一个领域。当推理数据和训练数据之间差异较大时,可以采用迁移学习的方式实现模型在推理数据下效果的提升。迁移学习覆盖的算法范围很广,例如基于模型参数的迁移算法、基于领域自适应的迁移算法、基于数据特征的迁移算法等。推理数据和训练数据可能来源于不同的时间段、不同的采集设备和不同的采集地点,这些差异性都需要在模型迁移过程中充分考虑。第 6 章已经介绍了模型微调技术,在推理数据与训练数据差别不大的情况下,可以考虑这种轻量化模型迁移方法;当差别较大时,则需要考虑更复杂的模型迁移方法,例如基于 GAN 的迁移学习等。

在模型迁移的过程中,也需要对模型参数进行新一轮调优,具体优化技巧可以参考第 6 章和第 7 章。

2. 模型重开发

如果当前模型无法满足推理要求(包括精度或性能等指标),则需要重新开发模型。除了重新进行数据集采集和筛选之外,还包含相应算法的选择、模型的训练、评估和调优等。模型重开发通常是由于业务方需求的变化引起的,例如需要更高的精度、识别其他场景,或者需要更低的推理时延。如果在重新开发模型时,对于算法的选择不好把握,可以采用 AutoML 技术。如第 6 章所述,可以将算法的选择、设计和训练交给 ModelArts 完成。开发者仅需专注于业务代码，并指定搜索空间和搜索目标即可得到最优模型。

3. 模型集成

除了以上两种方式外，还可以使用集成学习方法进一步提升应用迭代的效果。在机器学习中，很多模型训练之后都具有不同程度的偏差或方差。如第 1 章和第 5 章所述，集成学习可以通过组合多个模型的方式得到一个偏差更小、方差更小的综合模型。

集成学习分为三种：Bagging、Boosting 和 Stacking。Bagging 将原始数据通过有放回的抽样方法采样多份，然后对于每一份数据进行一个模型的训练，在推理态使用多个模型推理并将其结果汇聚，通过投票的方式得到最终结果。Boosting 是指在训练的过程中，不断地根据推理效果对每个数据样本的权重做出改变，使得模型效果更佳，并且对训练得到的多个模型进行集成。典型的集成学习方法有 AdaBoost（Adaptive Boosting）及其进化版 GBDT 等。Stacking 是指先训练多个不同的模型，然后把各个模型的输出作为新的训练数据集，用来训练最终模型。

集成学习虽然会提升模型训练精度，但也带来了额外的训练和推理的计算开销，需要视具体情况而定。

9.3 基于 ModelArts 的应用维护

下面以智能小车为例，介绍如何利用 ModelArts 进行快速的应用维护。

1. 前期准备

假设有一个项目需要给智能小车提供智能识别停车位的能力，以使其完成任务后可以自动停车。因此可以考虑在智能小车上安装摄像头，通过实时图像识别功能来辅助自动停车。

首先，创建一个数据集，导入所采集的训练数据，如图 9-7 所示。在该数据集中，使用矩形框和“parking”标签对停车位目标进行标注。

标注完成之后，就可以单击“数据管理”中的“发布”按钮，等待系统生成可用于训

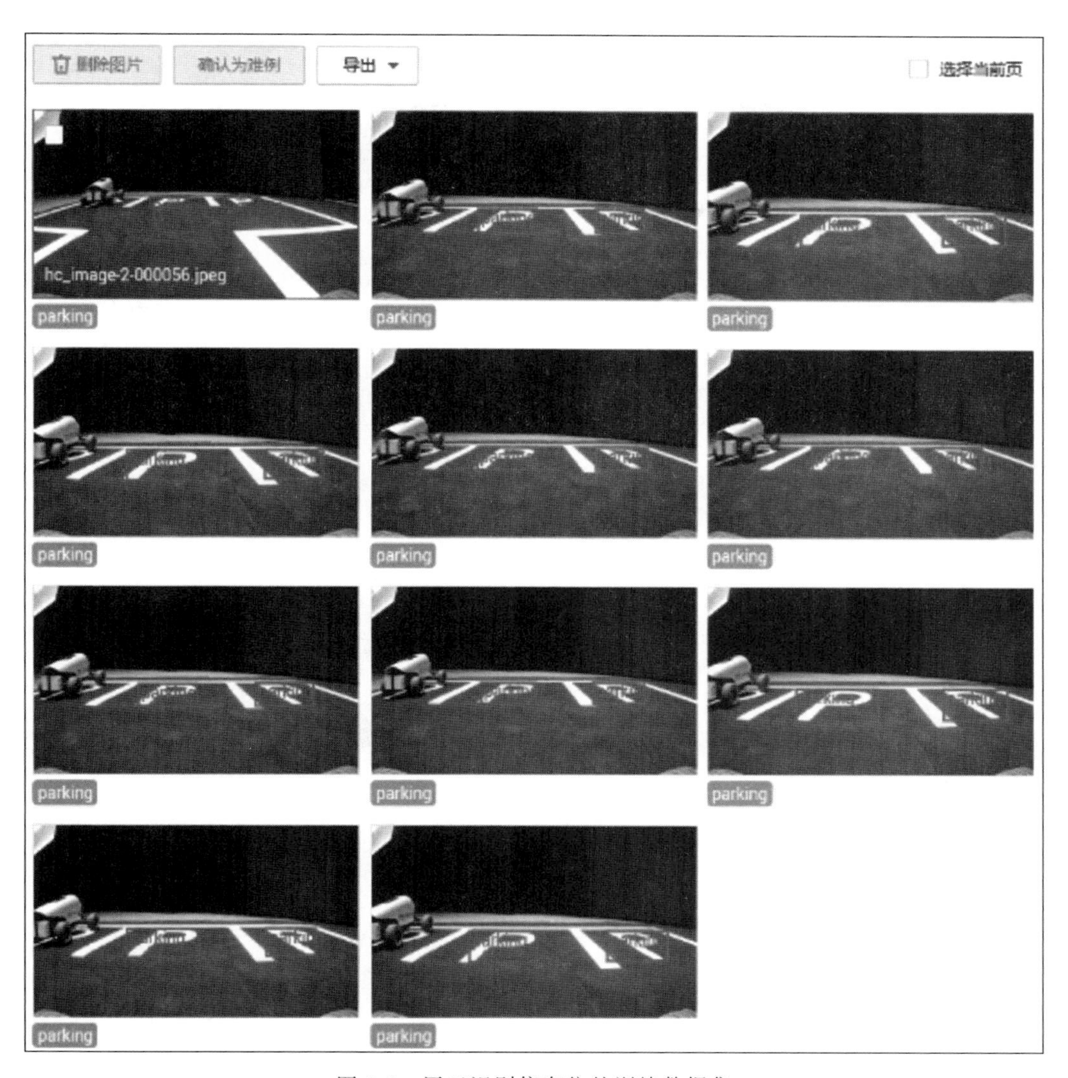

图 9-7　用于识别停车位的训练数据集

练的数据集版本，如图 9-8 所示。

从 AI 市场中选择 Faster R-CNN 预置算法，订阅后启动训练作业，然后等待模型自动训练完毕，通过模型评估和调优之后，发布停车位识别应用，并部署为在线推理服务。这一系列功能都可以依托 ModelArts 一键式模型上线功能完成，如图 9-9 所示。

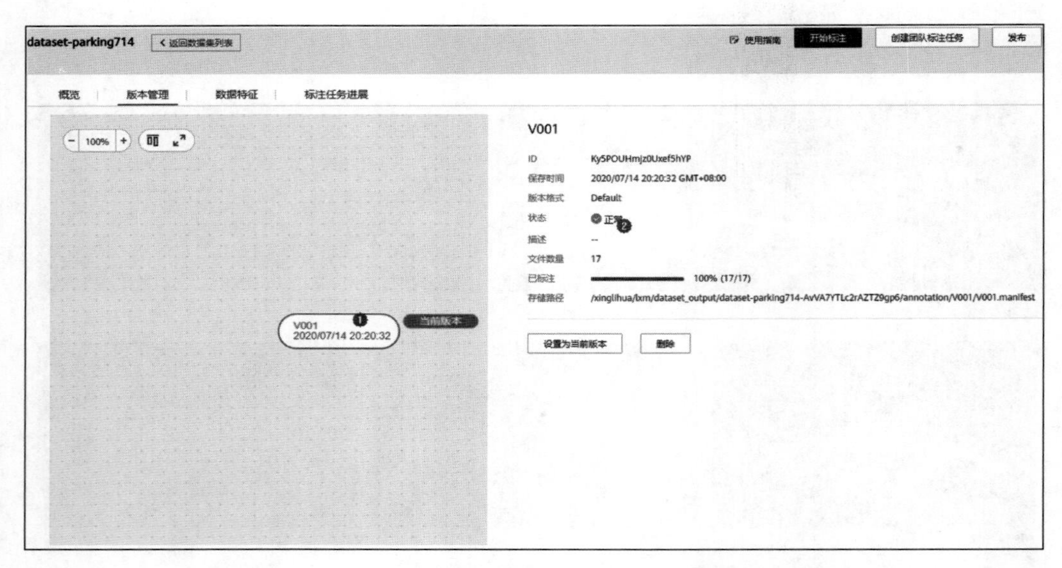

图 9-8　用于识别停车位的训练数据集版本生成页面图

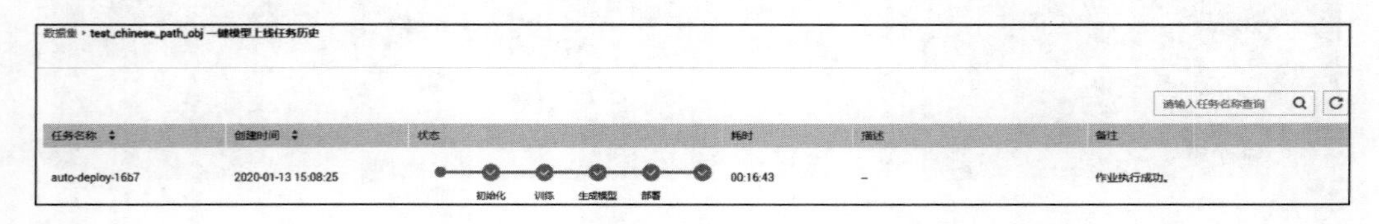

图 9-9　用于识别停车位的模型一键式上线

2. 自动难例筛选

在应用部署时开启数据采集功能，如图 9-10 所示，采用全量采集，每隔一天保存一次。

紧接着完成难例筛选的配置，并开启难例筛选功能，如图 9-11 所示。在该示例中，按照样本量来做难例筛选，即当样本量每达到一定阈值时就启动难例筛选。

在真实场景中使用时，可以发现该智能小车将非停车位的目标（例如斑马线）也误检为停车位，如图 9-12 所示。

经过多次推理之后，已经积攒了一些推理数据，当满足如图 9-11 所示的难例筛选配置条件时，就会触发自动难例筛选，并将筛选后的数据保存在指定数据集下，如图 9-13 所示。

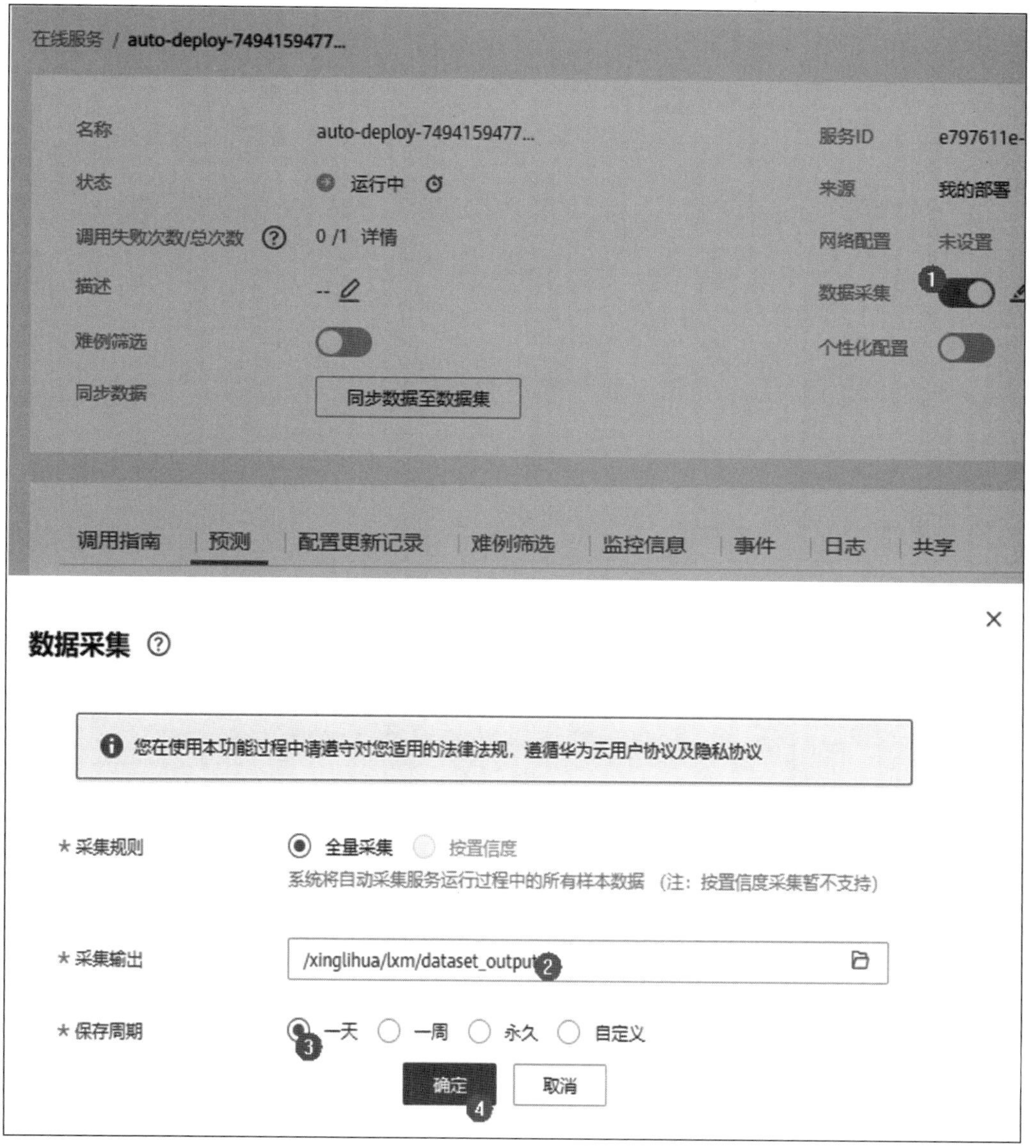

在线服务 / auto-deploy-7494159477...

名称　auto-deploy-7494159477...　服务ID　e797611e-
状态　运行中　来源　我的部署
调用失败次数/总次数　0 /1 详情　网络配置　未设置
描述　--　数据采集　1
难例筛选　个性化配置
同步数据　同步数据至数据集

调用指南 | 预测 | 配置更新记录 | 难例筛选 | 监控信息 | 事件 | 日志 | 共享

数据采集

您在使用本功能过程中请遵守对您适用的法律法规，遵循华为云用户协议及隐私协议

* 采集规则　全量采集　按置信度
系统将自动采集服务运行过程中的所有样本数据（注：按置信度采集暂不支持）

* 采集输出　/xinglihua/lxm/dataset_output　2

* 保存周期　3 一天　一周　永久　自定义

确定 4　取消

图 9-10　开启数据采集功能的界面视图

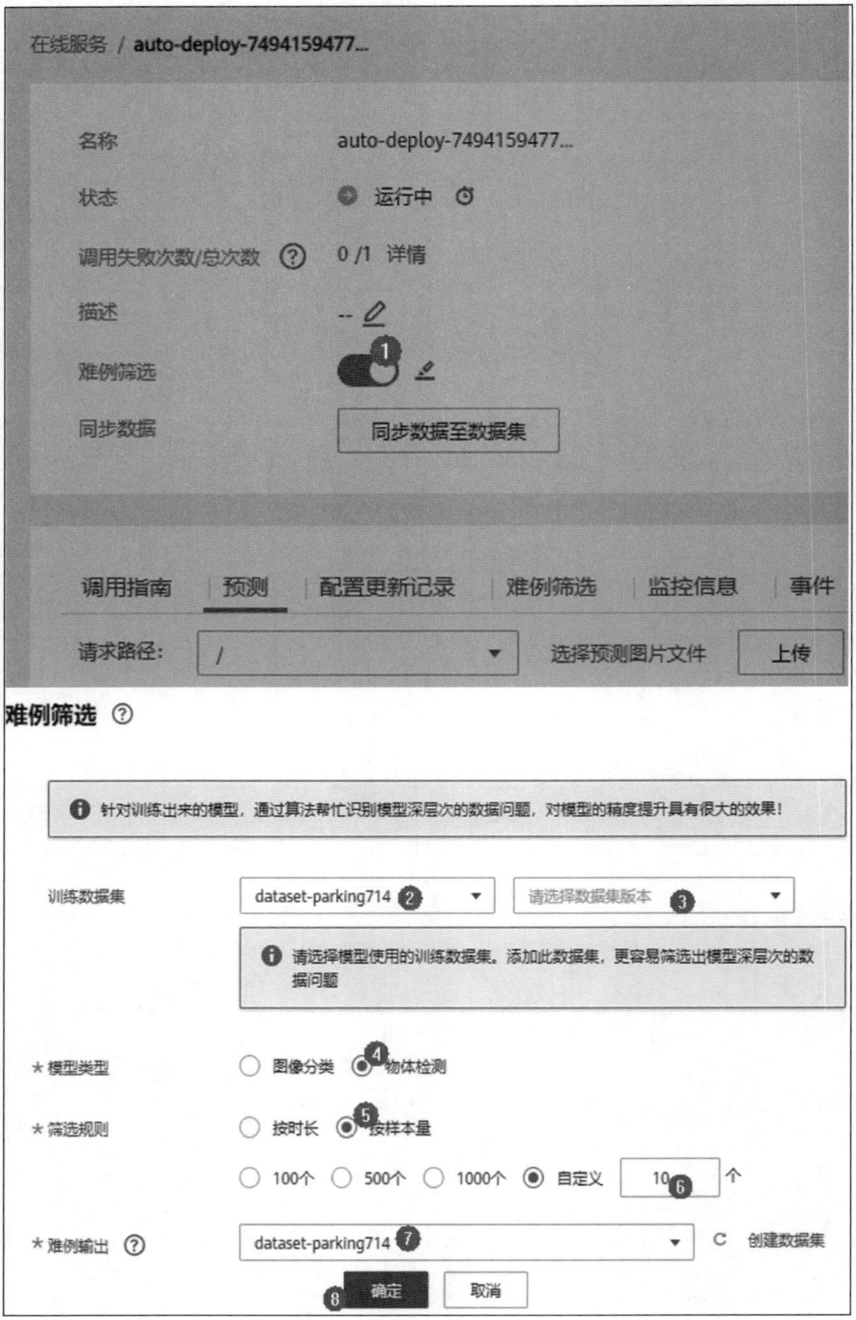

在线服务 / auto-deploy-7494159477...

名称 auto-deploy-7494159477...

状态 运行中

调用失败次数/总次数 0 /1 详情

描述 --

难例筛选

同步数据 同步数据至数据集

调用指南 | 预测 | 配置更新记录 | 难例筛选 | 监控信息 | 事件

请求路径: / 选择预测图片文件 上传

难例筛选

针对训练出来的模型，通过算法帮忙识别模型深层次的数据问题，对模型的精度提升具有很大的效果!

训练数据集 dataset-parking714 请选择数据集版本

请选择模型使用的训练数据集。添加此数据集，更容易筛选出模型深层次的数据问题

* 模型类型 图像分类 物体检测

* 筛选规则 按时长 按样本量

100个 500个 1000个 自定义 10 个

* 难例输出 dataset-parking714 创建数据集

确定 取消

图 9-11 难例筛选配置的界面视图

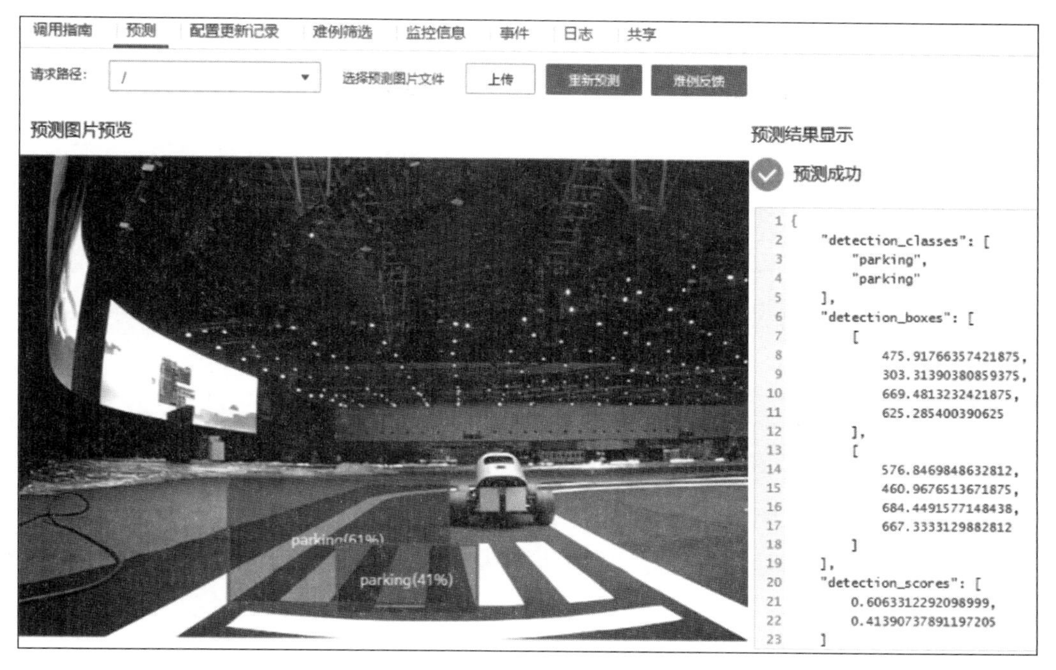

图 9-12　推理测试的界面视图

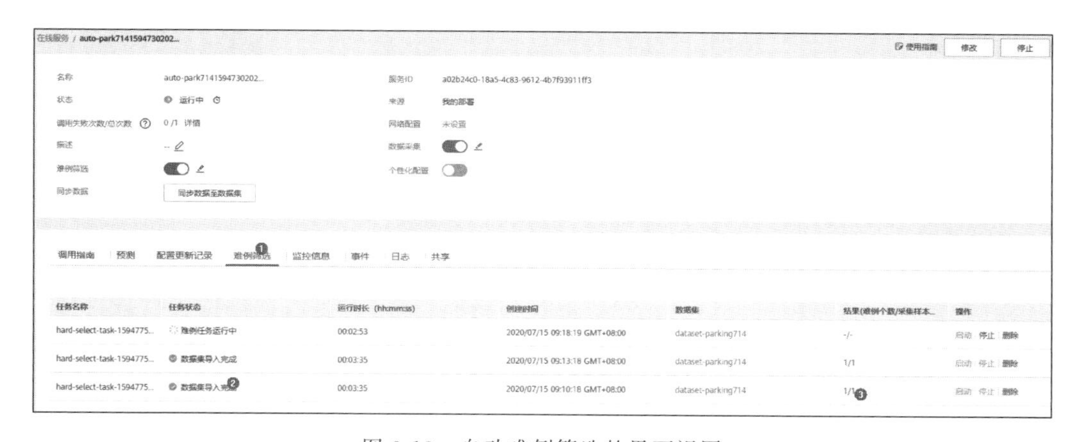

图 9-13　自动难例筛选的界面视图

3. 难例数据确认

单击难例任务对应的数据集，就可以跳转到数据集待确认页面进行难例确认。由于难例数据大多都是斑马线，因此可以新增一个斑马线(crossing)标签，并对难例数据中斑马线目标进行标注，如图 9-14 所示。

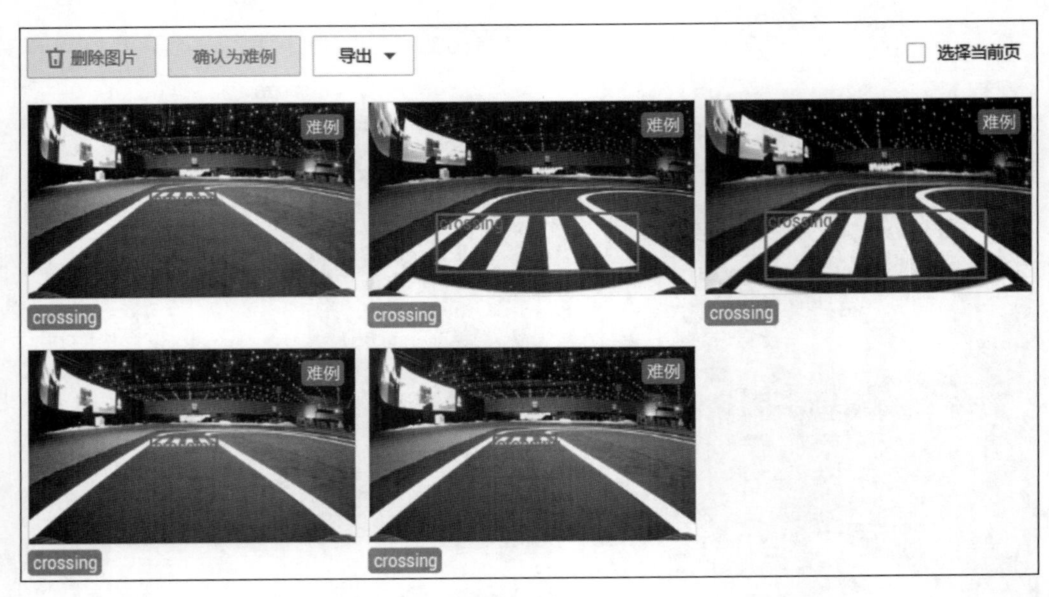

图 9-14　筛选后的难例数据预览图

在下一次模型训练之前，仍需要先发布新的数据集版本，如图 9-15 所示。此版本的数据包含 parking 和 crossing 两个标签。

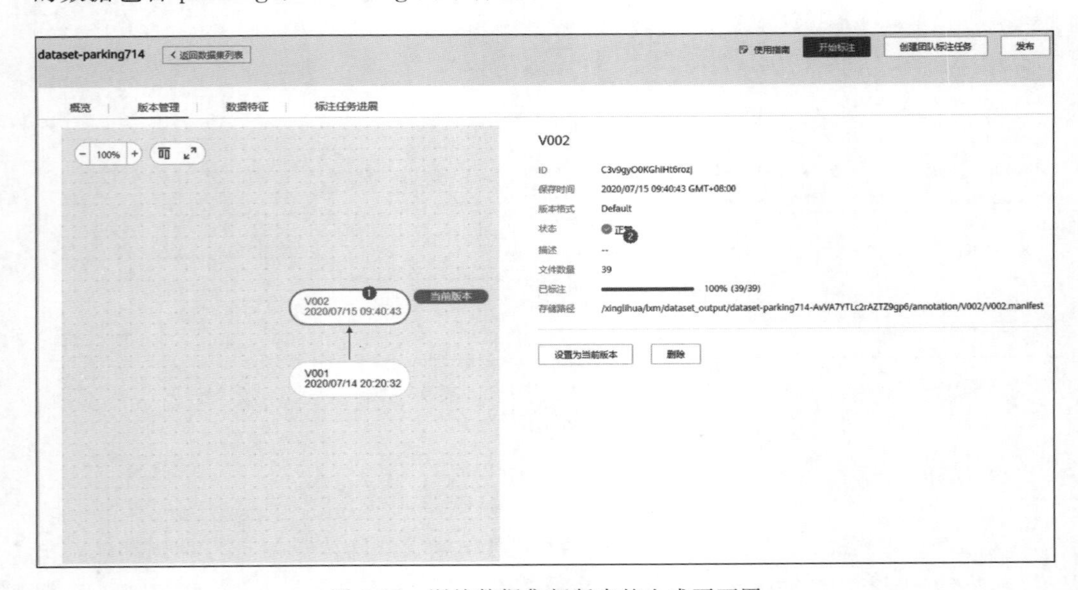

图 9-15　训练数据集新版本的生成页面图

4. 应用迭代和测试

再次重复一键式模型上线功能，对应用进行迭代。等待新版本的应用部署成功后，可以用真实数据再次进行测试，如图 9-16 所示，该应用不会再将斑马线误认为停车位。

图 9-16　应用更新后推理测试的界面视图

第三篇　人工智能应用开发场景化实践

本篇一共包含3章内容。本篇侧重于基于人工智能应用开发全流程的具体实践，并从企业级人工智能平台和应用开发（第10章）、复杂行业的自动化人工智能系统（第11章）、端-边-云协同的人工智能平台和应用开发（第12章）这三个不同的方面展开介绍。期望开发者面临类似的问题时，能够进行参考。

第10章

构建企业级人工智能平台

企业级人工智能平台的本质是将基础通用的人工智能平台与企业业务紧密结合起来，从而形成面向企业具体行业、具体场景相关的人工智能平台，更有效地提升企业级人工智能应用开发效率，并降低相应的开发成本。

本章将首先围绕企业级人工智能平台的架构和关键设计要素展开介绍，然后介绍ModelArts Pro内置的企业级人工智能应用开发套件，并且以OCR开发为例，介绍如何基于ModelArts Pro套件快速开发不同的OCR应用。

10.1 企业级人工智能平台

如第3章所述，ModelArts包括面向人工智能的开发、部署和分享交易三大子平台。由于每个企业内部通常都有自己的数字化信息系统，将这些系统与ModelArts连接起来形成一个整体，才算是一个真正的企业级人工智能平台。在开发态，企业内部有数据采集和存储系统，需要将这些数据平滑地迁移到ModelArts平台才可以开发人工智能应用；在部署态，人工智能应用在ModelArts上部署之后也需要能够与企业生产系统对接才可使用。为了促进人工智能数字内容(算法、模型、数据集等)在企业内部形成共享，还需要分享交易平台。此外，如第9章所述，人工智能应用需要频繁维护。因此，随着推理态数据的增加，企业级人工智能平台需要频繁地在人工智能应用部署平台和人工智能应用开发平台之间切换调用。

另外一方面，企业级人工智能应用往往是非常复杂的，单一的算法未必能够“端到端”地解决实际问题，因此需要将算法(可能是多个不同算法)与大量的行业或领域经验相结合，才能达到满意的效果。针对企业级业务，ModelArts预置了丰富的企业级AI开发套件(即ModelArts Pro)，形成人工智能知识的长期沉淀，并开放接口可以使企业在上层平台内部也形成领域经验的沉淀。随着业务的增长，这种沉淀具有一定的复用性，可以逐步形成企业内部核心知识库，对于未来的企业业务竞争力非常有帮助。当然，企业也可以基于 ModelArts 基础的平台能力自定义企业级开发套件，从而更好地服务于上层业务。

因此，对于企业平台来说，面临一个端到端开发套件的选择问题。正如第 5 章所述，在算法选择和开发方面，开发者可以直接选择 ModelArts 预置算法，也可以自行开发算法。类似地，对于企业级平台的开发者而言，可以选择 ModelArts Pro 预置的开发套件，也可以自行开发套件。

总体上，基于 ModelArts 的企业级人工智能平台架构如图 10-1 所示。企业级 AI 平台依托 ModelArts 及其套件（ModelArts Pro 或者企业自定义套件）构建，并专注于对垂直领域提供更好的平台层支持，是企业面向领域和行业解决方案的核心组成部分。

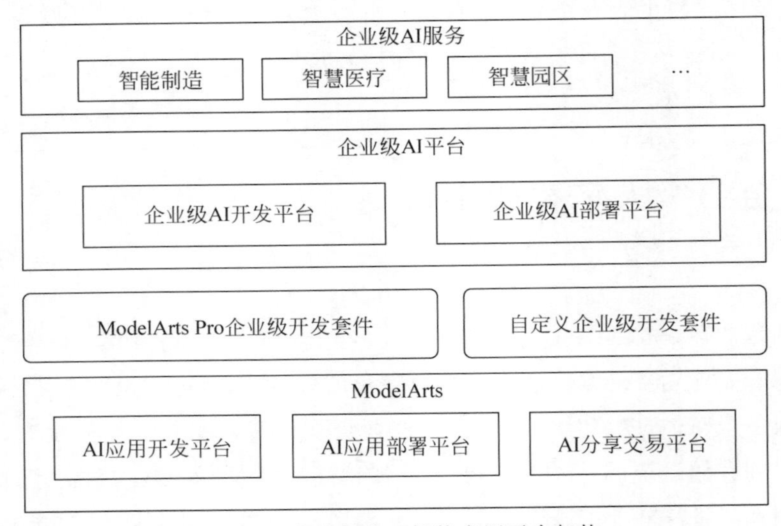

图 10-1　企业级人工智能应用平台架构

10.1.1　企业级人工智能平台的设计要素

企业级定制化平台面向对象是企业级客户，因此其设计理念应从全局系统角度出发，统筹考虑如下几个关键方面的设计。

(1) 安全性。企业级市场规模大，影响用户广。企业级人工智能平台应具备系统级安全的保障。华为云构筑多维全栈的云安全防护体系，严格确保基础设施物理与环境安全、网络安全、平台安全和数据安全，并以数据保护为核心，提供的服务和产品满足 GDPR（General Data Protection Regulation，通用数据保护条例）等法律法规。

（2）效率。由于企业级的人工智能应用非常复杂，如果每次都需要开发者深入底层进行开发，则势必影响整体效率，降低企业竞争力。因此，需要考虑借助底层平台能力，如ModelArts端到端开发流程、自动化能力、丰富的预置能力（如ModelArts Pro的企业级套件等），尽可能高效地产出人工智能应用，并紧随业务变化的需要。

（3）性能。企业级用户拥有海量级数据，需要复杂的数据标注、数据处理和模型训练才可满足业务需求。需要充分利用底层基础设施、上层计算引擎和框架的协同优化，才能够更好地支持大规模的分布式数据处理和模型训练。另外，随着企业级人工智能平台的扩大，用户逐渐增多，需要利用底层资源动态弹性的能力以保障对业务的及时响应。

（4）扩展性。随着人工智能技术在行业中的不断渗透，未来细分行业的定制化需求一定会越来越多。企业级人工智能平台应充分考虑可能的定制化需求，并预留相应的接口，使平台可被多个业务方便地集成，真正实现可扩展、普惠的人工智能系统。

10.1.2 ModelArts Pro企业级开发套件

在上述企业级人工智能平台的设计要素中，效率是很重要的一个方面。由于企业场景非常复杂，行业数据复杂度高，如果没有复用，行业专家知识难以得到有效传承，开发效率势必会降低。ModelArts Pro积累了多年行业经验，抽象并预置了多套常用的企业级套件（或模板），基于这些套件再进行定制化开发，效率将大幅提升。

ModelArts Pro套件利用底层ModelArts人工智能开发平台的能力，通过由多个功能组件构建的工作流，串联底层人工智能能力，帮助企业开发者轻松构建面向企业实际业务的人工智能应用。另外，ModelArts Pro还支持利用现有的业务功能组件编排新的工作流模板，以快速响应不同行业、不同场景的定制需求。面向制造、物流、零售、石油、医疗、园区等行业场景时，ModelArts Pro基于领先的算法及行业经验，提供多种主流的开发套件，如工业质检、文字识别、零售商品识别套件等。

ModelArts Pro为企业级AI平台预置高效的行业算法和模型，支持更灵活的工作流编排和使用。基于ModelArts Pro套件构建人工智能应用可以大大降低开发者的工作量，同时降低对AI技能门槛的要求。以前需要几周甚至几个月的人工智能应用定制化开发，现在只需要几天就能够完成。同时，相比于普通开发者开发，ModelArts Pro依靠多年的行业经验和高精度行业算法，可提供综合效果更优的解决方案。基于ModelArts Pro套件，可以将人工智能应用的维护交给普通业务人员完成，大大提升了业务迭代周期，节省了与应用开发人员的沟通时间。

10.2　企业级 OCR 平台

在众多企业级业务中，OCR 是一个非常常见的应用。本节以 OCR 为例，介绍如何基于 ModelArts 构建企业级 OCR 开发套件及其应用开发流程。

OCR 是利用光学技术和计算机技术，把印刷在物理介质（如纸张等）上的文字以文本形式提取出来，并生成便于理解的格式的技术方法和系统。OCR 可以实现文字的快速录入和电子化归档，便于后续整理和分析。如图 10-2 所示，左侧是某身份证照片，右侧是 OCR 识别的结果。在没有 OCR 之前，只能手工实现文字识别和录入，成本非常高。例如，中国历史上有《四库全书》《永乐大典》《古今图书集成》等浩大工程，需要消耗很大的人力和时间成本才可以完成录入。其中，《四库全书》约 8 亿字，联合 3000 多人手工抄写才能完成，历时 13 年。即便有计算机的情况下，人工录入也非常耗时。如果已有成熟的 OCR 应用，那么仅需扫描书稿，即可提取自动提取文字并电子化归档，对于每一页进行处理识别的时间不超过 1s，并且可以分布式并发处理多页文档。

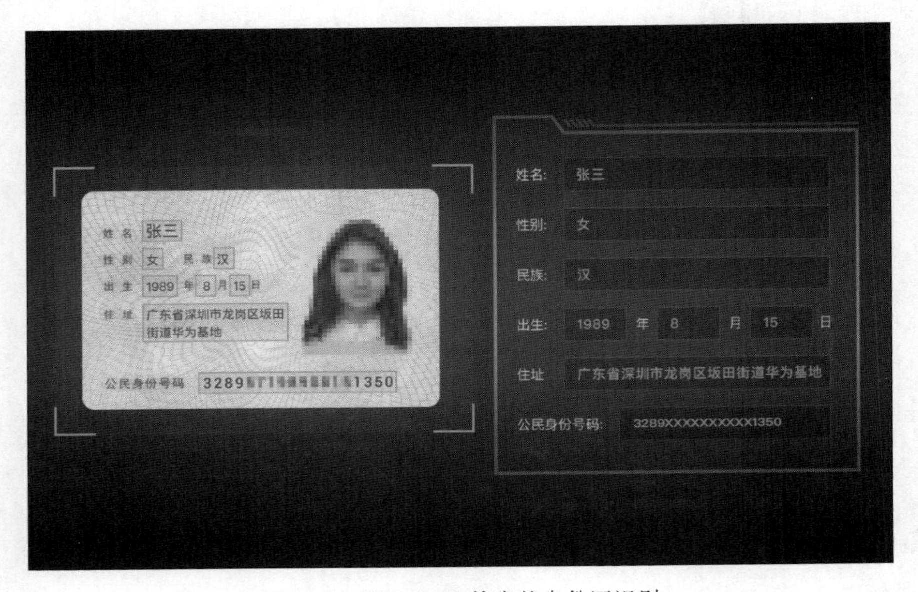

图 10-2　基于 OCR 技术的身份证识别

OCR 主要包含检测和识别等过程，其中文字检测是指判断是否存在文字块（或文本区域），并给出具体文字块位置的过程；文字识别是指把文字块内的字符转化为计算机可读取和编辑的符号的过程。

文档材料在企业内部无处不在，下面介绍几个 OCR 的主要应用场景，每个场景都对 OCR 技术带来非常大的挑战。

（1）财务。财务报销是每个企业内部的必备流程，但是发票的种类很多，常见的有增值税普通/专用发票、出租车发票、火车票、定额发票、飞行行程单、车辆通行费发票、机打发票、轮船票、汽车票等。这些发票不仅样式差异很大，而且也经常出现错行等情况。

（2）银行证券。通常银行网络与外部网络是隔离的，内外部的数据传递比较依赖纸质件，同时涉及的纸质件种类也比较多。对于常见的表格类数据而言，表格线构成复杂且数据密集，对识别完成以后的结构化提取存在很大的挑战；其他数据也包含了各种类型的盖章干扰、手写文字识别、签名比对等问题。

（3）保险。保险行业有一个典型的远程理赔场景，例如在某医疗相关的理赔中，由于每个医疗单位的医疗检验单、报告单等都有差别，所以不同地域的客户提供的发票样式可能完全不同，OCR 在应用时就需要考虑如何应对繁多的样式。

（4）教育。教育行业的 OCR 诉求由来已久，多年前开始的答题卡识别其实也是一种简单的 OCR 过程。学生的日常测验、家庭作业、考试等审阅的过程十分耗时，如果采用 OCR 技术，那么考试成绩的录入、客观题的评判、公式的识别与计算等都可以自动化。其中的挑战在于如何应对不同人的手写字体。

（5）物流。物流行业是存在海量重复且对效率要求极高的行业，在对外贸易中，常常会有来自全球各地的各类报关单据。这些单据没有统一制式，原始版本完全不同，且一直不断地变化和更新，由于无法直接约束数据的格式，只能由人工手动处理录入信息。OCR 技术可以在此场景下发挥作用，但同样也会面临手写体识别、光照条件变化等方面的挑战。

10.2.1　OCR 算法的基本流程

OCR 研究的历史非常悠久，在深度学习流行之前，已经有非常多的 OCR 算法和解决方案。传统 OCR 是基于图像处理（二值化、连通域分析、投影分析等）、特征提取和统计机器学习分类器（AdaBoost、SVM 等）完成的。基于深度学习的 OCR 则是利用自动特征学习能力，可以端到端地检测出文本的类别及位置信息，并自动实现文字的识别。

1. 传统 OCR 算法流程

传统 OCR 文字识别领域将文本行的字符识别看成一个多标签任务学习的过程，也就是多分类问题。中文领域字符识别类别大概有 5800 种，包括常见汉字、标点符号、特殊字符等。英文领域字符识别类别大概有 100 多种，包括大小写英文、标点符号、特殊字符等。

传统 OCR 算法的基本流程主要包含如下几个步骤：①文本图像矫正；②文本区域定位；③字符分割；④特征提取和文字分类；⑤后处理（基于统计语言模型或规则的语义纠错），如图 10-3 所示。下面详细介绍这 5 个步骤。

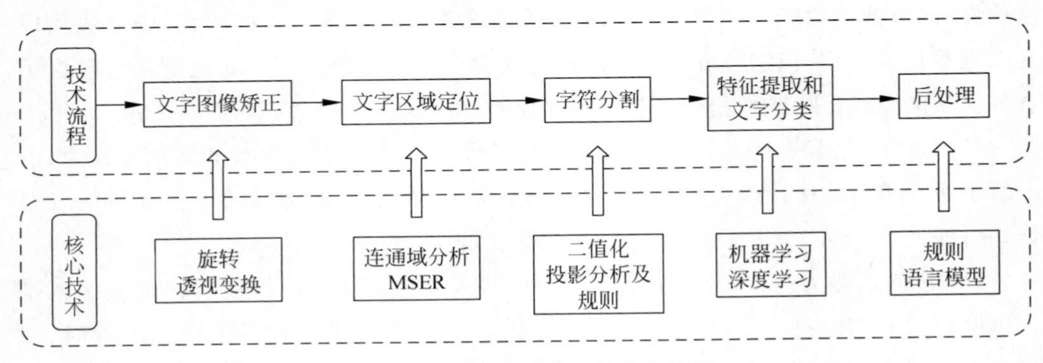

图 10-3　传统 OCR 算法的基本流程

1）文本图像矫正

在文本检测之前需要对原图进行矫正，以确保图片中的文字是水平方向，从而方便标注者标注，也可以提升后续文本检测的准确性。图像矫正的方法一般有两种——水平矫正、透视矫正。

如果原始图像没有太大透视变形，只是发生了角度旋转，建议使用水平矫正方法；对于没有明显轮廓边缘的图像（例如白色背景的文档型的图像），可以根据文本的边缘轮廓信息进行霍夫曼直线检测，然后进行角度旋转检测。对于有明显轮廓边缘的图像（例如卡证类图像），可以先检测出最大轮廓，然后根据轮廓角度直接旋转即可。

如果图像存在透视变形，则建议使用透视矫正方法。非印刷类图像（例如手机拍照的图像）很容易受到运动模糊、光线、角度等影响，具有很多噪声，并且有时被拍照的文字目标还可能存在一定的扭曲变形。如果直接对这些图像进行文本检测，一定会有大量漏检和误检。先对图像进行透视矫正可以很好地缓解这类问题对模型带来的影响。

2）文本区域定位

首先对输入图片进行二值化处理，去除背景干扰，然后采用形态学处理等方法进行连通域合并，定位到文字块之后，还需进行轮廓检测，最后使用轮廓的最大外接矩形作为最终文本块的文本检测区域。以某票据的文字区域定位为例，定位结果如图 10-4 所示。

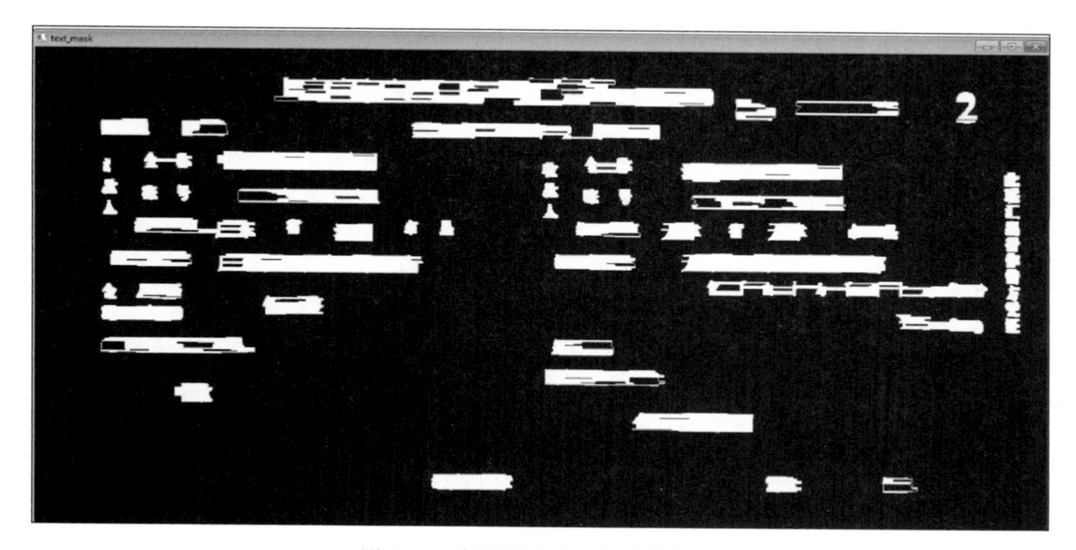

图 10-4　某票据文字区域定位结果

3）字符分割

传统的文本识别技术不能直接对文本行直接进行文字识别，因为词与词的组合、词组与词组的组合无法枚举穷尽，对这些词组直接分类基本不可行。相对于词语、词组，字符的个数可以穷尽，如果把文本识别作为单个字符识别的组合，那么任务就会简单很多。因此传统的文本识别技术都是基于单字符的识别。在识别之前，需要先对每个字符进行分割。传统字符分割的流程大致如图 10-5 所示。

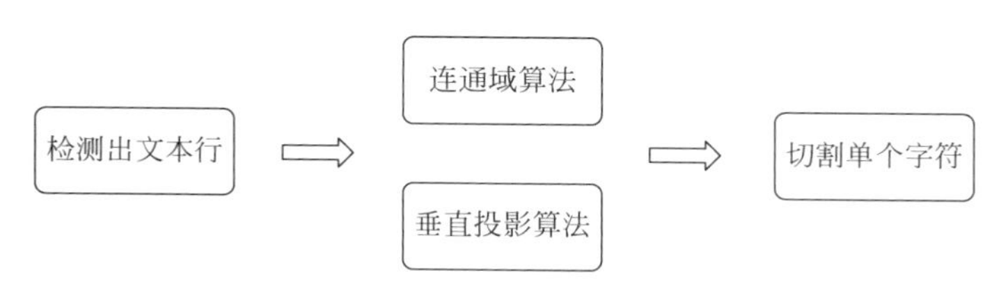

图 10-5　传统字符分割流程

该流程会涉及以下两种算法。

(1) 连通域轮廓切割算法。在每个文本行切片的局部图中,单个字符都以单个对象的形式独立存在。因此,可以先将文本切片二值化,使用 OpenCV 的 findContours 找到可能的单字符轮廓,然后根据经验规则过滤一些噪声,最后对轮廓的外接矩形使用 NMS 过滤重复框,得到最终的单字符检测框,其流程如图 10-6 所示。

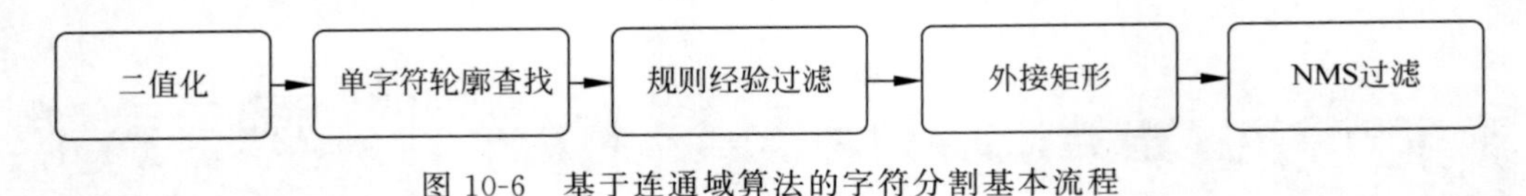

图 10-6 基于连通域算法的字符分割基本流程

(2) 垂直投影切割算法。在文本行的局部图像中,除了文字像素外就是背景像素,单个字符文字区域内的像素在每列的分布和周围的像素分布有差异,字符与字符之间的空隙内一般为背景(非字体)。基于这种简单的规律,可以统计整张二值化后的图像上每列像素值为 255 的像素点个数,根据统计大致可判断出最合适做切分文字字符的列。

4) 特征提取和文字分类

在字符分类之前,首先将字符切片的尺寸进行归一化(例如 28×28),然后再用 HOG(Histogram of Gradient)、SIFT(Scale-invariant Feature Transform)等经典的算子提取字符的特征,然后选择支持向量机、逻辑回归、决策树等分类器进行字符分类,模型训练完成后,在端到端验证。

5) 后处理

由于存在一些不可控因素(例如环境光照变化等),会有少量个别字符被识别错误。一般情况下,一整行文字本身具有一定的语义信息,可以利用这些语义信息对可能被错误识别的字符进行纠错。

2. 基于深度学习的 OCR 算法流程

同传统方法一样,基于深度学习的 OCR 算法流程基本不变,但是文本矫正可以直接集成到定位模块,同时不再需要字符级别分割,具体流程可简化为三个部分: ①文本区域定位; ②文字识别; ③后处理。深度学习 OCR 算法核心依然是文字检测与文字识别。

1) 文本区域定位

文字区域定位在本质上属于目标检测。但是文字作为一种特殊的目标,通常具有极端的宽高比和其他独有特征。基于深度学习的文本区域定位技术主要采用基于目标检测的算法(如 TextBox 等)和基于图像分割的算法(如 PixelLink 等)。基于目标检测的算法更侧重比较规整的、可以用四点表示的文本;而基于分割的算法则更多倾向于各种不规则形状的文字。

2) 文字识别

传统文字识别方法最常用的思想是把文字分成一个个字符,然后直接分类;而深度学习方法是基于整个序列的特征做预测,还可以采用注意力机制将识别区域集中到某个位置,提高准确率。

在文字识别当中非常有代表性的一个方法就是 CRNN(Convolutional Recurrent Neural Network)算法,其底层采用 CNN 提取特征,中层用 LSTM 进行序列建模,上层用 CTC(Connectionist Temporal Classification)损失函数对目标进行优化。CRNN 是一个端到端可训练的文字识别算法,已经被大量 OCR 解决方案广泛使用。

3) 后处理

后处理技术既可以用传统的统计或者字典库等技术,也可以结合深度神经网络进行语义层面的纠错。

10.2.2 企业级 OCR 平台及关键流程

如前文所述,OCR 涉及的算法流程较为复杂,而且随着场景的变化(如文档样式变化、字体变化、环境干扰变化等),OCR 的解决方案也会发生相应的变化。为了更好地使能上层企业级平台,ModelArts Pro 将更多的 OCR 能力封装为基础关键模块,包括数据方面的数据增强、数据预处理、智能数据标注、数据模板;算法模型方面的预置算法、自动训练和调参、自动评估、自动编排和部署等。ModelArts Pro 对上层平台提供简单易用的 OCR 开发模板和套件。此外,ModelArts Pro 还内置了高精度的通用文字、通用表格、盖章检测识别、手写文字识别等基础预训练模型,企业级 OCR 平台可以基于这些模型进行增量训练,从而在进一步缩短开发时间的同时,保证模型精度,如图 10-7 所示。

此外,企业内部也可以基于 ModelArts 基础平台自定义 OCR 工作流模板,并封装自己所需的 OCR 相关的数据能力、算法和模型能力等,从而形成自定义的开发套件。基于 ModelArts Pro 的 OCR 套件或者企业自定义的套件,企业级 OCR 平台需要实现企业内 OCR 业务的流程管理、开发过程管理,以及最终部署上线和运维管理。通过套

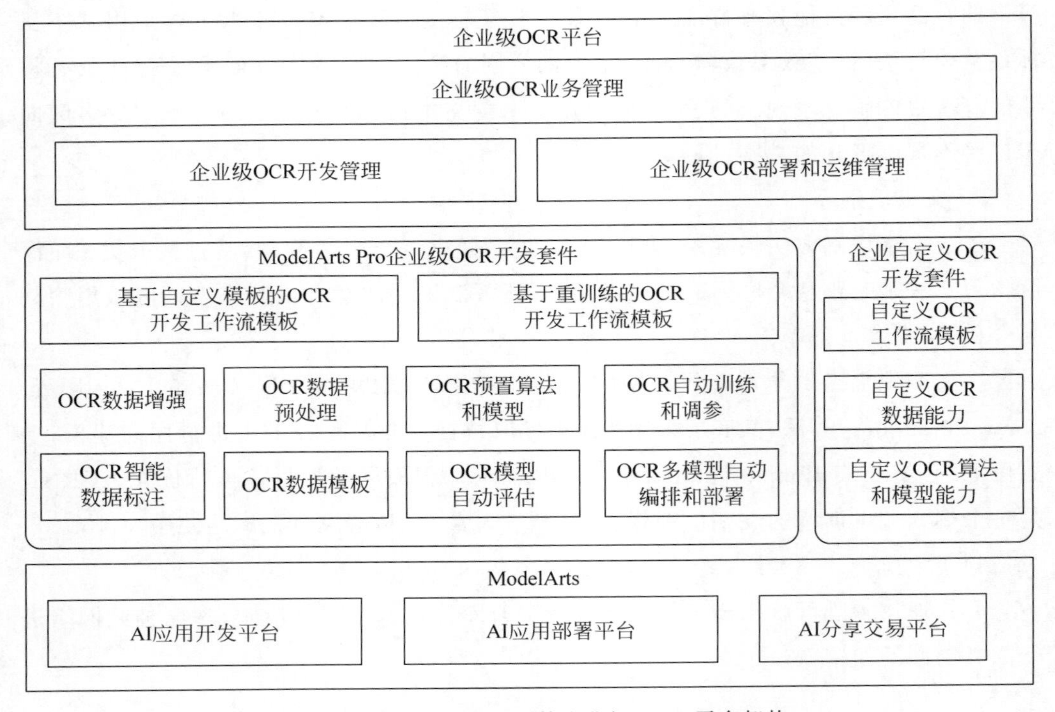

图 10-7　基于 ModelArts 的企业级 OCR 平台架构

件可以将人工智能知识与业务管理相解耦。

下面将对 ModelArts Pro 已有的两个 OCR 开发套件使用流程进行详细介绍。当企业需要自定义 OCR 开发套件时，可参考这两个 OCR 开发套件的工作流和各模块设计。

1. 基于自定义模板的 OCR 开发流程

传统的开发过程需要进行大批量训练数据的标注、模型的训练、服务的测试等一系列环节，每个环节对开发者的经验都有一定的要求。当待识别的文件类型、格式较为繁多，难以对每个种版式都进行逐个模型训练和定制时，可以采用自定义模板的开发方式。简单地说，就是开发者上传待识别文件样例图片（即模板），然后通过人工标记关键的待识别字段，让后台模型专注识别核心文字部分，而无须考虑文件版式的差异。

另外，该套件含有分类器功能，分类器的作用是针对多版式的需求，自动地将输入的待识别的图片分类到对应的模板进行识别。当某一需求含有多种版式的文档或证件需要识别时，就需要定制多种模板，针对每一种版式均制作一张模板，这时分类器自动将待识别的图片与某一模板进行匹配，无须人工指定。

1）创建模板

开发者在自定义模板控制台可以创建模板，并选择一张模板图片进行上传，模板图片的质量直接影响到模板的可靠性，进而影响 OCR 识别效果。为了提高 OCR 的准确率，模板图片需要满足以下要求：

- 使用 JPEG、JPG、PNG、BMP、TIFF 格式；
- 图片大小不超过 10MB，最小边不小于 100 像素，最大边不大于 4096 像素；
- 尽量摆放端正、平整，不存在模糊、过度曝光、阴影等不良情况；
- 尽量突出显示需要识别的部分，建议剪裁掉不需要的部分，以提高识别准确率；
- 至少存在 4 个模板参照字段，且尽量分散在图片的边缘（越分散越好），用于准确定位模板；
- 选取的模板参照字段、待识别字段的高度不小于 20 像素。

上传模板图片后进入"模板编辑"状态，可对模板图片进行自动旋转、去印章、自动降噪、自动亮度、自动裁剪、去水印、去雾等预处理。如果模板图片背景较多，可以将模板图片转正并裁剪掉多余背景，以提高模板的可靠性，进而提高 OCR 识别的准确率。

2）选择参照字段

参照字段为模板图片中文字及位置固定的文字内容，用于自动校正和模板匹配，如图 10-8 所示，其中带底纹的文字部分就是参照字段（例如"DONGXING"等）。

除了满足文字内容和位置不变的要求之外，参照字段还需要满足以下具体要求：

- 参照字段不能重复，需要在整个模板图片中具有唯一性，否则将影响模板匹配效果；
- 参照字段为单行文本框，不可以选择竖版文字或跨行框选；
- 参照字段的个数建议大于 4 个，并尽量分散在图片的四周。

3）选择识别区

并不是图片中的所有字段都需要识别，因此需要根据业务需求选择识别区，并对识别区内字段命名，从而建立"键-值"字段的对应关系。开发者可以在模板图片上选择需要识别的字段，如图 10-9 中有底纹的字段所示，并填写识别区字段的名称。

值得注意的是，选择识别区时应尽量扩大识别区范围，以防止漏检。

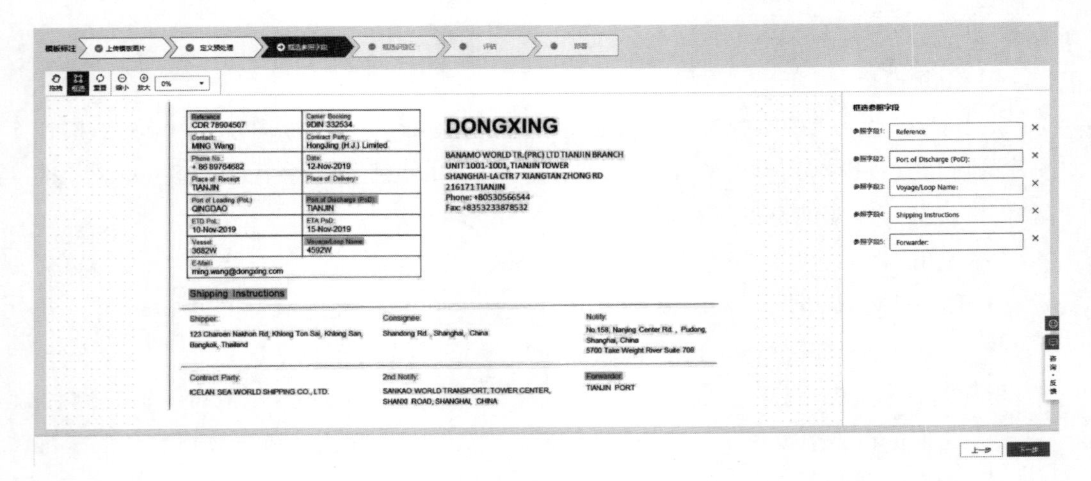

图 10-8 选择参照字段示例图

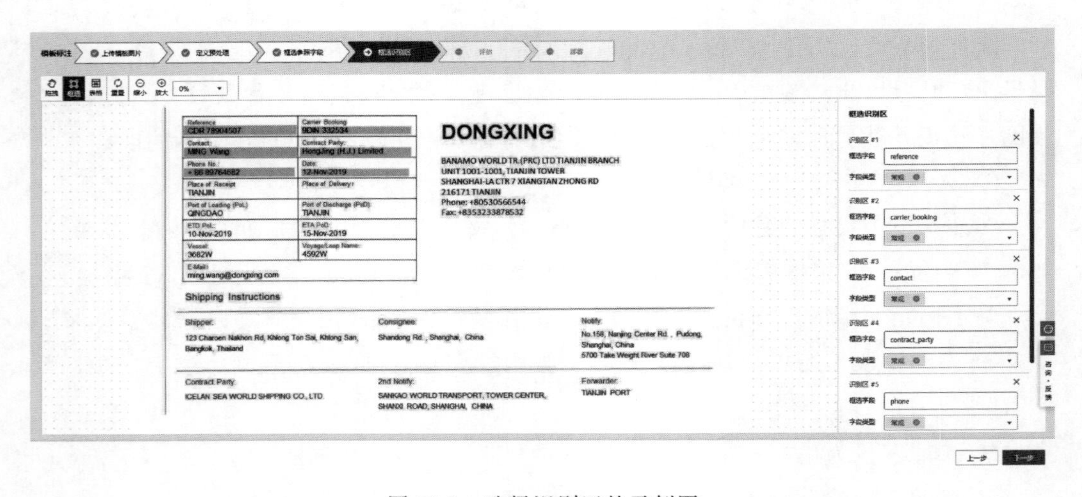

图 10-9 选择识别区的示例图

4）评估和发布模板

在正式部署之前，需要对模板进行评估。如图 10-10 所示，上传一个与模板图片版式相同的图片，然后查看识别结果。可以多上传几个版式相同但内容不同的图片进行识别，如对效果不满意可返回编辑模板。

由于模板的质量会影响识别效果，关于提高模板质量有几点建议：①增加参照字段的数量；②调整参照字段所在框，减少框内空白区域；③扩大识别区。经过充分评

评估
本地上传
在线URL
上传图片
HONGFO
识别结果
reference
FUB 68482123411
carrier_booking
0644AGHDMJ597
contact
YANG HAO
contract_party
HONGFO Limited
phone
+86 17603070000
date
31-Oct-2019
上一步
下一步

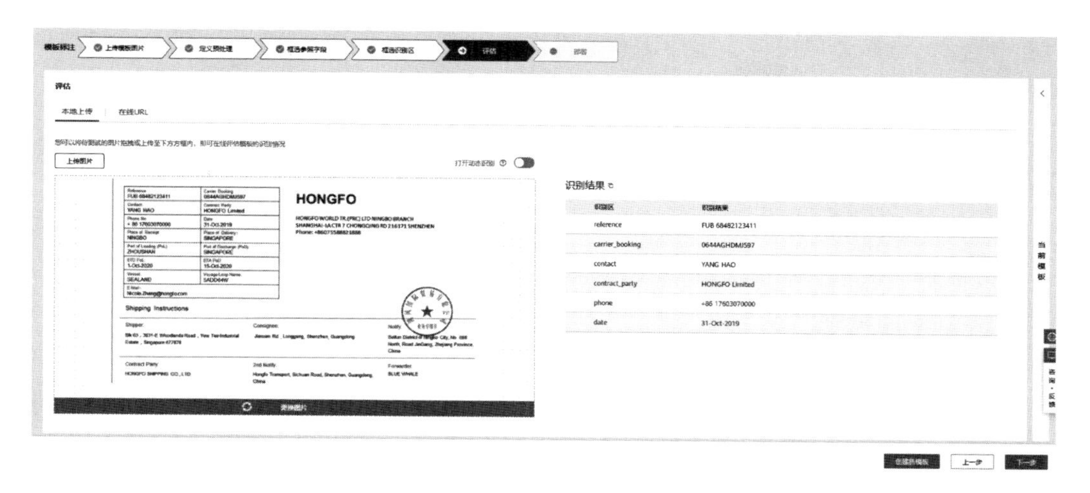

图 10-10 模板评估

估之后即可发布模板。

5）推理部署

模板评估通过之后，可以利用 ModelArts 部署平台将其部署为云服务，然后发送“POST /v1.0/ocr/custom-template”，并在请求体中分别指定“图片 base64 编码”“模板 ID 参数”即可，如图 10-11 所示。

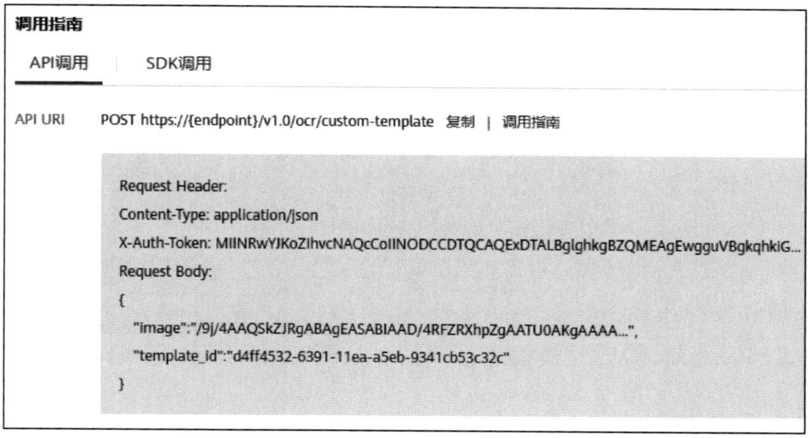

调用指南
API调用
SDK调用
API URI
POST https://{endpoint}/v1.0/ocr/custom-template 复制 | 调用指南
Request Header:
Content-Type: application/json
X-Auth-Token: MIINRwYJKoZIhvcNAQcCoIINODCCDTQCAQExDTALBglghkgBZQMEAgEwgguVBgkqhkiG...
Request Body:
{
"image":"/9j/4AAQSkZJRgABAgEASABIAAD/4RFZRXhpZgAATU0AKgAAAA...",
"template_id":"d4ff4532-6391-11ea-a5eb-9341cb53c32c"
}

图 10-11 基于自定义模板开发的 OCR 服务的调用方法

这样，通过几分钟简单的操作，免代码编程即可实现同一版式图片的关键字段识别，快速定制 OCR 应用。当企业用户的识别需求发生变化，需要对模板进行更新操作时，采用一键式发布操作即可完成模板的更新，模板发布后即时生效。

2. 基于重训练的 OCR 开发流程

如果待识别文件中的文字较难识别，则需要基于 ModelArts Pro 预置模型进行重训练。下面以火车票报销中的 OCR 应用开发为例进行简要介绍。

1）数据预处理

预处理步骤包含对目标的检测与位置修正。以火车票报销场景为例，受拍摄角度、距离等各种因素影响，原始图像中除火车票外还有其他各种背景干扰，并且火车票可能是倾斜的，可在预处理过程中事先将火车票定位出来，并通过一些图像变换操作使得图像中的文字是水平朝上的，去除后续步骤中背景的干扰。虽然目前有算法可以检测并识别出倾斜甚至弧形的文字，但是精度和性能还是略低于水平文字的检测与识别模型。因此，通过预处理操作，可以提高 OCR 服务的精度，如图 10-12 所示，需要先将整个发票的 4 个顶点标注出来，然后利用 ModelArs 标注工具进行一键式矫正。

图 10-12　四点标注示意图

2）数据标注

通常来说，标注数据越多、标注结果越准确、标注样本越多样化，则训练效果越好。并且，标注数据应尽量与实际使用环境保持一致，例如在训练火车票文字定位模型的时候使用水平的火车票数据，但是在实际环境中，拍摄得到的是倾斜的火车票，文字定位效果必然是较差的。

相比一般的目标检测任务，OCR 的标注稍微复杂一些。除了标注文字内容、位置之外，还需要标注文字的属性，文字属性用于结构化的识别结果输出，表示该文字是火车票上的始发站还是终点站等。如图 10-13 所示，ModelArts 提供了标签多属性的标注能力，可以同时完成文字位置、属性和内容的标注。

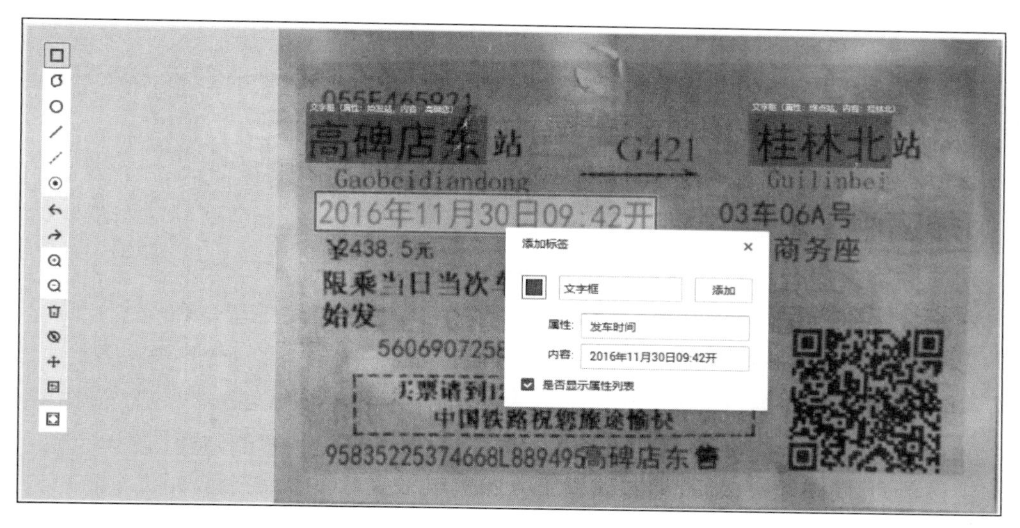

图 10-13　火车票 OCR 文本框标注示例图

值得注意的是，虽然需要识别的是火车票上的始发站、终点站、发车时间、票价、乘车人等信息。但是车票上还有其他信息（例如座位号、英文版始发站终点站、车次等）可以辅助提升识别精度。例如，英文版和中文版的车站信息表达的语义是相同的，可以用英文版车站的识别结果校验中文版车站的识别结果。但是这样会增加新的标注工作量（即对英文版车站信息进行标注）。在具体场景中，可以在精度需求和标注量之间做权衡。

3）数据增强

火车票有普通火车票、普通高铁票、香港高铁票等。要分别收集相同数量的不同种类火车票是较难的，另外很可能收集到的是临近城市的火车票，难以完全收集全国各地不同车次、不同线路的火车票。样本分布不均匀会影响模型的学习效果，模型会倾向于学习数据量较多的样本的特征，而将数据量较少的样本特征作为噪声处理。例如火车票服务中，所有标注数据的始发站都是“香港西九龙站”，当遇到其他站点的始发站时，模型将无法识别。

如第 4 章所述，ModelArts 支持数据自动增强功能，可以自动对数据进行扩充，将几十张甚至上百张的标注数据增量到几千几万张，满足模型训练的数据要求，保证数据的多样性。在数据增强页面可以上传模板图片，选择需要增强的字段，配置增强参数，如图 10-14(a)所示。对于某火车票进行数据增强前后的图像如图 10-14(b)所示，可以发现，进行数据增强后，很多字段内容都发生了变化。

(a) 数据增强操作界面示例图

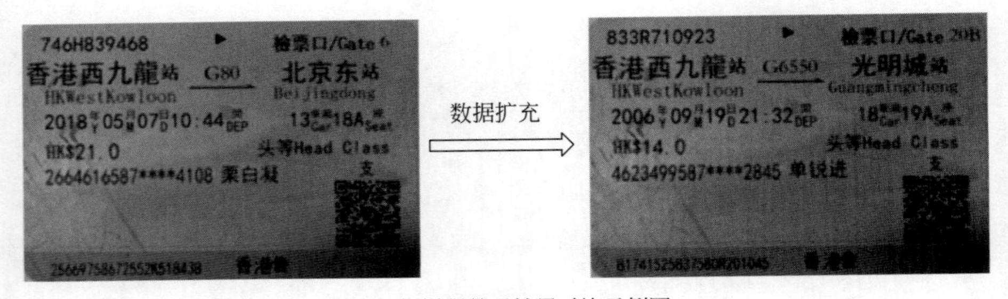

(b) 数据增强前后结果对比示例图

图 10-14 面向火车票 OCR 的数据增强示例图

4）模型训练和应用生成

如前文所述，火车票 OCR 模型需要涉及四点定位、文字框定位、文本内容识别这 3 个主要环节。因此，需要准备三份训练数据并训练三个模型。其中四点定位模型可以看作一种目标检测模型（或物体检测模型）。训练完成后，可以通过 ModelArts 的 AIFlow 将多个模型编排成一个 OCR 应用，如图 10-15 所示。该应用内部主要包括了 4 个步骤：预处理、文字定位、文字识别、结构化信息提取。结构化提取是将所标注的属性和文字识别结果匹配起来，形成可被直接理解的信息。

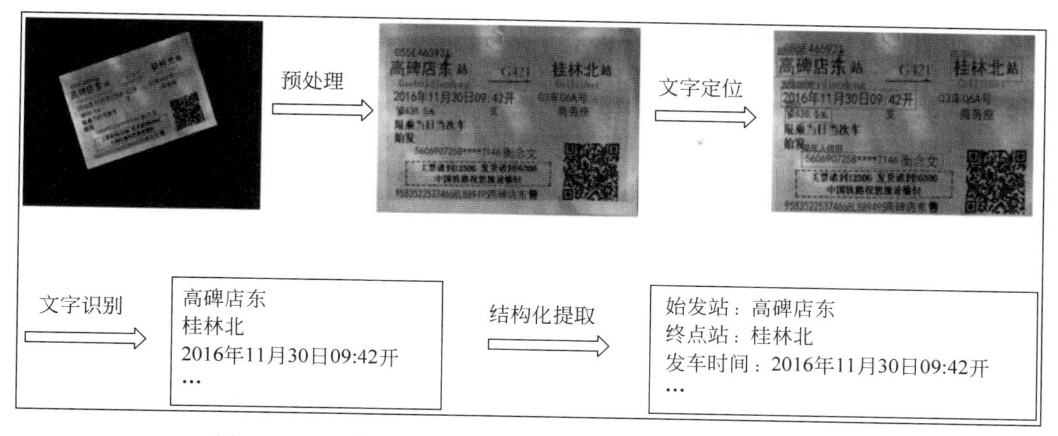

图 10-15 面向火车票识别的 OCR 应用中所包含的处理步骤

5）推理部署

不同的 OCR 应用在推理部署阶段大多都是类似的，区别在于部署场景和方式的不同。企业级 AI 平台可以根据对外提供服务的具体需要，在 ModelArts 上选择不同的部署方式。

第 11 章

构建面向复杂行业的自动化人工智能系统

复杂行业通常解决的问题具有很强的行业相关性。如何将复杂行业的问题转换为一个人工智能的技术问题，通常需要对行业背景及系统有很深的理解。为了降低面向复杂问题的人工智能应用的开发难度，需要尽可能利用自动化技术进行行业问题建模，从而将行业系统逐渐演变为一个可自动化的人工智能系统。

本章主要介绍如何基于 ModelArts 构建面向复杂行业的自动化人工智能系统。首先，介绍人工智能应用在行业当中的复杂性；然后，将以基因组学为例，介绍自动化人工智能技术在行业中的应用，并展示基于 ModelArts 的基因组数据自动人工智能建模工具——AutoGenome 及其使用方式。

11.1 面向复杂行业的人工智能系统

在学术研究中，学者们大都倾向于让人工智能算法端到端地解决问题，但由于真实行业场景、数据和需求的复杂性，传统的算法难以直接满足要求，需要人工智能算法专家的大量投入，同时也需要行业专家在行业知识上的指导。此外，由于单一算法需要与整个行业系统相结合，因此还需要很多工程和系统类的工作。在这些工作中，有大量的重复性劳动和试错性的探索实验，例如数据准备、模型搜索和调参等。因此，对于面向行业的人工智能场景，急迫需要自动化的人工智能系统来降低这些成本，甚至使得建模效果更好。

行业人工智能系统的复杂性主要体现在以下几个方面。

1. 行业知识的复杂性

行业人工智能系统最大的特点就在于其行业知识的沉淀，每一个行业专家都有数十年甚至上百年的经验沉淀，并非是纯粹的人工智能算法就可以直接替代。在工业、金融、零售等领域累积了大量专家知识，包括针对领域的机理模型、经验模型等，目前这些领域知识和人工智能算法的融合还处于初级阶段。一方面，行业专家在各自的领域中也是稀缺的；另一方面，行业专家也迫切需要人工智能算法专家为其赋能，提升其工作效率。

2. 行业数据的复杂性

数据的复杂性体现在其数据类型的多变和质量的不稳定。大量多模态数据的存在对人工智能算法的特征抽取能力提出了极大的挑战。随着大数据和云计算的发展，各行各业的数据都在以指数型增长速度不断累积，这对人工智能的应用创造了很好的条件。对于图像、文本、语音等常见数据的建模，已经有很多通用的神经网络架构可以方便地借鉴使用。但是除了这些通用的数据之外，每个行业都有自己独特的数据（例如基因组学数据等），这些数据往往有着鲜明的行业特点。基于这些独特数据的人工智能建模通常需要开发者能够深刻理解该类型数据的真正含义，然后选择合适的算法对其建模。

3. 算法模型的复杂性

针对行业数据的特殊性，往往有多种算法可以进行尝试。但是这会涉及大量的试错实验。开发者有时需要对算法进行大量定制化开发，有时也会将多个算法训练后的模型进行组合，并通过基于知识的规则来综合输出最后的结果。在开发过程中，需要人工智能算法专家和行业专家紧密配合才行。

4. 系统架构的复杂性

面向复杂行业的人工智能系统往往受到各种商业、技术、法律法规的约束，复杂性会远高于单一人工智能算法的研究。例如在不同行业中，数据来源多种多样，数据准备的复杂性也很高，这就需要一个合适的人工智能系统，这个系统具备处理不同类型数据来源的能力。同时，如第 6 章所述，模型训练架构也会有多种形态，例如批数据训练、流式数据训练、交互式训练等，深度学习和经典机器学习都已经形成了各自的体系，在面向行业的人工智能系统设计时需要充分考虑每类算法的特点。

针对行业的复杂性，数据准备、算法与行业知识的准备、模型训练调优等方面都迫切需要利用自动化系统辅助人工以实现高效率的解决方案，以降低人工智能在行业拓展时的门槛。因此，面向行业构建端到端自动化人工智能系统非常关键。

11.2 面向基因组学的自动化人工智能建模系统

20 世纪以来，随着医疗健康领域的不断发展，人口寿命得到了显著的提升。但是，伴随着生命的延长，人口老龄化问题日益突出，中国乃至世界范围内的疾病负担已从传染性疾病向慢性病迁移。为了应对国民的健康诉求和应对疾病负担变化，2016 年中央政治局审议通过了“健康中国 2030”规划纲要，以应对工业化、城镇化、人口老龄化等问题，以及由于生态环境、生活方式和疾病谱的不断变化所带来的新挑战。响应“健康中国 2030”的一系列科学研究也应运而生，从传统的实验室研究逐渐向个性化诊断、精准医疗靠近。

第二代 DNA 测序技术的兴起、组学数据的积累对医疗和医药行业的数据分析提出了非常高的要求。尽管制药公司每年投入数以亿计的金钱和大量的研发人员进行新药研发，新药研发的成功率依然很低，这迫切需要新的技术手段，尤其是人工智能算法的介入，以提高研发效率和成功率。

下面将介绍如何针对基因组学数据的特殊性，利用 ModelArts 平台构建一套自动化人工智能系统，以实现基于深度学习的组学数据自动建模，并能够对模型的结果进行可解释性分析，这样可以大幅降低面向基因组学分析过程的复杂性。

11.2.1 基于人工智能的组学数据建模

在过去的十几年中，高通量测序技术（High throughput technology，HTS）的出现和成熟彻底改变了生物医学领域的面貌。该技术能够一次并行地得到几十万甚至上百万的 DNA（Deoxyribonucleic Acid，脱氧核糖核酸）分子的数据信息，随着测序成本的降低，该技术已经应用于生物医疗领域的各方面研究，并产生了大量的组学（Omics）数据。如何能够更好地利用大规模组学数据对生物医学问题进行建模就显得尤为重要。常见的组学数据类型有很多，简要说明如下。

(1) 在基因组学领域，微阵列技术和下一代 DNA 测序（Next Generation DNA

Sequencing，NGS)技术广泛用于全基因组拷贝数变异(Copy Number Variation，CNV)和单核苷酸多态性(Single-nucleotide Polymorphism，SNP)等 DNA 突变的鉴定。

(2) 在表观基因组学领域，甲基化 DNA 免疫沉淀(Methylated DNA immunoprecipitation，MeDip-Seq)和亚硫酸盐测序(Bisulfite Sequencing，BS-Seq)用于分析 DNA 甲基化，染色质免疫沉淀测序(Chromatin Immunoprecipitation Sequencing，ChIP-Seq)用于鉴定染色质相关蛋白的结合位点。

(3) 在转录组学领域，微阵列和 RNA 测序(Ribonucleic Acid Sequencing，RNA-Seq)用于定量整个转录组的表达谱。

(4) 在蛋白质组学领域，液相色谱-串联质谱法(Liquid Chromatography-Mass Spectrometry，LC-MS)和同位素标记亲和标签(Isotope-Coded Affinity Tags，ICAT)用于分析蛋白质复合物和定量蛋白质。

(5) 在代谢组学领域，核磁共振(Nuclear Magnetic Resonance，NMR)和质谱仪用于分析代谢标记物。

组学数据可提供 DNA、RNA、组蛋白修饰、蛋白质、代谢物等不同分子系统水平的全面信息，已广泛用于生物科研、合成生物、药物研发、个性化治疗等领域。

1. 定量组学数据的特点

通过高通量测序技术对不同分子水平的组学信息进行定量后，得到的数据都是非序列数据，如基因突变、全基因组的基因拷贝数变异、RNA 表达值、蛋白质表达量，这些数据具有以下特征：

- 原始数据含有几千或者几万个特征(如人类两万个基因的表达量)，大部分特征之间是相互独立的；
- 特征点的数目比较多，一般大于训练样本数目或者和训练样本数目处于同一个数量级；
- 原始数据的特征之间没有明显的时间维度和空间维度相关性(例如基因之间没有严格的先后关系和前后左右关系)；
- 原始数据的特征之间存在层次性的相互作用。

举例来说，目前通过单细胞转录组测序技术，单个实验研究可以获得十万甚至百万个样本，每一个样本包含至少 2 万个特征值。这些组学数据反映了细胞或者组织在某个时间点或者状态下全部基因的快照。基因之间的真实关系有激活、抑制等，较为复杂，研究人员希望通过对这些数据的挖掘来揭示深层的生物学机制。多个基因之间会通过相互作用关系（激活或者异质）形成一个复杂的基因调控通路和网络，进而通过基因调控通路和网络来调节生物学功能。

2. 基因组学建模方法

目前最流行的 CNN 算法中的卷积操作能够抽取低层次特征（例如边缘特征），进而组合形成高层次特征对数据进行建模。RNN 虽然在结构上和 CNN 有比较大的区别，但其本质也是通过整合序列上前后特征来实现提取信息的功能。CNN 和 RNN 非常适合从图像、文本、语音等数据中提取特征。这些数据之间具有局部相关性，即输入的特征值和周围的特征值存在相关性，如果将输入特征顺序打乱，则可能会影响其语义信息。

然而在基因表达谱数据中，如果打乱输入特征的顺序，则对样本的属性完全没有影响，而且数据内部存在更加复杂的、非时空关联的、层次性的连接关系。从总体上来说，从生物通路的上游到下游的调控是一个层次性的关系，并且存在有跨越不同层级的调控。

由于传统的 CNN 和 RNN 都不适合组学数据建模，所以常采用其他算法，例如 MLP（Multilayer Perceptron，多层感知器网络）、AE（AutoEncoder，自动编码器网络）或 VAE（Variational AutoEncoder，变分自动编码器网络）。但是随着深度的增加，这些神经网络算法也都面临梯度消失的问题。在基因组深度学习的研究中，大多数已发表论文中的模型深度大多在 5 层以内。随着 ResNet 等算法的出现，训练深度神经网络更加容易，因此有必要将 MLP、AE、VAE 等向更深的方向做拓展。然而，由于组学数据的特殊性，需要投入大量的精力去试错才能找到最优的神经网络结构。随着 AutoML 技术的逐渐成熟，可以将很多模型架构的设计问题转为自动搜索问题。因此，可以构建面向基因组学建模的自动化人工智能系统，可以在提升基因组学数据分析和建模效果的同时，大幅降低人工技能要求的门槛。

11.2.2 面向基因组学的自动化建模

为了能让面向基因组学的模型架构深度进一步增加，可以将传统的残差设计与全连接神经网络相结合，形成残差全连接神经网络（Residual Fully-connected Neural Network，RFCN）。基于 RFCN，并且参考 ResNet 和 DenseNet 的结构，可构造出 RFCN 的两个基础版本——RFCN-ResNet 和 RFCN-DenseNet。在 RFCN-ResNet 中，对于神经网络中的每一层而言，将前一层的输出和输入之和作为当前层的输入。在

RFCN-DenseNet 中,中间的每层会把前面所有层的输出串联起来作为当前层的输入。

但是这些结合了领域知识的人工先验网络结构,并不是由深度学习的算法自动搜索出来的,在泛化性等方面还需要进行大量的实验和修正。下面将展示如何通过前述的 AutoML 技术,将人工先验的网络进一步优化。

1. RFCN 最优变体结构的自动搜索

根据 ResNet 和 DenseNet 的原始定义,在层数固定的情况下,神经网络之间跳跃连接的方式都是相对固定的。但是对于组学数据而言,RFCN-ResNet 和 RFCN-DenseNet 的模型架构不一定是最优的。因此,可以采用 AtuoML 自动搜索残差连接的方式。这种更自由的 RFCN 的变种也称为随机连接的残差全连接网络(Randomly-wired Residual Fully-Connected Neural Network, RRFCN)。在 RRFCN 架构下,针对不同的基因组学数据任务,可以搜索并确定最优的残差全连接层网络结构。RRFCN 的连接是完全自由的,因而这种网络往往能够搜索出更加多样且性能更好的模型结构,而 RFCN-ResNet 和 RFCN-DenseNet 可以看作是 RRFCN 架构下的特例。

如第 6 章所述,NAS 的优化方法和变体很多。强化学习、进化算法、贝叶斯优化等策略被应用在网络结构的评估和决策。进化算法是仿真生物遗传学和自然选择机理,通过人工方式构造的一类搜索算法,正好契合神经网络的生物学特性,该算法较为鲁棒,使用难度低。因此采用进化算法来实现随机残差全连接网络的搜索。RRFCN 搜索空间表示为单个有向无环图,可以通过从 DAG 中获取一个子图来实现 RRFCN 结构的最优架构搜索。针对基因组学数据的特点,并考虑到子模型中的算子与传统图像分类的算子不同,在 RRFCN 的架构下只保留纯粹的全连接层,各个全连接层的大小和跳跃连接方式由搜索算法寻找。

进化算法的实现包含了两部分,分别是进化控制器和子模型。控制器用于搜索子模型结构,包括网络层间的连接和网络层的操作。子模型是在候选模型中对数据预测任务完成较好的模型。可以选择使用 ModelArts 的 AutoSearch 引擎内置的 AutoEvo 算法来快速完成进化搜索任务。

系统通过随机梯度下降的方法在特定数据下训练子模型直到收敛,经过一定迭代次数后,反馈子模型在数据任务上的效果指标。这些效果指标会被转化成奖励得分,为了获得更好的得分,基于演化策略的搜索器会从之前的优秀种子库中选择一批出来,进行变异,产生一轮新的子模型。

将通过上述进化算法得到的网络结构参数用于模型构建,训练后可得到最终的模型精度，在某肿瘤类型分类与某单细胞时期分类任务上，相比于传统的机器学习模型(XGBoost)或没有结合行业知识的 AutoML 模型(AutoKeras)，精度可以提升大约5%，如图 11-1 所示，这说明了 AutoML 和行业知识结合的重要性。

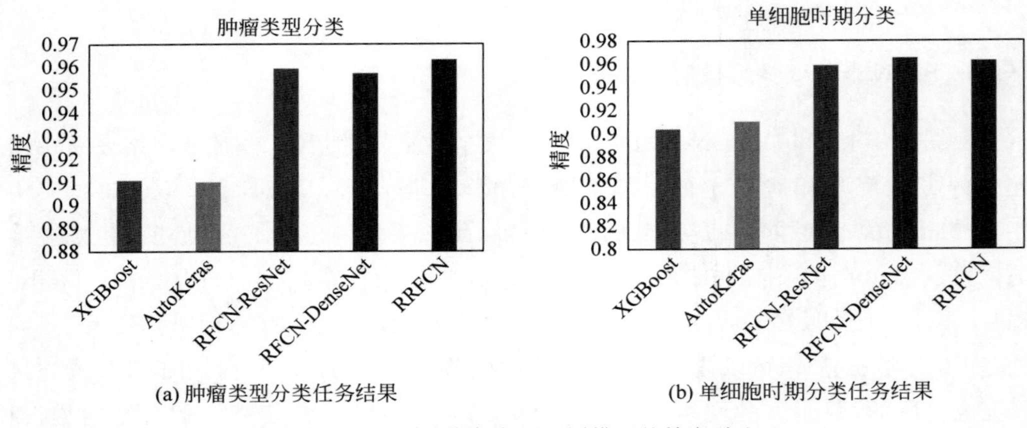

图 11-1　不同分类任务下不同模型的精度对比

2. Res-VAE 最优结构的自动搜索

上述 RFCN-ResNet、RFCN-DenseNet 和 RRFCN 都属于有监督学习下的模型架构。除此之外，在生物基因领域，由于原始数据的维度高，经常通过 PCA、VAE 等降维方法(属于无监督学习)从原始数据中提取重要的信息。

在传统的 VAE 模型中，编码器通过递减网络神经元的数量将输入数据压缩为较小维度的隐变量；解码器从隐变量出发，通过递增神经元数量的方式重建输入数据。Res-VAE 在编码器和解码器上都添加了跳跃连接，如图 11-2 所示，使得网络结构更加多变和灵活，而且避免了梯度消失的问题。

同样地，为了使得 Res-VAE 模型更加契合场景数据，并解决超参调优的问题，需要把 Res-VAE 每一层的隐变量大小和训练超参联合进行搜索。

下面以某一单细胞转录组的数据为例，展示 Res-VAE 搜索之后的降维效果。在该示例中，数据集包含 16653 个表达基因和 4271 个单细胞，单细胞可预先划分为 8 类。同时，采用其他 3 种降维算法(PCA、t-SNE、VAE)做比较。通过降维指标(类内距离除以总距离的值)的计算，可以看出 Res-VAE 的指标值最低，降维效果最好，如表 11-1 所示。此外，降维效果的可视化对比结果如图 11-3 所示，可以看出，降维之后 Res-VAE 对不同的类的区分度更加明显。

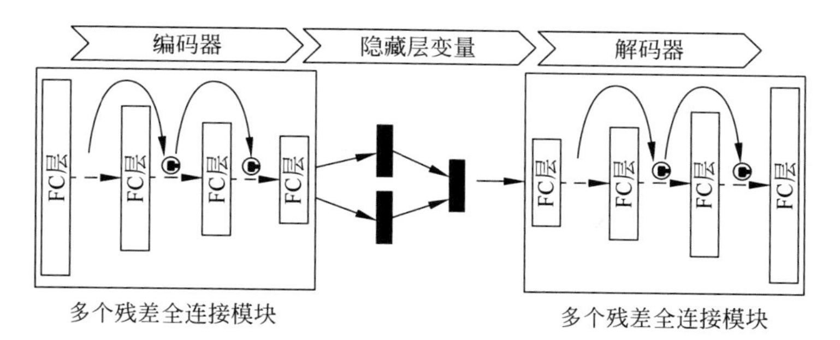

图 11-2　Res-VAE 架构图

表 11-1　四种不同降维算法得到的类内距离与总距离的比值

指　　标	PCA	t-SNE	VAE	Res-VAE
类内距离/总距离	0.1135	0.106	0.1	0.096

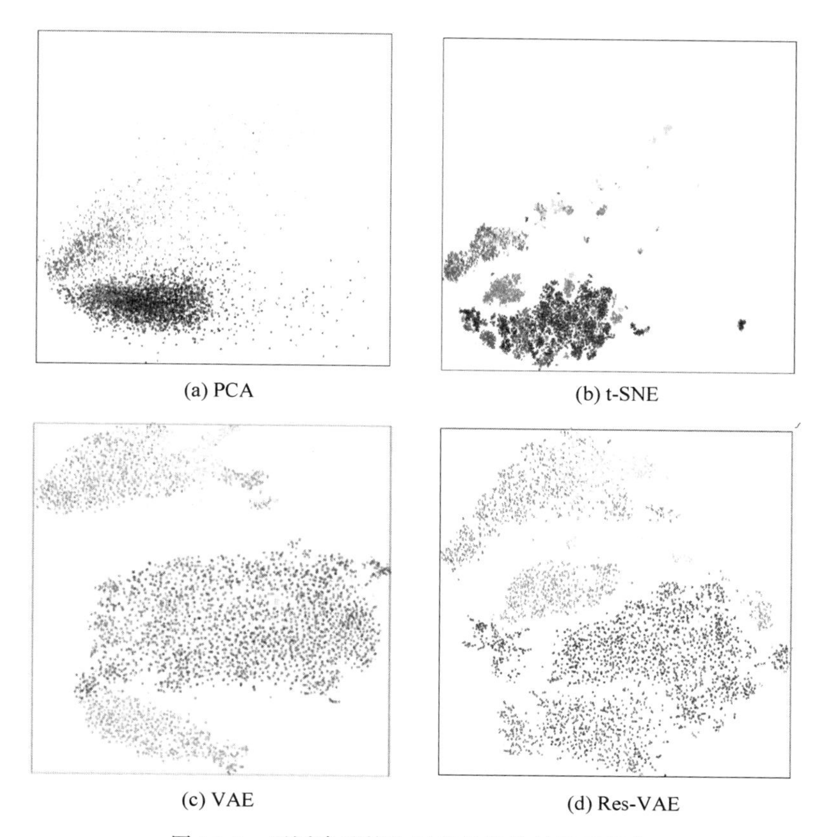

图 11-3　不同降维算法对应的降维结果可视化

11.2.3 基于 SHAP 的模型解释

模型的可解释性是很重要的，每个机器学习应用和系统都离不开模型的理解和模型解释，尤其是针对复杂行业的人工智能系统。模型可解释性能够指导模型改进，帮助业务人员理解模型做决定的依据(数据特征)，以评估模型的好坏。对于开发人员而言，只有充分了解模型的可解释性，才能更有效地优化和选择模型。

如第 7 章所述，SHAP 是重要的模型可解释工具之一，它采用合作博弈的贡献和收益分配来量化每个特征对模型所作出的贡献。给定深度学习模型，SHAP 可以计算每个特征对整体预测的边际贡献，即 SHAP 值，由此对每个特征的重要性进行可视化排序，如图 11-4 所示。可以看出，在对细胞发育各时期的分类预测方面，很多核糖体相关基因(如 Rpl35 等)对应的 SHAP 绝对值很高，因此在特征重要性得分上排在前列。以往很多基因研究都表明，核糖体基因在胚胎发育和干细胞分化中发挥着重要作用，因此这些基因与细胞发育的时期紧密相关，可用于对某细胞的发育时期进行预测。由此可见，人工智能模型对结果的判断是符合人类研究结果的。

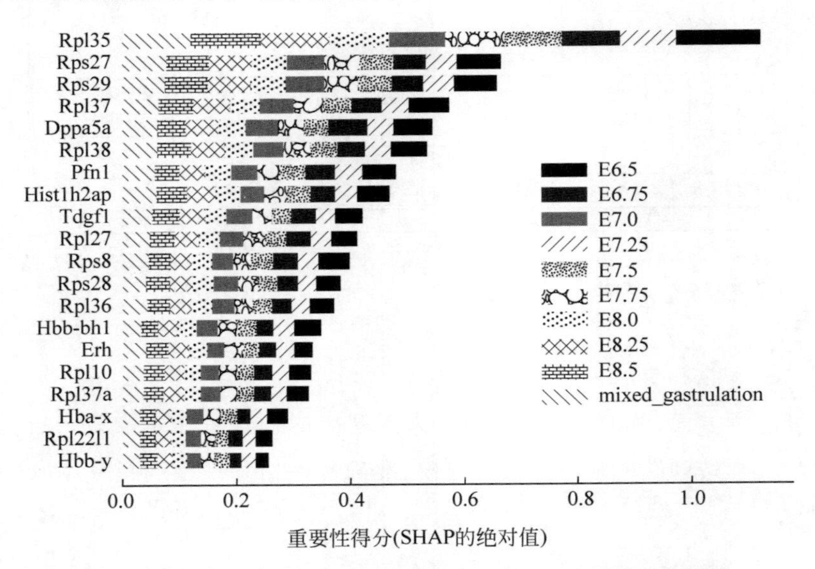

图 11-4 对细胞发育各时期的分类预测起决定作用的特征排序

11.2.4 基因组数据自动建模工具——AutoGenome

为了使生物医疗的研究工作者更方便地使用先进的深度神经网络结构，华为云推出 AutoGenome，集成了超参自动搜索、神经网络结构搜索和自动模型解释器的功能。

1. AutoGenome 架构

AutoGenome 是能够帮助科研工作者在基因组学数据上实现端到端的深度学习网络搜索、训练、评估、预测和解释的工具包，其架构如图 11-5 所示。对于监督学习任务，用户提供基因矩阵数据作为输入，并且提供 JSON 配置文件。然后，AutoGenome 会根据该文件设置的搜索空间，自动搜索出最佳的 RFCN-MLP、RFCN-ResNet、RFCN-DenseNet 和 RRFCN 网络。AutoGenome 可根据最优网络评估模型的效果，也可以通过计算 SHAP 值对特征重要性进行可视化。对于非监督学习任务，AutoGenome 可以根据所输入的数据和搜索空间的设定，选出最优的 Res-VAE 模型，并能方便地得到潜变量矩阵和重构矩阵。

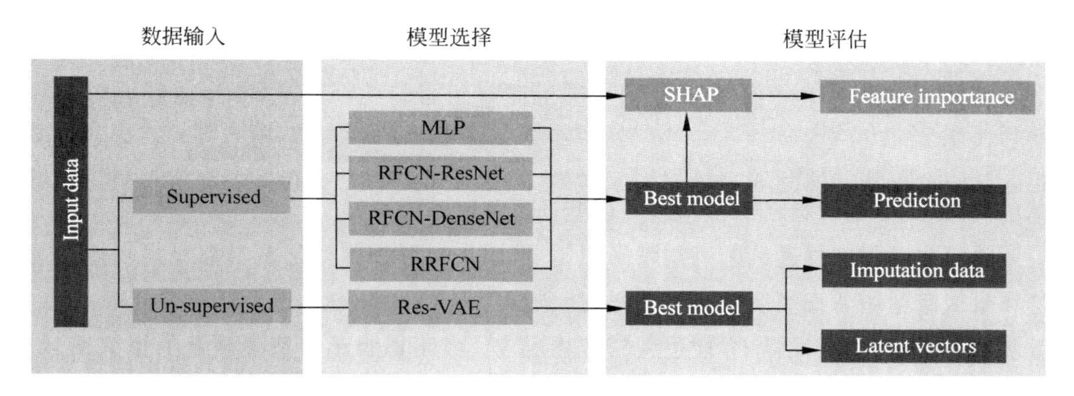

图 11-5　AutoGenome 架构

2. AutoGenome 使用方法

在开发过程方面，AutoGenome 对于人工智能的初学者非常友好，只需要 5 行代码即可快速完成端到端的基因组数据建模、准确性评估和模型解释。AutoGenome 可以直接返回最优的人工智能模型，以及模型分类的混淆矩阵和模型可解释性的图谱。同时，AutoGenome 已经被证明在多项任务的性能上都达到了业界最优，自动生成的模型可解释性图谱可以直接用于生物标志物的发现或者论文发表。AutoGenome 的命令行调用方式如下：

```
# autogenome 依赖 moxing - tensorflow 和 shap
import autogenome as ag
```

```
# 通过 JSON 文件传入所需配置,在配置文件中可以指定 RFCN - ResNet/RFCN - DenseNet/
# RRFCN/Res - VAE 模型,以及相应的模型空间。配置文件解释可见 autogenome 帮助文档
automl = ag.auto("json_file_path.json")
# 若是端到端训练模型,则需要进行 train 操作,如果已训练好,则可以省去 train(),并在
# JSON 文件中提供训练好模型的路径和相关网络层等参数
automl.train()
# 当模型训练好时,可以使用 evaluate 接口评估带标签的数据,以得到模型的表现指标
# 如 accuracy
automl.evaluate()
# 当模型训练好时,可以使用 predict 接口预测没有标签的数据,以得到预测结果的输出文件
automl.predict()
# 当模型训练好时,可以使用 explain 接口进行模型的可解释性探索,可以获得 SHAP 输出的特征
# 解释性辅助图
automl.explain()
```

关于 AutoGenome API 的详细解释可参考 www.autogenome.com.cn。目前，AutoGenome 已经正式上线,并可在华为云 ModelArts 一站式人工智能开发管理平台上免费使用。开发者可以直接登录华为云 ModelArts,创建 Notebook 开发环境,在"ModelArts Example"中的"EIHealth Labs"界面即可看到免费提供的 AutoGenome 案例,开发者可以根据自己的项目目标打开对应的案例并使用,可以直接复现测试数据的结果,或者配置自己的数据进行模型训练。

除了以上详细描述的基因组学场景之外,ModelArts 自动化人工智能系统还在其他场景或行业中发挥了非常重要的作用。

例如,在药物研发当中,通过人工智能生成模型可以自动生成无限量的小分子,用作药物研发前期的大规模药物筛选库。引入强化学习机制,可以根据特定的目的来指导人工智能模型所产生的小分子特性,直接生成有价值的小分子,或通过构建有目标性的药物筛选库来进一步指导药物筛选。通过分布式人工智能框架进行自动化药物化学结构生成、评估和决策,能够极大地加速药物研发流程、降低真实药物实验的搜索代价。

此外,在游戏行业,有大量对于动作类和决策类相关的人工智能需求,它们除了对强度有要求之外,还对风格的多样化有一定的诉求。通过 ModelArts 强化学习进行游戏风格多样化的模型训练,利用自动进化、风格权重配比等技术,能够自动化地获得多种风格的游戏。

综上,通过自动化的人工智能系统,能够结合行业领域知识以及算法专家经验,提能增效,加速人工智能算法在行业中的拓展。

第 12 章

端-边-云协同的人工智能平台及应用开发

端侧设备、边缘服务器、云上中心服务器是 3 种主要的计算环境。为了保证更低的推理时延，降低传输耗时(尤其是视频等数据)并节省带宽成本，需要使 AI 计算更加接近数据源，因此端侧计算和边缘计算就越来越重要，并且需要能够与云上形成互动。在人工智能深入各行各业的时代背景下，由于不同行业对 AI 计算要求的差异很大，因此构建端-边-云协同的人工智能平台就显得非常重要。

本章将介绍如何基于 ModelArts 进行扩展，以更好地支持端-云协同和边-云协同的人工智能应用开发。

12.1 端-云协同的人工智能应用开发

端-云协同在视频分析领域有非常广阔的应用前景，然而开发者在 ModelArts 上开发好模型之后，需要考虑端侧数据的采集、预处理、存储等问题，以及考虑端侧计算资源对于模型的影响。同时，由于端侧环境中芯片种类、软件种类众多，要考虑云上应用发布到端侧后的系统兼容性问题。此外，还需要考虑端侧应用的加密等安全问题。因此，为了更方便地开发端-云协同应用，需要一套端到端的端侧应用管理平台的支持。

本节将从端-云协同的主要应用场景出发，介绍一站式端-云协同开发平台以及基于该平台的应用开发流程。

12.1.1 端-云协同开发的应用场景

视频分析领域是端-云协同应用最为广泛的领域，基于视频的端-云协同场景非常多。

1. 家庭智能监控场景

- 人形检测。检测家庭监控中出现的人形,记录出现时刻并可向手机发出告警。
- 陌生人脸识别。提前对指定家庭成员开放权限,若检测出无权限的陌生人,可向手机发出告警。
- 摔倒检测。检测到人摔倒的动作时,发出告警。主要针对老人看护场景。
- 哭声检测。智能识别婴儿的哭声,在指定用户的手机上发出告警。用于小孩看护。
- 语音识别。自定义特定词汇,如"救命"。当检测到该词汇时,发出告警。
- 人脸属性检测。对视频中检测到的人脸进行属性识别,包括性别、年龄、是否笑脸等。可用于门口安防、视频筛选等。

2. 园区智能监控场景

- 人脸识别闸机。基于人脸识别技术,可实现刷脸进门、智慧打卡等。
- 车牌/车型识别。在园区、车库等进出口,对车辆进行车牌、车型识别,可实现特定车牌和车型的权限认证。
- 安全帽检测。从视频监控中发现未佩戴安全帽的工人,并向指定设备发出告警。
- 轨迹还原。将多个摄像头识别出的相同的人脸或者车辆,协同分析以还原行人或者车辆的前进路径。
- 人脸检索。识别园区指定的人脸。可用于黑名单识别等。
- 异常声音检测。检测到玻璃破碎、爆炸声等异常声音时,发出告警。
- 入侵检测。在监控指定区域检测到人形时,发出告警。

3. 商超智能监控

- 客流量统计。通过商店、超市监控,可实现在出入口处的客流量统计,用于分析不同时段客流量变化等。
- 高级客户识别。通过人脸识别技术准确识别高级客户,帮助制定营销策略。
- 新老顾客数统计。通过出入口处等位置的监控,用人脸识别技术统计出新老顾客数量。

- 人流热力图。通过人流热力图分析可知道人群聚集的密集程度,由此分析出商品的受欢迎程度等。

12.1.2 HiLens端-云协同开发平台

HiLens是面向端-云协同人工智能应用的一站式开发平台。开发者可以直接将ModelArts平台中训练好的模型导入HiLens中进行进一步开发,然后发布为人工智能应用(也称为"技能"),并推送到HiLens纳管的端侧设备,同时也可以将技能分享到AI技能市场。

HiLens的整体架构如图12-1所示。其中,HiLens支持的端侧设备包括HiLens Kit和智能小站。

HiLens平台的主要能力如下。

- 技能开发。提供统一技能开发框架,封装基础组件,简化开发流程,提供统一的技能开发API,支持多种开发框架(如Caffe、TensorFlow、MindSpore等),与ModelArts平台对接,提供模型训练、技能开发、技能调试和部署服务,无缝对接用户端侧设备。
- 技能市场。技能市场预置了丰富的人工智能技能,例如人形检测、人脸检测、人脸识别、人脸属性检测、入侵检测、客流统计、人流热力图、疲劳驾驶、异常声音检测(例如哭声检测)、车牌识别,且后续将继续增加其他技能;普通用户可自行挑选并订购所需技能,一键安装到端侧即可使用。开发者也可自定义开发技能并发布到技能市场。
- 设备管理。可对注册后的设备进行管理,包括查看、注销设备,以及一键升级设备的固件版本等。支持对设备下所安装的技能进行管理,包括查看、部署、卸载、启动和停止技能。支持面向端侧芯片的自动模型适配和优化;针对摄像头厂商提供批量管理设备的功能,包括设备分组、分发新的固件到设备组,以及设备的统计等;在HiLens设备的计算芯片方面,支持Ascend芯片、海思35系列芯片以及其他市场主流芯片,可覆盖主流监控场景需求。
- 数据管理。支持数据全生命周期管理。通过视频接入服务(Video Ingestion Service,VIS)接入实时视频数据,并可查看云上的数据、端侧技能推理结果的历史记录、调用技能的次数、端侧操作日志、云侧操作日志等。

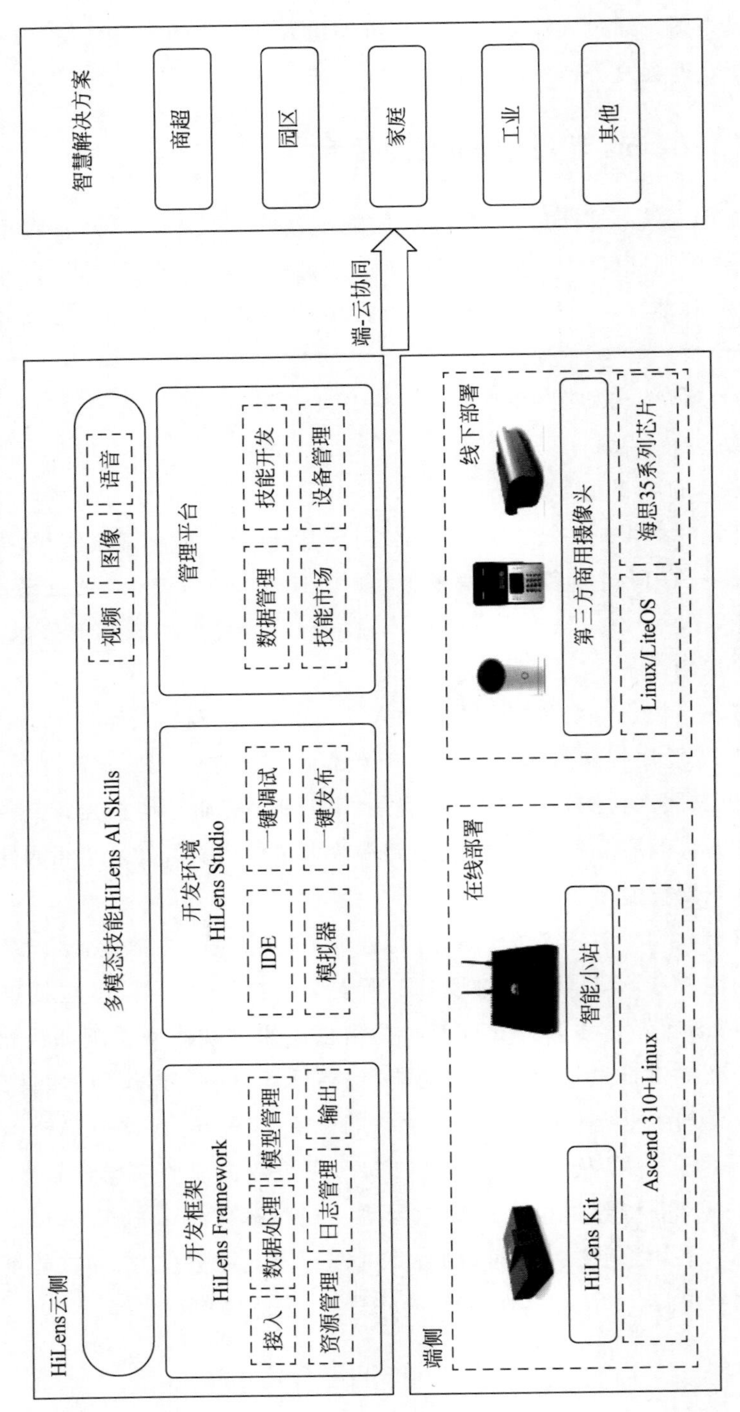

图 12-1 HiLens 整体架构

12.1.3　HiLens 开发环境

HiLens Studio 提供云上集成开发环境及 HiLens Kit 的模拟器，其界面图如图 12-2 所示。开发者可以在线开发、调试、模拟运行、部署和发布人工智能技能。

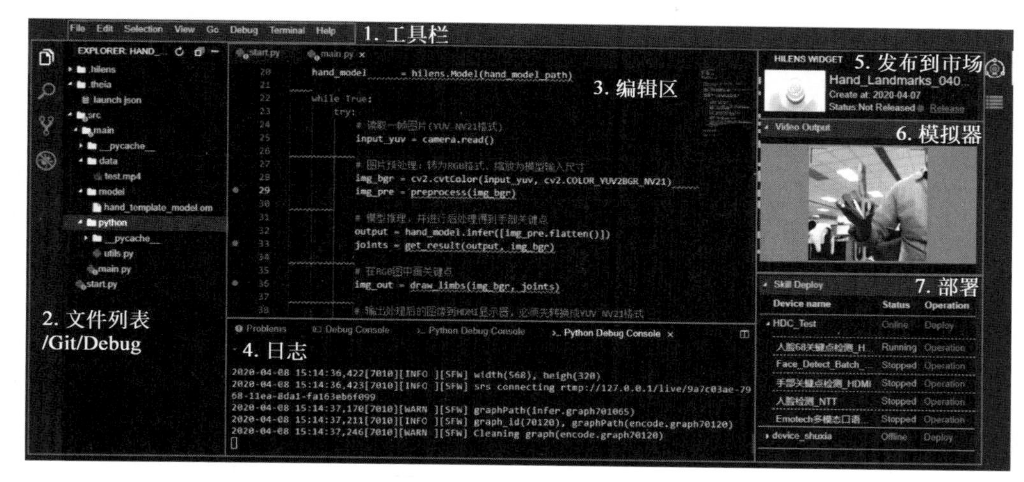

图 12-2　HiLens Studio 界面

HiLens Studio 具有下面几个特点。

- 无须安装环境。无须搭建本地开发环境，不限制操作系统，只要有浏览器就能投入开发，可同时使用 Python、C++语言进行技能开发。
- 代码管理和调试。支持代码版本管理，支持代码检查、安全扫描等，提供断点、单步调试、查看变量等实时调试功能。
- 一键编译。支持开发者修改代码后自动编译。
- 技能模板。提供多个技能模板，包括模型和逻辑代码。
- 开发框架。支持直接调用 HiLens Framework(开发框架)接口进行多模态数据接入、数据处理、模型推理等。
- 一键部署。支持将开发中的技能直接部署到 HiLens Kit。
- 发布技能。自动打包，发布到 HiLens 技能市场。

12.1.4　HiLens 开发框架

HiLens 开发框架通过封装底层接口实现常用的管理功能，让开发者可以在华为 HiLens 管理控制台上方便地开发技能，如图 12-3 所示。HiLens 开发框架封装了基础组件，支持多模态数据接入、数据处理、日志管理、模型管理等能力，开发者只需少量代码即可开发自定义技能；还支持端侧设备的无缝集成以及软硬件性能协同优化。在接口方面，HiLens 开发框架提供 Python 和 C++ 接口，开发者可根据场景使用不同语言的接口。

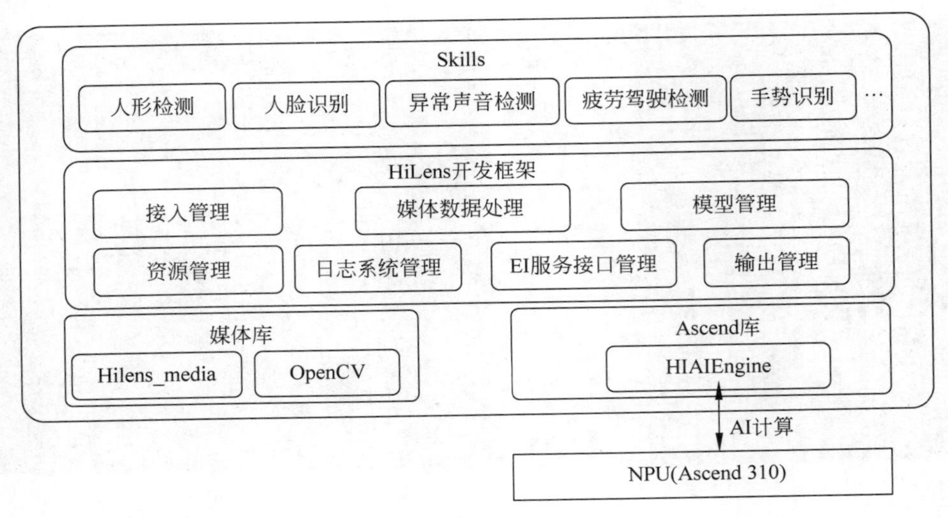

图 12-3　HiLens 开发框架架构

12.1.5　案例：智慧工地安全帽识别

在工地监控中，安全帽的佩带检测是一项安全要求。本节以安全帽识别技能为例，介绍端到端的开发流程。

HiLens 技能开发流程如图 12-4 所示。在开始开发之前，需要满足如下前置条件。

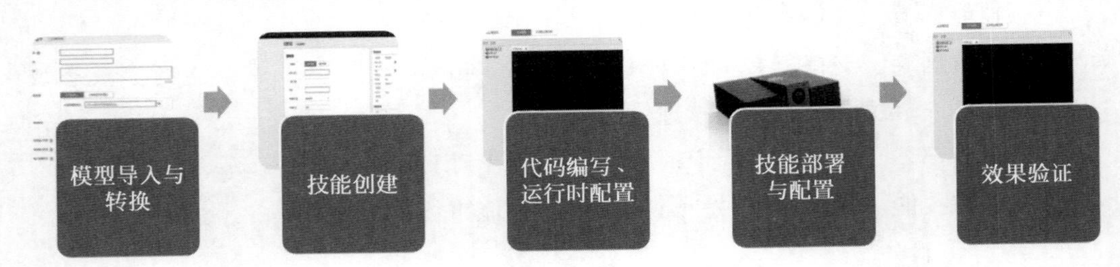

图 12-4　HiLens 技能开发流程

- 已注册华为云账户并实名认证；
- 华为 OBS 中至少有一个桶；

- 拥有华为 HiLens 设备，且 HiLens 设备已注册至华为云账户中；HiLens 固件已升级到最新版本；HiLens 设备与一台 HDMI 显示器相连。

1. 模型导入与转换

首先，将 ModelArts 训练好的模型、Ascend 310 芯片所需的 AIPP(AI Preprocessing)配置文件传入 OBS；然后在管理控制台左侧导航栏中选择“技能开发”中的“模型管理”，单击“导入模型”后，选择原始模型路径，以及必要的模型转换模板，如图 12-5 所示。在此案例中，将在 TensorFlow 引擎上训练好的模型转换为 Ascend 310 可运行的模型格式。

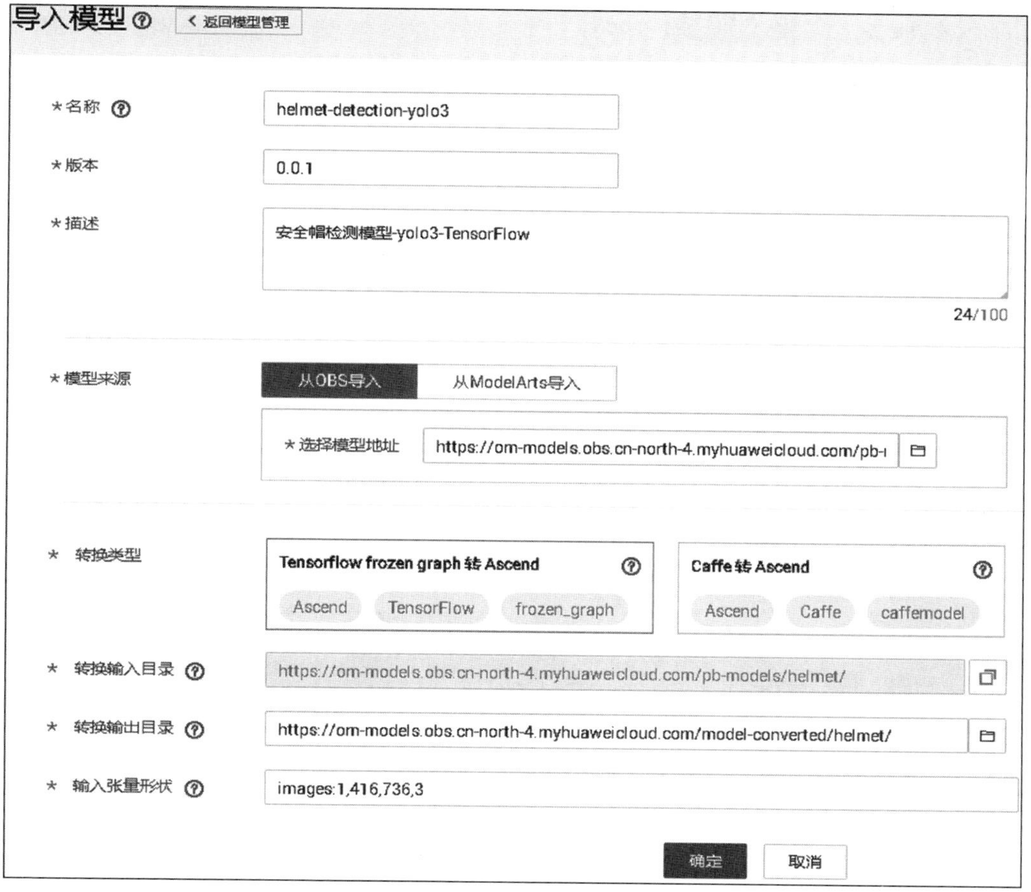

图 12-5　HiLens 模型导入示例

2. 技能创建

首先,在管理控制台左侧导航栏中选择“技能开发”中的“技能管理”,并在技能管理界面中单击“新建技能”,进入创建技能页面,然后指定待部署设备的芯片类型、操作系统类型等信息。类似于第 8 章中简单应用的生成,在创建技能时也需要指定一个 index. py 脚本用来实现技能推理时所需要的前处理、后处理等逻辑,如图 12-6 所示。

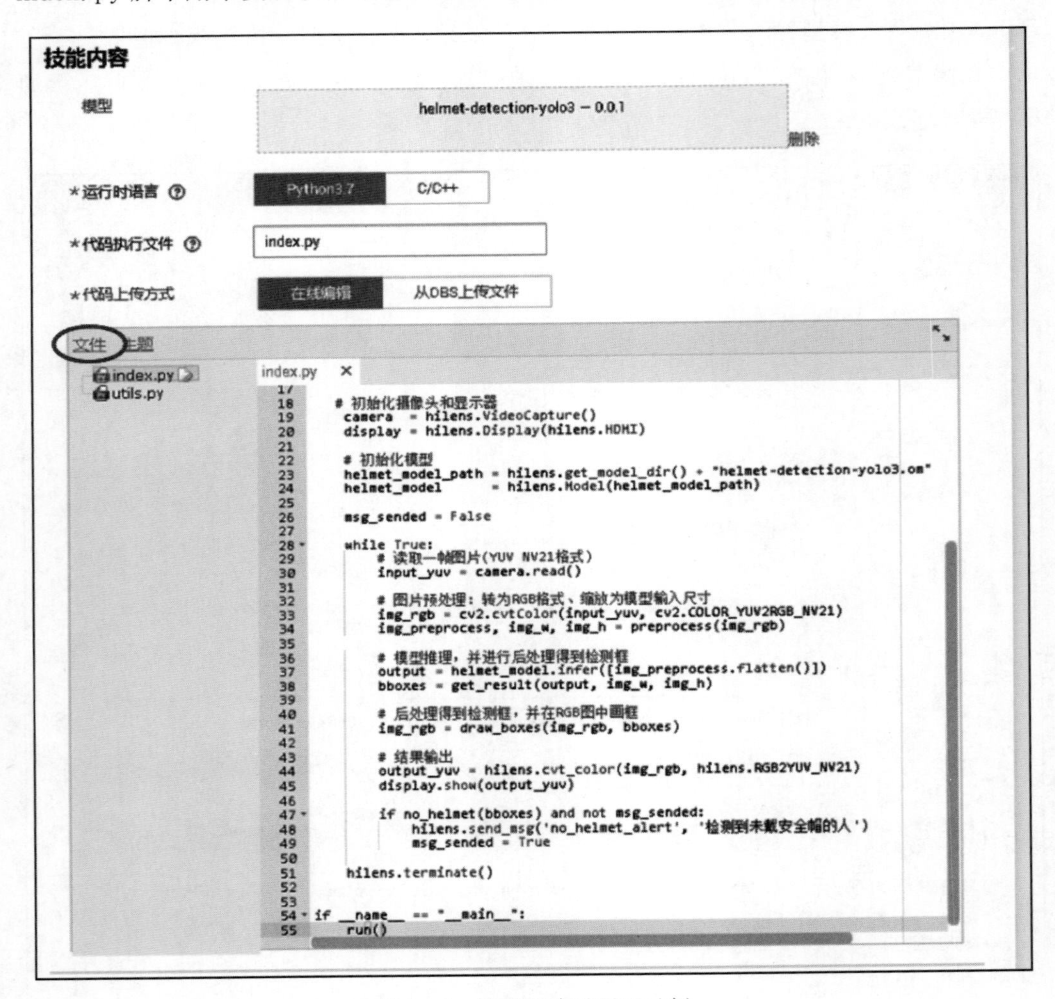

图 12-6　技能创建时页面示例

开发者还可以为该技能添加两个运行时配置:后台服务器地址“output_url”、IPC (Internet Protocol Camera,网络监控摄像头)的告警间隔时间“duration”(注意:该配置的配置对象设为视频，即该配置只作用于某一路视频)，如图 12-7 所示。运行时配置将以 JSON 格式发送到设备端，可单击“预览 JSON 格式”查看其具体内容。

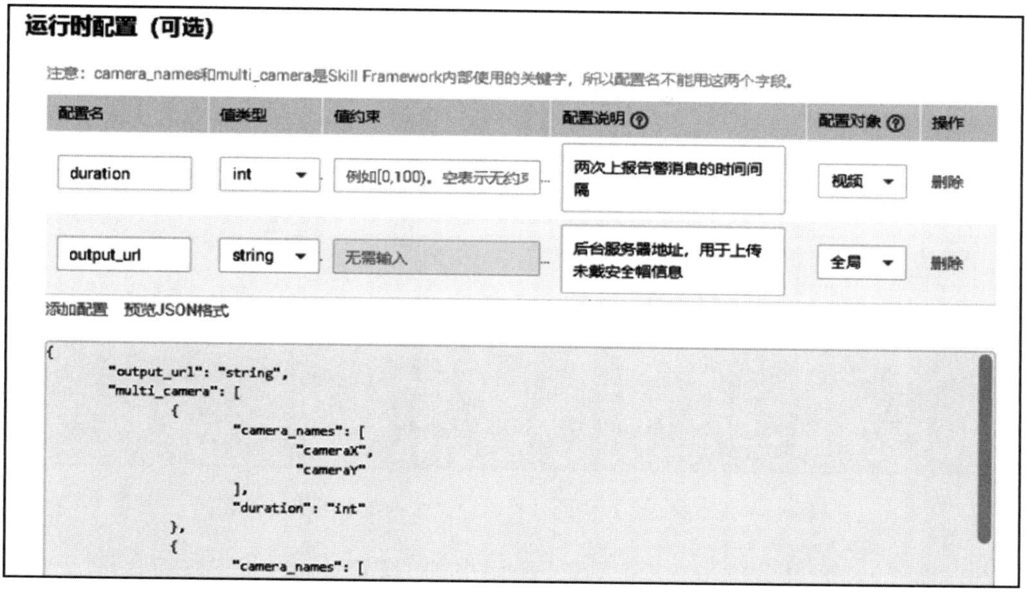

运行时配置（可选）

注意：camera_names和multi_camera是Skill Framework内部使用的关键字，所以配置名不能用这两个字段。

配置名	值类型	值约束	配置说明	配置对象	操作
duration	int	例如[0,100)。空表示无约束	两次上报告警消息的时间间隔	视频	删除
output_url	string	无需输入	后台服务器地址，用于上传未戴安全帽信息	全局	删除

添加配置　预览JSON格式

```
{
        "output_url": "string",
        "multi_camera": [
                {
                        "camera_names": [
                                "cameraX",
                                "cameraY"
                        ],
                        "duration": "int"
                },
                {
                        "camera_names": [
```

图 12-7　技能运行时配置的页面示例

完成技能创建和运行时配置之后，就可以在“技能管理”页面看到创建好的安全帽检测技能。单击右侧的“部署”按钮，在弹出的窗口中选择要部署的设备名称，然后等待一段时间，技能将被自动部署到设备上。

3. 技能配置

为了更好地管理和查看端侧设备的推理效果，开发者可以自行配置相应的数据存储位置，用于采集端侧数据。在 HiLens 管理控制台左侧导航栏中选择“设备管理”，单击上述安全帽技能所部署的设备，进入设备管理页面，然后修改“数据存储位置”对应的地址，如图 12-8 所示。配置成功后，技能在使用过程中的推理数据和推理结果可自动保存到该存储位置。

单击“技能管理”右侧的“摄像头管理”，进入摄像头配置页面，可以添加多个 IPC。注意，每个 IPC 需要设置不同的名称，此名称可以在代码中直接引用，也可以在后面运行时的配置中使用。

为了更及时地获得端侧设备推理的结果，需要配置消息订阅。首先单击安全帽技能

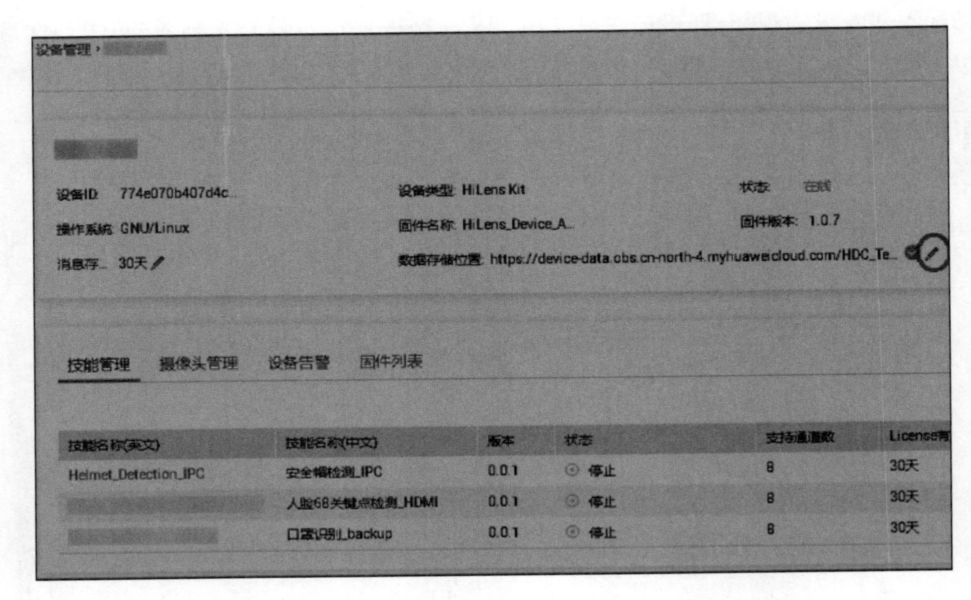

图 12-8　端侧设备对应的数据存储位置的配置页面示例图

右侧的“运行时配置”，单击“技能消息”页面中的“设置技能主题”按钮。然后添加“no_helmet”消息主题，并将其设置为当前技能的消息主题，如图 12-9 所示。

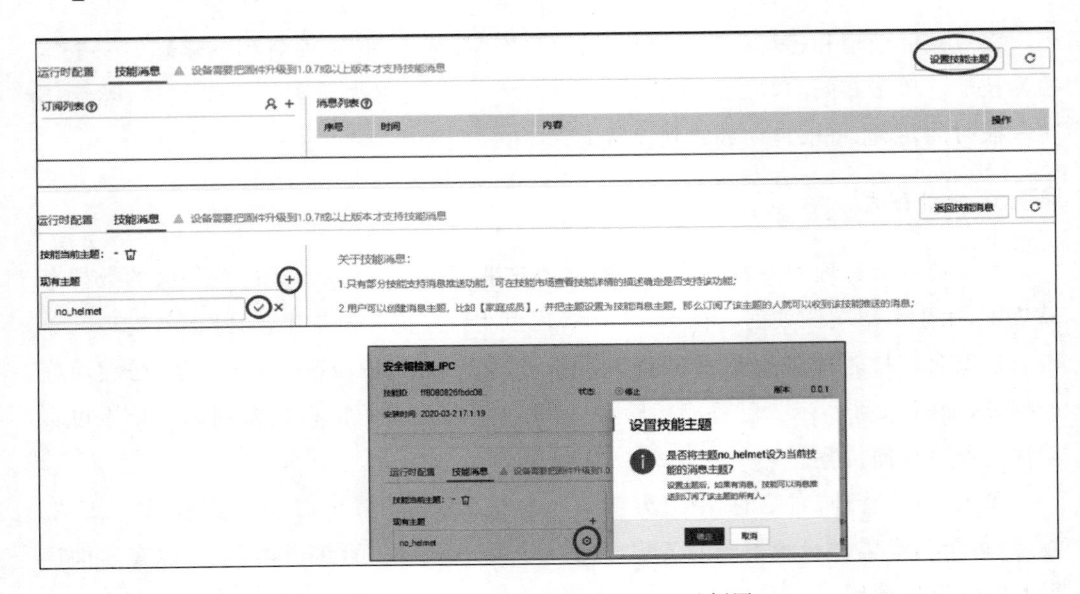

图 12-9　技能消息主题设置页面示例图

设置完技能消息主题之后，还需要设置消息接收方式，如图 12-10 所示，在“技能消息”页面中单击“订阅列表”后的“＋”号按钮，添加消息接收对象，例如接收人姓名、接收方式、手机号码或者邮箱地址(可添加多个)等信息。

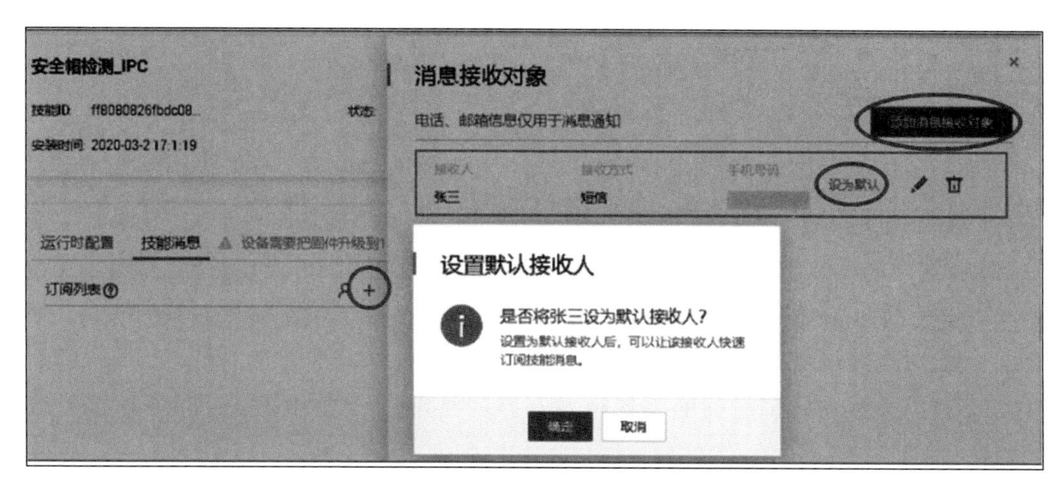

图 12-10　技能消息接收对象设置页面示例图

4. 效果验证

回到技能的“运行时配置”页面，单击“执行配置”按钮，技能将会启动。技能开始前的一段视频会被录制下来，并上传到之前配置的数据存储路径中。如果摄像头检测到未戴安全帽的人，则消息订阅者会收到相应的提醒短信或邮件。

12.2　边-云协同的人工智能应用开发

在面向行业的大型视频处理分析的解决方案(例如智能交通解决方案)中，需要规模化部署摄像头。如果所有的计算都集中在端侧(摄像头)，则当需要复杂的视频处理和分析计算时，端侧资源会很受限，对解决方案的灵活性带来影响；如果所有数据都上传到云上计算，则由于视频对带宽的要求导致带宽成本急剧增加，同时，云上的计算通常会有较大的时延。因此为了更好地体现云上处理的优势，采用边-云协同的方式解决上述问题。通过在靠近终端设备的地方建立边缘节点，将云端计算能力延伸到靠近端侧设备的边缘节点,可以有效地提升大规模视频处理分析解决方案的竞争力。

ModelArts边缘小站通过纳管用户的边缘节点,提供将云上AI应用延伸到边缘的能力,可以将边缘算力和云上算力做联动。同时,在云上提供统一的设备和应用监控、日志采集等运维能力。下面将以智能交通解决方案为例,介绍基于边-云协同的方案设计以及应用开发。

12.2.1 智能交通解决方案的背景

随着中国人口向城市聚集,城市规模不断变大,大城市病使得治堵成为"新常态"。根据"2017年度中国主要城市交通分析报告"的数据分析结果可以看出,55%的城市通勤高峰出现缓行,26%的城市通勤高峰出现拥堵,每年人均拥堵244~273小时,并带来每人每年7700~11000元的经济损失。造成大城市交通拥堵的主要原因有:①人口、车辆数量众多;②整个交通系统道路和空间分配不合理;③交通管理严重依赖人工。

为提升交通运转效率,首先需要明确目前交通运转中存在的问题,掌握每个路口的运转情况,可以利用每个路口的摄像头实时采集的视频数据得出交通运行参数信息。但是人工分析这些海量数据是不现实的,因此需要利用人工智能技术对路口摄像头的数据进行实时分析,并做出最优调控。

12.2.2 智能交通解决方案的设计

华为云TrafficGo智能交通解决方案主要关注3个方向的交通问题优化:①道路状况自动感知,能够实时感知到交通路口的机动车、非机动车、行人流量数据以及交通事件等信息;②交通态势自动研判,能够科学地统计交通指数,对交通异常进行判断,分析交通态势;③信控自动调整,基于单路口、多路口区域协同构建优化的交通信控策略,也可以结合实际城市需求构建生命通道等交通控制功能。

整个解决方案以摄像机为"眼"、以智慧交通为"脑"、以信号灯为"手",做到用数据治理城市,让城市会思考。整个解决方案分为感知、认知、诊断、优化、评价这5个阶段目标来实现,如图12-11所示。

感知阶段需要我们获取路面的各种数据信息,这是后续认知、诊断、优化、评价的基础。常见的感知数据包括但不限于人和车的流量、车辆排队长度、车型、车轨迹路线、停车信息等。

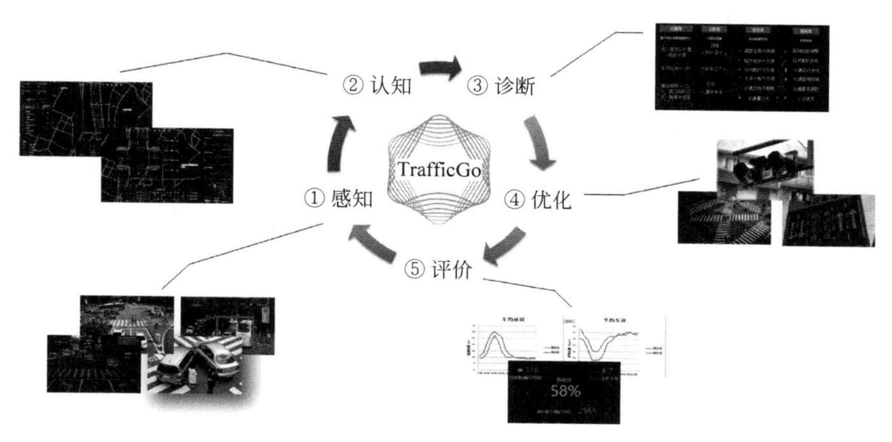

图 12-11　华为云智能交通解决方案的 5 个阶段目标

认知阶段根据感知部分获取的各种信息数据，通过统计与预测的手段来理解感知数据，并发现规律和辅助交通决策。这些数据包括车辆聚集热力图、整体交通出行量流向等。此外，还可以结合历史规律和未来天气情况等因素，对未来路况做出预测。

诊断和优化阶段基于多源数据融合构建道路健康档案，可以量化分析拥堵原因，例如时间配给不合理、空间配给不合理等。进一步结合大数据分析与实地考察，可以洞察路口拥堵的根本原因。根据通常的交通诊断分析结果来看，一部分拥堵可以使用对信号灯的配时方案进行优化。TrafficGo 主推的配时优化方案使用人工智能技术来进行动态配时，并可以结合人工审核方式保证配时方案在实际场景可应用。

TrafficGo 基于多维交通指标体系对交通迭代优化效果进行有效评价，评价方案基于多源数据融合，可实时、权威、精准地构建“宏观-中观-微观”多维交通评价指标体系（超百项交通指标），并结合人工智能的信号配时优化，可以推动“感知-认知-诊断-优化-评价”循环迭代智能化演进。

12.2.3　基于边-云协同的智能视频分析

在智能交通解决方案中，基于边-云协同的智能交通解决方案架构如图 12-12 所示。从图中可以看出，在开发阶段，开发者可以基于摄像头采集回来的历史数据在 ModelArts 上开发应用，并将开发完的应用进行拆分，将一部分部署到边缘服务器，另一部分部署到云上。涉及视频流的密集计算尽量放在边缘节点，而仅将视频结构化之后的数据上传到云上做分析，这样的部署方式可以大大降低整个方案中数据上云所需的带宽成本。在推理阶段,摄像头的视频数据首先接入到边缘服务器,然后经过一系列多个模型推理后,边缘服务器将推理结果通过大数据接入插件发送到云上,进行进一步的智能分析,最后将分析结果发送给智能交通分析与调控平台。

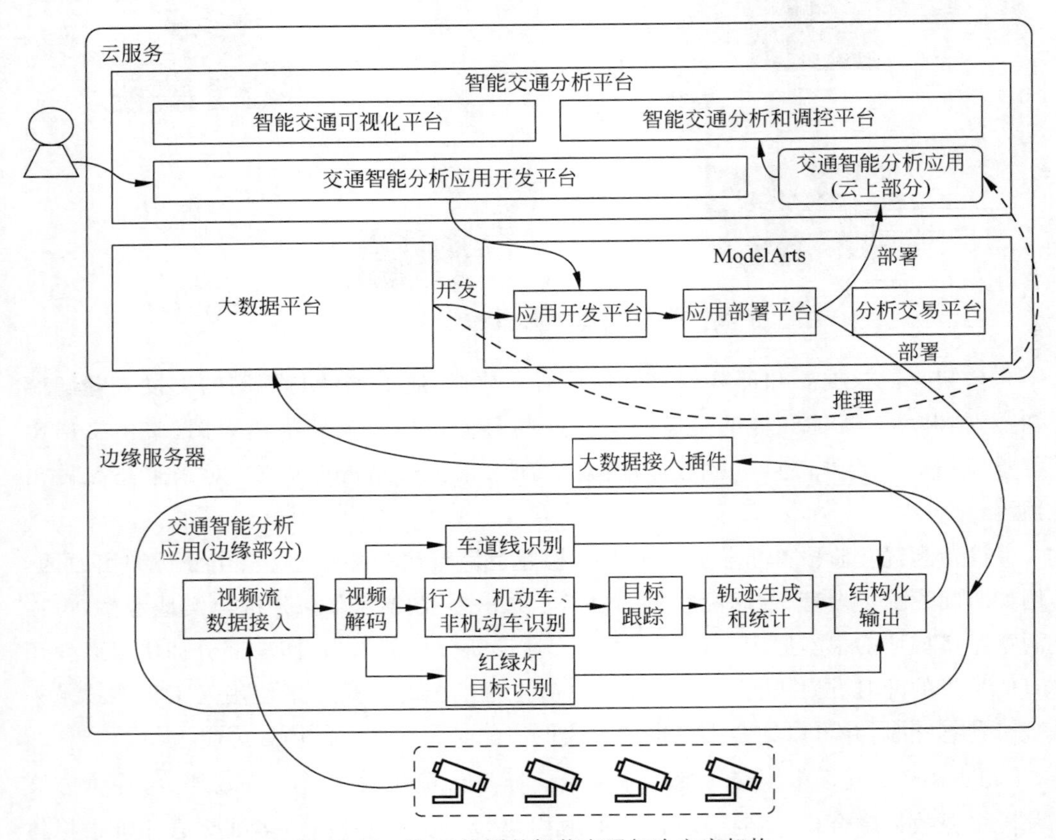

图 12-12　边-云协同的智能交通解决方案架构

智能交通解决方案主要涉及的视频算法有路口流量识别、排队长度识别、交通事件检测等。在推理态时,视频解析的主要流程如下。

(1) 获取视频流数据。通常数据流来自视频联网平台的实时视频流数据(从摄像头获取后的转发)。

(2) 视频流解码。目前主流的是 H.264、H.265 的视频流解码,采用专用的硬件解码单元,将不会对 CPU 或其他设备计算资源带来影响。

(3) 人车目标识别。对机动车、非机动车、人体进行目标检测,并进行目标跟踪,跟踪的轨迹信息将用于交通流量检测、转向识别的统计。

（4）车道线识别。减少人工标记车道线的工作量。

（5）红绿灯目标识别。可实时获取路口的红绿灯状态。

（6）各种数据将汇总并以结构化的方式输出，供后续业务基于该数据进行业务处理。常用的结构化输出数据包括基于车道的车流量、排队长度（非精确性的长度预测）、车速和红绿灯状态。